中立型时滞系统的稳定性分析与控制

马跃超 付 磊 著

燕山大学出版社
·秦皇岛·

中立型时滞系统是一类更为广泛的滞后系统，许多时滞系统都可以转化为中立型系统来研究，它能更深刻、精确地反映事物变化的规律，揭示事物的本质。在人口生态系统、传输线路问题、热交换和电路网络等系统中都有重要的应用，因此关于不确定中立型时滞系统的稳定性和控制的研究有重要的理论意义和应用价值。本书通过构造合适的 Lyapunov-Krasovskii 泛函，应用模型转换、积分不等式和自由权矩阵等方法，研究了时滞相关的中立型系统的渐进稳定性、指数稳定性及鲁棒控制问题。

本书可供控制理论与控制工程、信息与计算科学等相关工程专业的高年级本科生、研究生使用，也适合相关领域的科研工作者阅读。

图书在版编目（CIP）数据

中立型时滞系统的稳定性分析与控制/马跃超，付磊著. —秦皇岛：燕山大学出版社，2023.11
ISBN 978-7-5761-0522-3

Ⅰ.①中… Ⅱ.①马… ②付… Ⅲ.①时滞系统–稳定性–研究②时滞系统–控制系统–研究 Ⅳ.①TP13

中国国家版本馆 CIP 数据核字（2023）第 083924 号

中立型时滞系统的稳定性分析与控制
ZHONGLIXING SHIZHI XITONG DE WENDINGXING FENXI YU KONGZHI
马跃超 付 磊著

出 版 人：陈 玉			
责任编辑：孙志强		策划编辑：李 冉	
责任印制：吴 波		封面设计：刘馨泽	
出版发行：燕山大学出版社 YANSHAN UNIVERSITY PRESS		电 话：0335-8387555	
地 址：河北省秦皇岛市河北大街西段 438 号		邮政编码：066004	
印 刷：涿州市般润文化传播有限公司		经 销：全国新华书店	
开 本：787 mm×1092 mm 1/16		印 张：12.5	
版 次：2023 年 11 月第 1 版		印 次：2023 年 11 月第 1 次印刷	
书 号：ISBN 978-7-5761-0522-3		字 数：184 千字	
定 价：49.00 元			

版权所有 侵权必究

如发生印刷、装订质量问题，读者可与出版社联系调换
联系电话:0335-8387718

前　　言

　　随着科学技术的飞速发展,人们对控制系统性能的要求越来越高。各种工业生产过程、生产设备以及其他许多被控对象,它们的动态特性一般很难用精准的数学模型来进行描述。有时即使能获得被控对象的精准的数学模型,但由于过于复杂,利用现有的控制系统设计手段也是无法实现的,因此,要进行必要的简化。另外,随着生产过程中工作条件和环境的变化,控制系统中元器件的老化或损坏,被控对象本身的特性也会随之发生变化;众多因素导致所建立的数学模型和实际的被控对象不可避免地具有误差。动力系统总是存在滞后现象,从工程技术、物理、力学、控制论、化学反应、生物医学等中提出的数学模型带有明显的滞后量,且滞后是系统不稳定的重要因素。而中立型系统是一类重要的时滞系统,大量存在于工程实际中,如薄的运动体的连续热感应现象、船的稳定性、微波振子、化工过程中的双级溶解槽、人口免疫反应以及血液中的血蛋白分布等。

　　本书分别针对带有分布时滞中立型系统、不确定时滞中立型系统、Markov跳变中立型系统、非线性中立型系统、中立型广义时滞、中立型广义Lurie系统和切换中立型系统进行研究。本书通过构造合适的Lyapunov-Krasovskii泛函,应用模型转换、积分不等式、自由权矩阵和线性矩阵不等式等方法,研究了中立型系统的稳定性分析及鲁棒控制问题。第2章和第3章研究中立型系统的时滞相关稳定性判据,并通过数值仿真说明方法的优越性。第4章和第5章着力于中立型系统指数稳定的分析问题。第6章、第7章、第8章、第9章和第10章针对中立型广义时滞系统进行研究,探讨了渐近稳定、指数稳定问题和鲁棒H_∞控制器设计。第11章、第12章和第13章研究的是基于观测器的三类中立型时滞系统的时滞相关镇定问题以及状态观测器、反馈控制器的设计方法。第14章和第15章针对不确定切换中立型系统研究有限时间有界性和反馈控制器设计问题。

　　本书的出版得到了国家自然科学基金(61273004、62103126)、河北省自然科学基金(F2014203085、F2018203099、F2020201014、F2021203061)、燕山大学优秀学术著作及教材出版基金、河北大学高层次人才科研启动项目(521000981355)的经费支持,在此致以诚挚的感谢!本书在编写过程中参阅了大量国内外学术论文、专著和学位论文,特别是刘美静、赵宇霞、梁建云、朱丽红、曹艳红、赵秋月和刘贝贝在这方面所做的工作,在此向文献作者及相关单位和个人表示诚挚的感谢。

　　此外,非常感谢燕山大学理学院、电气工程学院和河北大学电子信息工程学院的领导和同事对本书出版的大力支持,在本书编写过程中提出了许多宝贵的修改意见和建议,在此表示衷心的感谢。赵英宏、史佳昌和刘保驿等同学完成了本书的文字录入和部分编辑工作,感谢他们的大力支持与辛勤付出。

　　限于作者理论水平以及研究工作的局限性,加之中立型系统正处在不断的发展之中,书中难免存在疏漏与不妥之处,敬请广大读者批评指正。

作者

2022 年 8 月

符号对照表

R	实数集
$\mathbf{R}^n$	n 维欧几里得空间
X^{T}	表示矩阵 X 的转置
$\mathrm{sym}\{X\}$	表示 $X+X^{\mathrm{T}}$
$\mathrm{rank}(X)$	表示矩阵 X 的秩
$\|X\|$	表示向量 X 的欧几里得范数
X^{-1}	表示矩阵 X 的逆
I	表示适当维数的单位矩阵
$X>Y$	表示 $X-Y$ 为正定矩阵
$(\Omega_\eta, \mathrm{F}_\eta, \mathrm{Pr})$	表示完备概率空间,其中 Ω_η 是样本空间,F_η 是 Ω_η 上的一个 σ-代数,Pr 是 F_η 上的概率测度
$C[-d,0]$	所有定义在 $[-d,0]$ 的 $\mathbf{R}^n$ 维函数,且范数 $\|f\| = \sup_{x\in[-d,0]}\|f(x)\|$ 的连续函数组成的集合,其中 $f\in C[-d,0]$
$L[0,\infty)$	$[0,\infty)$ 上的平方可积函数空间,此空间上的范数定义为 $\|\omega(t)\|_2 = \sqrt{\int_0^\infty \|\omega(t)\|^2 \mathrm{d}t}$
$E\{\cdot\}$	表示随机变量的数学期望
$A\{\cdot\}$	表示弱无穷小算子
$\mathrm{diag}\{\cdot\}$	表示对角矩阵
$\mathrm{sign}(\cdot)$	表示符号函数

目 录

第1章 绪论 ··· 1

    1.1 时滞中立型系统的概述 ·· 1

    1.2 带有 Markov 跳变的中立型系统的概述 ························ 3

    1.3 中立型广义时滞系统的研究概述及研究意义 ················· 5

    1.4 切换中立系统的简介 ·· 6

    1.5 本书的主要工作和内容安排 ······································ 8

第2章 带有分布时滞中立型系统的渐近稳定性分析 ················ 11

    2.1 引言 ··· 11

    2.2 系统的描述与准备 ·· 11

    2.3 渐近稳定性分析 ··· 12

    2.4 数值算例 ··· 21

    2.5 本章小结 ··· 22

第3章 带有脉冲控制的非线性 Markov 中立型系统的稳定性分析 ··· 23

    3.1 引言 ··· 23

    3.2 系统的描述与准备 ·· 23

    3.3 带有随机的脉冲中立系统的鲁棒稳定性分析 ················ 25

    3.4 数值算例 ··· 33

    3.5 本章小结 ··· 36

第4章 不确定时变时滞中立型系统的指数稳定性分析 ··············· 37

    4.1 引言 ··· 37

    4.2 系统的描述与准备 ·· 37

4.3　稳定性分析 ……………………………………………………………… 38

　　4.4　数值算例 ……………………………………………………………… 42

　　4.5　本章小结 ……………………………………………………………… 44

第5章　非线性中立型系统指数稳定性分析 …………………………………… 45

　　5.1　引言 …………………………………………………………………… 45

　　5.2　系统的描述与准备 …………………………………………………… 45

　　5.3　主要结果 ……………………………………………………………… 47

　　　　5.3.1　中立型系统指数稳定性分析 ………………………………… 47

　　　　5.3.2　一般动力系统指数稳定性分析 ……………………………… 52

　　5.4　数值算例 ……………………………………………………………… 53

　　5.5　本章小结 ……………………………………………………………… 55

第6章　多时滞中立型广义系统的时滞相关稳定性分析 …………………… 56

　　6.1　引言 …………………………………………………………………… 56

　　6.2　系统的描述与准备 …………………………………………………… 56

　　6.3　稳定性分析 …………………………………………………………… 57

　　6.4　数值算例 ……………………………………………………………… 62

　　6.5　本章小结 ……………………………………………………………… 62

第7章　一类中立型广义Lurie系统绝对稳定的新准则 ……………………… 64

　　7.1　引言 …………………………………………………………………… 64

　　7.2　系统的描述与准备 …………………………………………………… 64

　　7.3　绝对稳定性分析 ……………………………………………………… 66

　　7.4　数值算例 ……………………………………………………………… 76

　　7.5　本章小结 ……………………………………………………………… 77

第8章　中立型广义神经网络系统的全局指数稳定 ………………………… 78

　　8.1　引言 …………………………………………………………………… 78

　　8.2　系统的描述与准备 …………………………………………………… 78

8.3 主要结果 ……………………………………………………………………… 80
8.4 数值算例 ……………………………………………………………………… 83
8.5 本章小结 ……………………………………………………………………… 84

第 9 章 中立型广义系统的时滞相关非脆弱鲁棒 H_∞ 控制 …………… 85

9.1 引言 …………………………………………………………………………… 85
9.2 系统的描述与准备 …………………………………………………………… 85
9.3 主要结果 ……………………………………………………………………… 87
    9.3.1 鲁棒 H_∞ 性能分析 …………………………………………………… 87
    9.3.2 H_∞ 控制器设计 ……………………………………………………… 89
9.4 数值算例 ……………………………………………………………………… 94
9.5 本章小结 ……………………………………………………………………… 95

第 10 章 中立型广义时滞 Markov 跳变系统的 H_∞ 输出反馈控制 …… 96

10.1 引言 ………………………………………………………………………… 96
10.2 系统的描述与准备 ………………………………………………………… 96
10.3 主要结果 …………………………………………………………………… 98
    10.3.1 H_∞ 性能分析 ……………………………………………………… 98
    10.3.2 输出反馈控制器的设计 …………………………………………… 102
10.4 数值算例 …………………………………………………………………… 104
10.5 本章小结 …………………………………………………………………… 106

第 11 章 基于观测器的非线性不确定中立型系统的非脆弱控制 ………… 107

11.1 引言 ………………………………………………………………………… 107
11.2 系统的描述与准备 ………………………………………………………… 107
11.3 主要结果 …………………………………………………………………… 108
    11.3.1 稳定性判据 ………………………………………………………… 108
    11.3.2 非脆弱控制器设计 ………………………………………………… 112
    11.3.3 基于观测器的乘性非脆弱 H_∞ 性能 ……………………………… 117
11.4 数值算例 …………………………………………………………………… 119

11.5 本章小结 ………………………………………………………………… 120

第12章 基于观测器的一类具有输入饱和因子的非线性中立型系统的稳定性 …………………………………………………………………………… 121

12.1 引言 ……………………………………………………………………… 121
12.2 系统的描述与准备 ……………………………………………………… 121
12.3 主要结果 ………………………………………………………………… 123
12.4 数值算例 ………………………………………………………………… 128
12.5 本章小结 ………………………………………………………………… 129

第13章 基于观测器的中立型广义 Markov 跳变系统的无源控制 ……… 130

13.1 引言 ……………………………………………………………………… 130
13.2 系统的描述与准备 ……………………………………………………… 130
13.3 主要结果 ………………………………………………………………… 132
  13.3.1 无源性分析 ………………………………………………………… 132
  13.3.2 观测器的设计 ……………………………………………………… 136
13.4 数值算例 ………………………………………………………………… 138
13.5 本章小结 ………………………………………………………………… 140

第14章 带有饱和约束的不确定切换时滞中立型系统的有限时间控制 … 141

14.1 引言 ……………………………………………………………………… 141
14.2 系统的描述与准备 ……………………………………………………… 141
14.3 有限时间 H_∞ 控制与状态控制器的设计 …………………………… 144
  14.3.1 有限时间有界性分析 ……………………………………………… 144
  14.3.2 有限时间 H_∞ 性能分析 ……………………………………… 147
  14.3.3 鲁棒有限时间 H_∞ 控制 ……………………………………… 150
14.4 数值算例 ………………………………………………………………… 153
14.5 本章小结 ………………………………………………………………… 154

第15章 带有混合时滞不确定切换中立系统的有限时间控制 …………… 155

15.1 引言 ……………………………………………………………………… 155

15.2 系统的描述与准备 …………………………………………………… 155
15.3 有限时间控制与记忆控制器的设计 …………………………………… 156
　　15.3.1 有限时间有界性分析 ………………………………………… 156
　　15.3.2 有限时间 H_∞ 性能分析 …………………………………… 160
　　15.3.3 鲁棒有限时间 H_∞ 控制 …………………………………… 164
15.4 数值算例 ……………………………………………………………… 170
15.5 本章小结 ……………………………………………………………… 171

参考文献 ………………………………………………………………… 172

第1章 绪　　论

1.1 时滞中立型系统的概述

时滞现象是普遍存在的,如环境系统、通信与网络系统、化工与电力等工业过程系统都存在典型的时滞系统[1-3]。一般地,一个系统涉及物质或信息的传输时经常会产生时滞现象,如皮带传输、长管道进料和较缓慢的过程等,而时滞在理论分析和工程实际中都会给系统控制造成困难。同没有时滞的过程相比,有时间延迟的系统响应性能会变差,有时甚至难以稳定,更不能达到其他的性能要求[4-5]。因此,时滞系统的分析与综合一直是控制理论研究的热点和难点之一。对于一般的线性中立型时滞系统,其稳定性研究基于以下模型:

$$\begin{cases} \dot{x}(t) - C\dot{x}(t-\tau) = Ax(t) + Bx(t-h) \\ x(t) = \varphi(t), t \in [-T, 0] \end{cases}$$

其中,$x(t) \in \mathbf{R}^n$ 为状态向量;$T = \max\{h, \tau\}$;$A, B, C \in \mathbf{R}^{n \times n}$ 的常数矩阵;h, τ 分别为系统的离散(状态)时滞和中立型时滞,分别对应常时滞和时变时滞中立型系统。

时滞依赖的稳定性和线性中立型系统的控制受到人们的重视,为了获得保守性更小的时滞依赖条件,人们已经做了很多的努力[6]。其中通过条件保守主义测量方法所得到的一个重要指标就是最大允许的时延上界。而时滞依赖条件往往是通过以整合重写延时期限的固定模式为基础的 Lyapunov 函数。然后利用边界技术的交叉项,时滞依赖的相关标准而获得。

一方面,实际中的许多系统可以被建模为中立型系统[7]。另一方面,中立型系统除了一般的理论,其他方面的结论还不是太多。因此对中立型系统的研究不仅具有重要的理论意义而且具有实际的应用价值[7]。由于许多标准时滞系统的研究方法和技巧难以简单地平移到中立型系统中,因此需要发展一些新的策略去处理中立型系统中存在的本质困难。

如果系统为连续的,时滞微分方程为

$$\dot{x}(t) = f(t, x(t), x(t-\tau_1), \cdots, x(t-\tau_m)) \tag{1-1}$$

其中，$x(t) \in \mathbf{R}^n$ 为系统状态；τ_1, τ_m 为系统的状态时滞。在初始时刻 t_0 时系统的初始状态为

$$x(t) = \varphi(t), \ [t_0 - \bar{\tau}, t_0]$$

其中，$\bar{\tau} = \max\{\tau_i, 1 \leq i \leq m\}$，$\varphi(t)$ 为 $[-\bar{\tau}, 0]$ 上的连续函数。

如果系统是离散的，用时滞差分方程来表示

$$x(k+1) = f(x(k), x(k-1), \cdots, x(k-d)) \tag{1-2}$$

其中，$x(k) \in \mathbf{R}^n$ 为系统状态；d 为系统时滞，且为正整数。

在中立系统的模型描述中，一般形式为

$$\dot{x}(t) = f(t, x_t(\theta), \dot{x}_t(\theta)) \tag{1-3}$$

其中，$f: \mathbf{R} \times C([-h, 0], \mathbf{R}^n) \times C([-\tau, 0], \mathbf{R}^n) \to \mathbf{R}^n$，$\dot{x}_t(\theta) = \dfrac{\mathrm{d}}{\mathrm{d}t} x(t+\theta)$。其初始条件为

$$\begin{cases} x_{t_0}(\theta) = \varphi(\theta), \\ \dot{x}_{t_0}(\theta) = \dot{\varphi}(\theta), \end{cases} \theta \in [-\max\{h, \tau\}, 0] \tag{1-4}$$

一般来说，系统的解是不连续的。$C([-h, 0], \mathbf{R}^n)$ 和 $C([-\tau, 0], \mathbf{R}^n)$ 分别表示将区间 $[-h, 0]$ 和 $[-\tau, 0]$ 映入 $\mathbf{R}^n$ 中用连续函数组成的一致收敛拓扑的 Bananch 空间。

在分析时滞中立型系统的稳定性时，采用与正常时滞系统类似的方法，但是两者仍存在一些差别。对时滞中立型系统进行研究时要考虑差分算子和它的稳定性；但对于时滞中立型系统来说，中立时滞的相关信息对离散（状态）时滞的上界值存在一定的影响。至今，关于时滞中立型系统的稳定性分析和控制器的设计问题，广大学者做了大量的研究，并取得了丰硕的成果。

对于常时滞中立型系统，由于引入了中立时滞，使得对系统的分析变得更加困难，与其相关的稳定性结论主要集中在离散时滞和中立时滞相同的情况。对于离散（状态）时滞和中立时滞不同的结论，大部分只给出与中立时滞无关而与离散时滞相关的稳定性准则[8-9]，而与这两种时滞都相关的结果还很少见到[10]。对于变时滞中立型系统，根据是否与中立时滞有关，已有的稳定性判据主要分为两大类：第一类是仅仅与离散时滞和状态时滞导数相关的稳定性判据；第二类是与离散时滞、中立时滞和状态时滞导数都相关的稳定性判据。因为考虑到了中立时滞对系统的影响，第二类结论具有比第一类结论更小的保守性。目前这种类型的稳定性结果还很少见到[11-12]。

1.2 带有 Markov 跳变的中立型系统的概述

随时间演化和发展的阶段被称为过程,它分为确定和随机两类。定量研究随机变量动态关系的过程被称为随机过程。就随机因素对系统的影响来说主要有内部随机参数、观测噪声和外部的随机干扰等。随机因素本质上是一种不确定性,它对系统有着本质的影响。事实上,实际系统中不可避免地存在随机因素的影响。这些随机因素不仅广泛存在于系统的参数、系统的控制输入、系统的状态量测中,而且还存在于外部的环境对系统的影响中[13]。随着科学技术的发展,许多实际问题对系统的精度提出了更高的要求和挑战。因此,研究随机因素对系统的影响就显得尤为重要[14-16]。

随机过程中最为重要的一种过程就是 Markov 过程。一般情况下,Markov 过程分为三类:一类是 Markov 链,它的时间和状态都是离散变量;一类是连续时间 Markov 过程,它的时间是连续变量,状态是离散变量;一类是 Markov 过程,它的时间和状态都是连续变量。Markov 链是 Markov 过程的原始模型,最早是由俄国数学家 AndRey Markov 于 1970 年提出的。Markov 链可以看作 Markov 过程的一个特例,是离散时间状态的随机过程。该随机过程研究在已知目前状态的条件下,未来状态随时间演化不依赖于以往的状态的特性(无后效性)。

系统的状态在 Markov 链的每一步中不仅可以从一个状态跳变到另一个状态,而且还能保持当前状态不变。不同状态之间改变的概率称为转移概率,它可以被描述为当 $n \geq 3$,$t_1 < t_2 < \cdots < t_n, x_1, x_2, \cdots, x_n$ 时,有等式

$$\Pr\{X(t_n) \leq x_n | X(t_1) = x_1, \cdots, X(t_{n-1}) = x_{n-1}\} = \Pr\{X(t_n) \leq x_n | X(t_{n-1}) = x_{n-1}\} \quad (1-5)$$

则称 $\{X(t), t \geq 0, t \in T\}$ 为 Markov 过程。

如果 $\{X_n, n=0,1,2,\cdots\}$ 是状态离散的 Markov 过程,则称其为 Markov 链,即对 $\forall t_1 < t_2 < \cdots < t_k < m < n, \forall i_1, i_2, \cdots, i_k, i, j \in S$ 有

$$\Pr\{X_n = j | X_{t_1} = i_1, \cdots, X_{t_k} = i_k, X_m = i\} = \Pr\{X_n = j | X_m = i\} = p_{ij} \quad (1-6)$$

表示系统在 m 时刻处于状态 i 的条件下,到 n 时转移到状态 j 的转移概率。性质如下:

(1) $p_{ij} \geq 0$;

(2) $\sum_{j \in S} p_{ij} = 1$;

(3) $p_{ii} = 1, p_{ij} = 0 (i \neq j)$。

下面针对有限状态空间中的 Markov 过程作简单介绍。

对有限的状态空间,可以用一个具有(i,j)元素的矩阵来表示转移概率。

$$p_{ij} = \Pr(X_{n+1} = j | X_n = i) \tag{1-7}$$

连续时间状态下,$\{r_t = r(t), t \geq 0\}$ 表示 Markov 过程;$(\Omega_\eta, F_\eta, \Pr)$ 表示在有限集 $U = \{1, 2, \cdots, m\}$ 上的概率空间;转移概率矩阵为

$$\Pr(r_{t+\Delta t} = j | r_t = i) = \begin{cases} \pi_{ij} \Delta t + o(\Delta t), & i \neq j \\ 1 + \pi_{ii} \Delta t + o(\Delta t), & i = j \end{cases} \tag{1-8}$$

其中,$\lim_{\Delta t \to 0} \left(\frac{o(\Delta t)}{\Delta t} \right) = 0$;$\Delta t > 0$;$\pi_{ij}$ 是从一个节点 i 跳变到另外一个节点 j 的转移率,并且满足 $\pi_{ij} \geq 0 (i \neq j)$,$\pi_{ii} = -\sum_{j=1, j \neq i}^{m} \pi_{ij}$,$i, j \in U$。

离散时间状态下,$\{r_t = r(t), t \geq 0\}$ 表示 Markov 过程;$(\Omega_\eta, F_\eta, \Pr)$ 表示在有限集 $S = \{1, 2, \cdots, n\}$ 上的概率空间;在 S 上定义的转移概率为

$$\Pr\{r_{k+1} = j | r_k = i\} = \pi_{ij} \tag{1-9}$$

对所有的 $i, j \in S$,有 $\pi_{ij} \geq 0$,$\sum_{j=1}^{n} \pi_{ij} = 1$。

Markov 跳变系统已经吸引了越来越多的关注。这类系统非常适合结构是随机突变的模型,例如,工作点的变化、突发环境的干扰、随机组件故障等。多位学者已经研究了有关这些系统的一系列的控制问题[17-21]。其中,特别是对连续时间的 Markov 跳变系统具有不确定参数的鲁棒均方稳定性进行了研究。现有方法对鲁棒稳定性分析的一个共同特点是,将它们视作线性系统或未知非线性的线性系统,如李氏型和假设的范数有界不确定性。此外,这些方法都是以独立于系统不确定参数的 Lyapunov 函数为基础的。需要指出的是,在这些方法中,由于公共的 Lyapunov 函数用于确保每一个有效参数的稳定性,所以是保守的不确定性无关。

随机系统的稳定性主要包括依概率稳定、均方稳定、几乎必然稳定三类。由于均方稳定更符合工程实际背景,因此现有文献中大多考虑均方意义下的稳定性。时滞不可避免地存在于随机系统中,当随机系统存在时滞时,时滞不仅会使系统的稳定性降低,而且还会使所设计的控制器失效。因此,随机时滞系统控制器设计和稳定性研究具有很大的理论意义和实际价值。此外,随机时滞系统的研究需要用到许多数学工具,如随机微分方程、泛函微分方程、微分积分不等式、随机分析等诸多理论[22-23]。

近年来对时滞系统的研究主要集中在确定性系统且时滞大多是定常的,而对随机时滞系统的研究还相对比较少。确定性时滞系统已经有了较为成熟的体系和方法,如自由

权矩阵、向量不等式、Newton-Leibniz 公式等方法[24-25]。这些理论和方法集中应用在时滞系统的稳定性分析、鲁棒性分析、滤波器设计当中且得到了一些时滞依赖的保守性较小的结果[26-29]。特别值得注意的是,线性矩阵不等式方法是研究确定性时滞系统最为常用的方法,该方法不需要提前修改系统参数和正定对称矩阵。

20 世纪 50 年代,日本数学家 Ito 开创了随机微分方程领域研究的先河[30]。近几十年来,随机微分方程的理论和方法得到了迅速的发展并在许多领域得到了广泛的应用。尽管一些常微分方程领域研究的方法可以应用到随机微分方程领域,但是随机微分方程并不是常微分方程的简单推广,它有着自己独特的理论体系和方法。确定性时滞系统是随机时滞系统的特殊情况,当随机因素消失时,随机系统就退化为确定系统。因此,借助于随机分析等工具,可以将一些确定性时滞系统的理论和方法推广到随机时滞系统中去[31]。针对单时滞的随机系统,目前存在的文献大多用线性矩阵不等式的方法来处理,而对于多时滞的情形,存在的文献讨论和研究比较少[32]。Ma 等研究了具有混合时滞和非线性扰动的中立型 Markov 跳变系统的时滞相关指数稳定问题[33]。

1.3 中立型广义时滞系统的研究概述及研究意义

广义系统,又称奇异系统、非完全状态系统、强耦合系统等,是 Ardema 在 1962 年研究飞行机械动力学特性时遇到奇异摄动时提出来的。1977 年,Hale 在《函数微分方程理论》一书中加以完善,建立了奇异系统的基本概念。研究广义系统的鲁棒控制问题主要从频域角度,用几何方法与多项式矩阵方法进行研究。初期这两种方法确实带动了广义系统鲁棒控制研究的发展,但随着将其应用到实践中,逐渐暴露出一些缺陷。近年来,状态空间方法在正则系统的鲁棒稳定性研究中逐步完善,许多学者把正则系统的状态空间的理论推广到了奇异系统,建立了基于时域的广义系统状态空间方法,使得广义系统的鲁棒控制的研究得到了很快的发展[34-36]。广义系统状态空间方法是根据广义系统的状态方程,通过研究状态方程的结构特征,设计保持系统鲁棒稳定的控制器。从广义系统的提出到现在已几十年,关于它的研究已经从基础向纵向发展,包含了线性和非线性、确定和不确定、连续和离散、H_2 控制和 H_∞ 控制、容错控制和保成本控制等方面[37-45]。

关于广义时滞系统,近年来已经有了很充分的研究和发展,但是很多问题仍然需要进一步的研究,在许多实际系统中,要对其更精确地分析、设计和应用,就必须考虑时滞和奇异现象的影响。由于广义时滞系统既是广义系统又含有时滞,故对这类系统的分析比正常的时滞系统更加复杂[46]。

自20世纪90年代以来,国内外学者关于中立型广义时滞系统的稳定性和鲁棒控制的研究,取得了许多有价值的研究成果[47-49]。Chen等研究了中立型广义时滞系统的时滞相关稳定性问题,所得到的稳定性判据同时考虑了离散时滞和中立时滞的大小,保证了所提出的中立型广义时滞系统的正则性、无脉冲性和稳定性[50]。Chen和Xu等分析了具有混合时变时滞的中立型广义系统的指数可容许性;基于状态分解方法,提出了一种新的Lyapunov-Krasovskii泛函;通过采用线性矩阵不等式方法和零值方程技术,得到了一个新的时滞依赖的指数容许性准则[51]。Long等研究了一类具有Markov跳变参数的中立型广义系统的指数稳定问题[52]。Ma等研究了中立型广义Lurie系统的绝对稳定性分析[53]。

1.4 切换中立系统的简介

20世纪中期,为了在航空飞行中节约燃料,苏联的庞特里亚金提出时间最优控制和时间-燃料最优控制问题。其中,最著名的就是Bang-Bang控制原理,它给出了一个时间分段常值函数,其特点是在可控输入上下边界值之间控制状态的变化。Bang-Bang控制原理本质上为继电控制系统,它给出了切换面的定义,切换思想在里面萌芽。

受继电系统的相平面方法启发,近几十年来滑模控制的理论和方法被建立了起来,它采用了切换的思想。滑模控制本质上是一种控制系统的综合方法,通过人为制造切换将一个高阶系统分解成若干个低阶系统,从而降低了问题的难度,达到控制系统的目的。由于其思想简单,易于执行,滑模控制得到了广泛的研究。

为了提高系统的可靠性,使得系统在某些故障下仍然能正常工作,特别是在个别控制器单元失效的情况下,于是多控制器的思想被提出。该理论的思想是在同一受控对象中设计多个备用控制器,针对不同的故障选择相应的控制器保证系统仍能运行。这里切换指的是多个控制器之间的切换。

综上所述,切换的主要思想体现在系统的状态的切换和控制器的切换上。随着被控对象本身的结构和模式的变化,传统的分析方法不再适用。因此,切换的思想被用来处理这些复杂对象。用切换的思想进行系统建模、辨识、分析和综合就形成了切换系统理论。切换系统的切换不仅包含控制器参数的变化,而且还包含系统参数的变化。与先前提到的滑模控制、Bang-Bang控制和多控制器控制相比,切换系统理论中的"切换"显得尤为复杂,这主要体现在控制器的设计和系统的性能分析上。

在目前国内外文献里,针对切换系统,主要有两种系统建模方法。

切换系统的一种模型可表示为如下的三元组:$S=(D,F,L)$,式中参数解释如下:

(1) $D=(I,E)$ 是一个有向图,用来表示切换系统的离散结构。用 $I=\{1,2,\cdots,N\}$ 表示所有的子系统的符号集,有向集 $I\times I=\{(i,i)\mid i\in I\}$ 的子集是 E,用来表示所有有效的离散事件。另外,外部事件集 E_E 和内部事件集 E_I 的并是离散事件集 E,$E=E_E\cup E_I$,$E_E\cap E_I=\varnothing$。事件 $e=(i_1,i_2)$ 发生,即系统从子系统 i_1 切换到子系统 i_2。

(2) $F=\{f_i:X_i\times U_i\times \mathbf{R}\to \mathbf{R}^n\mid i\in I\}$,即连续子系统的动力学,第 i 个子系统的向量场 $\dot{x}=f_i(x,u,t)$ 可以用 f_i 表示,第 i 个子系统的状态集和控制约束集合分别用 $X_i\subseteq\mathbf{R}^n$、$U_i\subseteq\mathbf{R}^m$ 表示。

(3) 用 $L=\{L_E\cup L_I\}$ 表示连续状态和切换方式间的逻辑约束,用 $L_E=\{\Lambda_e\mid \Lambda_e\subset\mathbf{R}^n,\varnothing\neq\Lambda_e\subseteq X_{i1}\cap X_{i2},e=(i_1,i_2)\in E_E\}$ 表示外部事件切换率,唯有 $x\in\Lambda_e$,$e=(i_1,i_2)$,系统才有可能从子系统 i_1 切换到子系统 i_2。$L_I=L_I=\{\Lambda_I\mid \Lambda_I\subseteq\mathbf{R}^n,\varnothing\neq\Lambda_I\subseteq X_{i1}\cap X_{i2},e=(i_1,i_2)\in E_I\}$ 表示内部事件切换集,当 $x\in\Lambda_I$ 时,系统从子系统 i_1 切换到子系统 i_2,此时事件 $e=(i_1,i_2)$ 被触发。切换系统的另一种模型是

$$\begin{cases}\dot{x}(t)=f_\sigma(x(t),u(t),\omega(t))\\ y(t)=f_\sigma(x(t),\omega(t))\end{cases} \qquad (1\text{-}10)$$

其中,$x(t)$ 是系统的状态;$u(t)$ 是系统的控制输入;$y(t)$ 是系统的输出;$\omega(t)$ 表示系统的外部信号;σ 表示取值于逐段常数信号的集合 $\overline{N}^{def}=\{1,2,\cdots,N\}$($N<\infty$);$f_i,g_i(i\in\overline{N})$ 是向量场。

实际中,许多物理系统可以被建模为切换系统。不管采用何种切换系统建模方法,系统中连续变量与离散变量的共存性都能体现出来并刻画出两者间的相互作用。借助于 Lyapunov 稳定性理论,稳定性分析在切换系统的研究中得到了较早的研究。切换序列有关的稳定性和任意切换序列下的稳定性是其主要结果。在前一类稳定性研究结果中,代表性的成果主要有:Peleties 等提出的类 Lyapunov 函数方法(Lyapunov-like functions)、Branicky 提出的多 Lyapunov 函数方法(multiple Lyapunov functions)[54]、Hou 和 Ye 提出的弱 Lyapunov 函数方法(weak Lyapunov-like functions)[55]。需要指出的是 Liberzon 等提出的公共 Lyapunov 函数方法[56]的保守性高于这些方法,需实时比较 Lyapunov 函数大小,在实际应用方面有一定局限性。由于切换时刻的不确定和切换规则难以选取,对于任意切换下的系统稳定性的讨论比较复杂。针对某些具有特殊性质的切换系统来说,Shorten 等[57]以及 Ooba 等[58]给出了在任意切换序列下系统稳定的充分条件。Agrachev 等[59]和 Zhai 等[60]建立了任意切换和待定切换序列下系统稳定的充分条件通过 Lyapunov 代数稳定性

准则。Cheng[61]给出了二次稳定的充分条件利用Lyapunov代数、Lyapunov群理论,但由于计算量较大,导致结果难以应用到高阶切换系统。

一般来讲,切换中立型时滞系统[62]是指通过一个切换规则把系统中存在的众多中立型时滞子系统联系在一起,使它们相互影响、相互作用,共同决定整个系统的动态行为。在一些实际工程系统中,如果切换和中立型时滞同时存在于信号传输和系统的运作过程中,那么就可以把它转化为切换中立型时滞系统来进行分析,如机器人的行走、电力系统中相关设备的切换运行等。

由于切换中立型时滞系统本身的性质,它既含有中立型时滞、离散动态,还包含连续动态行为,系统的运行情况无论是与单纯中立时滞系统相比,还是与一般的切换系统相比,都表现出更高的复杂性。Sen基于状态反馈和输出反馈研究了具有不对称时滞的线性切换系统的稳定性问题[63]。Wu等研究了一类连续时间线性切换中立型时滞系统的动态输出反馈控制,通过使用平均停留时间的方法和分段Lyapunov函数技术,来保证系统的指数稳定性[64]。通过这些年来学者们的不断探索,对切换中立型时滞系统的研究已经取得一系列的研究成果[65-68]。

1.5 本书的主要工作和内容安排

本书将不确定时滞、中立型时滞、广义系统、Markov跳变系统、切换系统、鲁棒控制理论、Lyapunov-Krasovskii稳定性理论和LMI方法交叉结合,研究几类中立型时滞系统的稳定性分析和鲁棒控制问题。本书主要做了以下几个方面的工作:

第1章是绪论,概述了时滞中立型系统、Markov跳变中立型系统、中立型广义系统和切换中立系统;最后概述了本书的研究内容与主要工作。

第2章应用积分不等式和线性矩阵不等式的方法(LMI),获得了分布时滞的中立型系统稳定的充分条件,而且是时滞相关的。最后,通过数值算例与前人的文献作比较,得出此方法的优越性。

第3章对带有Markov跳变参数和脉冲控制的非线性中立型系统的鲁棒控制进行了研究,通过引入合适的Lyapunov-Krasovskii泛函和构造控制器得出新的理论依据。最后,通过数值仿真说明此方法的有效性。

第4章针对不确定中立型时滞系统,通过引用积分不等式和线性矩阵不等式方法(LMI),得到不确定中立型时滞系统指数稳定的标准。最后,用数值算例说明此方法的可行性。

第 5 章讨论非线性中立型系统的指数稳定问题。通过应用模型转换技术和新的积分不等式,获得了非线性中立型时滞系统指数稳定的充分条件。最后,应用实例说明此方法具有较小的保守性。

第 6 章针对不确定多时滞中立型广义时滞系统,采用模型变换和线性矩阵不等式方法(LMI),研究其稳定性问题。最后,用数值算例说明此方法的可行性。

第 7 章考虑时滞的上下界,得到了系统在有限扇形角域内鲁棒绝对稳定的时滞依赖的新准则。最后,采用数值算例与已有的结果比较,此标准不但方法简单,易于用 Matlab 求解,而且保守性较小。

第 8 章研究中立型广义神经网络系统的全局指数稳定性,通过构造一个全新的 Lyapunov 函数,利用 Lyapunov 稳定性理论、自由权矩阵和积分不等式方法,给出使得神经网络系统全局渐近稳定的充分条件。最后运用数值算例,说明此条件的可行性和有效性。

第 9 章讨论时变时滞不确定中立型广义系统的时滞相关非脆弱控制器设计问题。首先给出闭环系统渐近稳定的充分条件,然后讨论控制器的设计问题。通过构造适当的 Lyapunov-Krasovskii 泛函,获得了在非脆弱控制器作用下系统不仅内部渐近稳定,同时给出了非脆弱控制器的具体设计方法。

第 10 章研究不确定中立型广义 Markov 跳变系统的 H_∞ 输出反馈控制问题,利用 Lyapunov-Krasovskii 稳定性理论和积分不等式方法,给出使得闭环系统随机稳定且满足 H_∞ 性能的动态输出反馈控制器存在的充分条件,然后给出动态输出反馈 H_∞ 控制器的设计方法。

第 11 章考虑了非线性不确定中立型时滞系统基于观测器的非脆弱控制问题。首先,通过构造 Lyapunov-Krasovskii 泛函,结合积分不等式、矩阵奇异值理论及线性矩阵不等式,给出闭环系统新的时滞相关的稳定性判据,同时针对控制器具有加性和乘性不确定性两种情况,分别给出了基于观测器的非脆弱控制器的设计方法,从而通过解线性矩阵不等式获得状态反馈增益矩阵和观测器增益矩阵,最后讨论了该系统的 H_∞ 控制问题。

第 12 章研究基于观测器的一类具有输入饱和因子的非线性不确定中立型时滞系统的稳定性问题,利用 Lyapunov 稳定性理论和积分不等式方法,对积分因子进行巧妙的变换,给出了闭环系统时滞相关的稳定性判据和状态观测器的设计方法,并用数值算例说明了这种方法的有效性。

第 13 章讨论基于观测器的时变时滞不确定中立型广义 Markov 跳跃系统的鲁棒无源控制问题。构造观测器系统,在保证系统随机稳定的前提下,构造适当的 Lyapunov-Krasovskii 泛函并引入自由矩阵,给出了闭环系统鲁棒严格无源的条件和系统存在所设计观测器的充分条件,并给出了控制器的参数表示,并用数值实例说明该方法的可行性。

第 14 章基于状态反馈控制器研究了具有执行器饱和的切换中立时滞系统的有限时间控制问题,利用线性矩阵不等式的方法,得到了新的能够确保系统有限时间有界以及系统有限时间 H_∞ 有界的判据。

第 15 章基于记忆反馈控制器研究了带有混合时滞不确定切换中立系统的有限时间有界问题,通过构造新的 Lyapunov-Krasovskii 和线性矩阵不等式,得到了新的关于系统有限时间有界和有限时间 H_∞ 有界的判据。

第2章　带有分布时滞中立型系统的渐近稳定性分析

2.1 引言

在生活中，一些实际系统可以建模成具有分布时滞的系统，比如火箭发动机燃烧系统[69-70]，关于此类时滞系统的研究已取得了一定的成果[9,71-74]，但是该方面的探索仍在继续。

本章讨论了带有分布时滞的中立型系统的渐近稳定性问题，通过构造恰当的 Lyapunov-Krasovskii 泛函，运用时滞分割以及构造具有三重积分项的方法，获得了保守性更小的时滞相关的稳定性判据。通过数值仿真的例子表明了本章提出的方法是可行的，并且优于一些已有结果。

2.2 系统的描述与准备

考虑中立型时滞系统如下：

$$\begin{cases} \dot{x}(t) = Ax(t) + Bx(t-d(t)) + G\dot{x}(t-h(t)) + C\int_{t-\tau}^{t} x(s)\,\mathrm{d}s \\ x(t) = \varphi(t), t \in [-m, 0], m = \max\{d, h, \tau\} \end{cases} \quad (2\text{-}1)$$

其中，$x(t) \in \mathbf{R}^n$；$A, B, G, C \in \mathbf{R}^{n \times n}$ 为适当维数的常数矩阵；$\varphi(t)$ 为 $[-m, 0]$ 上连续可微的初始函数；$h(t), d(t), \tau$ 分别是中立时滞、离散时滞、分布时滞，并且满足 $0 \leq h(t) \leq h$，$0 \leq \dot{h}(t) \leq h_d$，$0 \leq d(t) \leq d$，$0 \leq \dot{d}(t) \leq d_d$，其中，$d, h, d_d$ 和 h_d 是已知的非负实数。

在中立型系统中，典型的算子 D 定义为 $D(x_t) = x(t) - Gx(t-h(t))$，这里 G 与系统(2-1)中的定义相同。

引理 2.2.1[75]　对任意的正定对称矩阵 $X = \begin{bmatrix} X_{11} & X_{12} & X_{13} \\ X_{12}^{\mathrm{T}} & X_{22} & X_{23} \\ X_{13}^{\mathrm{T}} & X_{23}^{\mathrm{T}} & X_{33} \end{bmatrix} \geq 0$，则下面的积分不等

式成立：

$$-\int_{t-d(t)}^{t}\dot{x}^{\mathrm{T}}(s)X_{33}\dot{x}(s)\,\mathrm{d}s \leq \begin{bmatrix} x(t) \\ x(t-d(t)) \\ \dot{x}(s) \end{bmatrix}^{\mathrm{T}} \begin{bmatrix} X_{11} & X_{12} & X_{13} \\ X_{12}^{\mathrm{T}} & X_{22} & X_{23} \\ X_{13}^{\mathrm{T}} & X_{23}^{\mathrm{T}} & 0 \end{bmatrix} \begin{bmatrix} x(t) \\ x(t-d(t)) \\ \dot{x}(s) \end{bmatrix}$$

引理 2.2.2[76]（Schur 补） 对给定的对称矩阵 $S = \begin{bmatrix} S_{11} & S_{12} \\ S_{12}^{\mathrm{T}} & S_{22} \end{bmatrix}$，其中 S_{11} 是 $r \times r$ 维的且有 $S_{11} = S_{11}^{\mathrm{T}}, S_{22} = S_{22}^{\mathrm{T}}$，则以下三个条件等价：

（1）$S < 0$；

（2）$S_{11} < 0, S_{22} - S_{12}^{\mathrm{T}} S_{11}^{-1} S_{12} < 0$；

（3）$S_{22} < 0, S_{11} - S_{12} S_{22}^{-1} S_{12}^{\mathrm{T}} < 0$。

引理 2.2.3[77] 对任意恒定适当维数维矩阵 $M > 0$ 及标量 $d > 0$，有下面的不等式成立：

$$\left(\int_{0}^{d}\varphi(s)\,\mathrm{d}s\right)^{\mathrm{T}} M \left(\int_{0}^{d}\varphi(s)\,\mathrm{d}s\right) \leq d\left(\int_{0}^{d}\varphi^{\mathrm{T}}(s)M\varphi(s)\,\mathrm{d}s\right)$$

2.3 渐近稳定性分析

定理 2.3.1 对给定 $0 \leq d(t) \leq \beta d (d > 0, 0 < \beta < 1), d_d$，中立型时滞系统（2-1）是渐近稳定的。如果存在正定矩阵 $P, r_i, Q_i, S_j, W_k (i=1,2,3; j=1,\cdots,5; k=1,2)$ 和正定矩阵

$$X = \begin{bmatrix} X_{11} & X_{12} & X_{13} \\ * & X_{22} & X_{23} \\ * & * & X_{33} \end{bmatrix} \geq 0, Y = \begin{bmatrix} Y_{11} & Y_{12} & Y_{13} \\ * & Y_{22} & Y_{23} \\ * & * & Y_{33} \end{bmatrix} \geq 0, Z = \begin{bmatrix} Z_{11} & Z_{12} & Z_{13} \\ * & Z_{22} & Z_{23} \\ * & * & Z_{33} \end{bmatrix} \geq 0$$

使得以下的线性矩阵不等式成立：

$$\begin{bmatrix} \Omega_1 & \Omega_2 & \Omega_3 & \Psi_1^{\mathrm{T}}W \\ * & \Omega_4 & 0 & \Psi_2^{\mathrm{T}}W \\ * & * & \Omega_5 & \Psi_3^{\mathrm{T}}W \\ * & * & * & -W \end{bmatrix} < 0 \quad (2\text{-}2)$$

$$S_1 - X_{33} \geq 0, S_2 - Y_{33} \geq 0, S_1 + (1-d_d)S_3 - Z_{33} \geq 0 \quad (2\text{-}3)$$

其中

$$W = r_3 + \beta d S_1 + (1-\beta)dS_2 + \beta d S_3 + \frac{(d^2 - \beta^2 d^2)^2}{4}W_1 + \frac{\beta^4 d^4}{4}W_2 + h^2 S_4$$

$$\Omega_1 = \begin{bmatrix} \Omega_{11} & \Omega_{12} & -A^{\mathrm{T}}PG \\ * & \Omega_{22} & -B^{\mathrm{T}}PG \\ * & * & -(1-h_d)r_2 \end{bmatrix}$$

$$\Omega_2 = \begin{bmatrix} 0 & S_4 & 0 & 0 \\ 0 & 0 & \beta d X_{12} - X_{13} + X_{23}^{\mathrm{T}} & 0 \\ 0 & 0 & 0 & 0 \end{bmatrix}$$

$$\Omega_3 = \begin{bmatrix} PC & \beta d W_2 & (d-\beta d)W_1 \\ 0 & 0 & 0 \\ -G^{\mathrm{T}}PC & 0 & 0 \end{bmatrix}$$

$$\Omega_4 = \begin{bmatrix} -(1-h_d)r_3 & 0 & 0 & 0 \\ * & -r_1 - S_4 & 0 & 0 \\ * & * & \Omega_{66} & \Omega_{67} \\ * & * & * & \Omega_{77} \end{bmatrix}$$

$$\Omega_5 = \begin{bmatrix} -S_5 & 0 & 0 \\ * & -W_2 & 0 \\ * & * & -W_1 \end{bmatrix}$$

$$\Omega_{11} = PA + A^{\mathrm{T}}P + r_1 + r_2 + Q_1 + Q_3 + \tau^2 S_5 - S_4 + \beta d Z_{11} + Z_{13}^{\mathrm{T}} + Z_{13} - (d-\beta d)^2 W_1 - \beta^2 d^2 W_2$$

$$\Omega_{22} = -(1-d_d)Q_3 + \beta d X_{11} + X_{13}^{\mathrm{T}} + X_{13} + \beta d Z_{22} - Z_{13}^{\mathrm{T}} - Z_{13}$$

$$\Omega_{12} = PB + \beta d Z_{12} - Z_{13} + Z_{23}^{\mathrm{T}}$$

$$\Omega_{67} = (1-\beta)d Y_{12} - Y_{13} + Y_{23}^{\mathrm{T}}$$

$$\Omega_{66} = Q_2 - Q_1 + \beta d X_{22} - X_{23}^{\mathrm{T}} - X_{23} + Y_{13} + (1-\beta)d Y_{11} + Y_{13}^{\mathrm{T}}$$

$$\Omega_{77} = (1-\beta)d Y_{22} - Y_{23}^{\mathrm{T}} - Y_{23} - Q_2$$

$$\Psi_1 = [A \quad B \quad 0], \quad \Psi_2 = [G \quad 0 \quad 0 \quad 0], \quad \Psi_3 = [C \quad 0 \quad 0]$$

证明 选择 Lyapunov-Krasovskii 泛函如下：

$$V(x_t) = \sum_{i=1}^{5} V_i(x_t) \tag{2-4}$$

其中

$$V_1(x_t) = D^{\mathrm{T}}(x_t) P D(x_t)$$

$$V_2(x_t) = \int_{t-h}^{t} x^{\mathrm{T}}(s) r_1 x(s) \,\mathrm{d}s + \int_{t-h(t)}^{t} x^{\mathrm{T}}(s) r_2 x(s) \,\mathrm{d}s + \int_{t-h(t)}^{t} \dot{x}^{\mathrm{T}}(s) r_3 \dot{x}(s) \,\mathrm{d}s$$

$$V_3(x_t) = \int_{t-\beta d}^{t} x^T(s) Q_1 x(s) \, ds + \int_{t-d}^{t-\beta d} x^T(s) Q_2 x(s) \, ds + \int_{t-d(t)}^{t} x^T(s) Q_3 x(s) \, ds$$

$$V_4(x_t) = \int_{-\beta d}^{0} \int_{t+\theta}^{t} \dot{x}^T(s) S_1 \dot{x}(s) \, ds d\theta + \int_{-d}^{-\beta d} \int_{t+\theta}^{t} \dot{x}^T(s) S_2 \dot{x}(s) \, ds d\theta +$$

$$\int_{-d(t)}^{0} \int_{t+\theta}^{t} \dot{x}^T(s) S_3 \dot{x}(s) \, ds d\theta + \int_{-h}^{0} \int_{t+\theta}^{t} h \dot{x}^T(s) S_4 \dot{x}(s) \, ds d\theta +$$

$$\int_{-\tau}^{0} \int_{t+\theta}^{t} \tau x^T(s) S_5 x(s) \, ds d\theta$$

$$V_5(x_t) = \frac{d^2 - \beta^2 d^2}{2} \int_{-d}^{-\beta d} \int_{\theta}^{0} \int_{t+\lambda}^{t} \dot{x}^T(s) W_1 \dot{x}(s) \, ds d\theta d\lambda +$$

$$\frac{\beta^2 d^2}{2} \int_{-\beta d}^{0} \int_{\theta}^{0} \int_{t+\lambda}^{t} \dot{x}^T(s) W_2 \dot{x}(s) \, ds d\theta d\lambda$$

从而 $V(x_t)$ 沿式(2-1)求导得

$$\dot{V}(x_t) = \sum_{i=1}^{5} \dot{V}_i(x_t)$$

$$\dot{V}_1(t) = 2D^T(x_t) P \dot{D}(x_t) = 2(x(t) - Gx(t-h(t)))^T P A x(t) +$$
$$2(x(t) - Gx(t-h(t)))^T P B x(t-d(t)) +$$
$$2(x(t) - Gx(t-h(t)))^T P C \int_{t-\tau}^{t} x(s) \, ds \quad (2\text{-}5)$$

$$\dot{V}_2(x_t) = x^T(t)(r_1 + r_2) x(t) + \dot{x}^T(t) r_3 \dot{x}(t) - x^T(t-h) r_1 x(t-h) -$$
$$(1 - h_d) x^T(t-h(t)) r_2 x(t-h(t)) -$$
$$(1 - h_d) \dot{x}^T(t-h(t)) r_3 \dot{x}(t-h(t)) \quad (2\text{-}6)$$

$$\dot{V}_3(x_t) = x^T(t)(Q_1 + Q_3) x(t) - x^T(t-d) Q_2 x(t-d) +$$
$$x^T(t-\beta d)(Q_2 - Q_1) x(t-\beta d) -$$
$$(1 - d_d) x^T(t-d(t)) Q_3 x(t-d(t)) \quad (2\text{-}7)$$

$$\dot{V}_4(x_t) = \dot{x}^T(t)(\beta d S_1 + (1-\beta) d S_2 + \beta d S_3) \dot{x}(t) + \dot{x}^T(t) h^2 S_4 \dot{x}(t) +$$
$$\tau^2 x^T(t) S_5 x(t) - \tau \int_{t-\tau}^{t} x^T(s) S_5 x(s) \, ds -$$
$$h \int_{t-h}^{t} \dot{x}^T(s) S_4 \dot{x}(s) \, ds - \int_{t-\beta d}^{t} \dot{x}^T(s) S_1 \dot{x}(s) \, ds -$$
$$\int_{t-d}^{t-\beta d} \dot{x}^T(s) S_2 \dot{x}(s) \, ds - (1-d_d) \int_{t-d(t)}^{t} \dot{x}^T(s) S_3 \dot{x}(s) \, ds \quad (2\text{-}8)$$

$$\dot{V}_5(x_t) = \dot{x}^T(t) \left(\frac{(d^2 - \beta^2 d^2)^2}{4} W_1 + \frac{\beta^4 d^4}{4} W_2 \right) \dot{x}(t) -$$

$$\frac{d^2 - \beta^2 d^2}{2} \int_{-d}^{-\beta d} \int_{t+\theta}^{t} \dot{x}(s) W_1 \dot{x}(s) \, \mathrm{d}s \mathrm{d}\theta -$$

$$\frac{\beta^2 d^2}{2} \int_{-\beta d}^{0} \int_{t+\theta}^{t} \dot{x}(s) W_2 \dot{x}(s) \, \mathrm{d}s \mathrm{d}\theta \tag{2-9}$$

对 $\dot{V}_4(x_t)$ 中的后三个积分式子，作如下处理：

$$-\int_{t-\beta d}^{t} \dot{x}^{\mathrm{T}}(s) S_1 \dot{x}(s) \, \mathrm{d}s - \int_{t-d}^{t-\beta d} \dot{x}^{\mathrm{T}}(s) S_2 \dot{x}(s) \, \mathrm{d}s - (1 - d_d) \int_{t-d(t)}^{t} \dot{x}^{\mathrm{T}}(s) S_3 \dot{x}(s) \, \mathrm{d}s$$

$$= -\int_{t-\beta d}^{t-d(t)} \dot{x}^{\mathrm{T}}(s) (S_1 - X_{33}) \dot{x}(s) \, \mathrm{d}s - \int_{t-d}^{t-\beta d} \dot{x}^{\mathrm{T}}(s) (S_2 - Y_{33}) \dot{x}(s) \, \mathrm{d}s -$$

$$\int_{t-d(t)}^{t} \dot{x}^{\mathrm{T}}(s) (S_1 + (1 - d_d) S_3 + Z_{33}) \dot{x}(s) \, \mathrm{d}s - \int_{t-\beta d}^{t-d(t)} \dot{x}^{\mathrm{T}}(s) X_{33} \dot{x}(s) \, \mathrm{d}s -$$

$$\int_{t-d}^{t-\beta d} \dot{x}^{\mathrm{T}}(s) Y_{33} \dot{x}(s) \, \mathrm{d}s - (1 - d_d) \int_{t-d(t)}^{t} \dot{x}^{\mathrm{T}}(s) Z_{33} \dot{x}(s) \, \mathrm{d}s$$

$$\tag{2-10}$$

由引理 2.2.1，当 $0 \leqslant d(t) \leqslant \beta d$，得

$$-\int_{t-\beta d}^{t-d(t)} \dot{x}^{\mathrm{T}}(s) X_{33} \dot{x}(s) \, \mathrm{d}s \leqslant x^{\mathrm{T}}(t - d(t)) (\beta d X_{11} + X_{13}^{\mathrm{T}} + X_{13}) x(t - d(t)) +$$

$$2x^{\mathrm{T}}(t - d(t)) (\beta d X_{12} - X_{13} + X_{23}^{\mathrm{T}}) x(t - \beta d) +$$

$$x^{\mathrm{T}}(t - \beta d) (\beta d X_{22} - X_{23} - X_{23}^{\mathrm{T}}) x(t - \beta d)$$

$$\tag{2-11}$$

其中

$$w_1^{\mathrm{T}}(t) = \begin{bmatrix} x^{\mathrm{T}}(t-d(t)) & x^{\mathrm{T}}(t-\beta d) & \dot{x}^{\mathrm{T}}(s) \end{bmatrix}$$

同理，可得

$$-\int_{t-d}^{t-\beta d} \dot{x}^{\mathrm{T}}(s) Y_{33} \dot{x}(s) \, \mathrm{d}s \leqslant x^{\mathrm{T}}(t - \beta d) ((1 - \beta) d Y_{11} + Y_{13}^{\mathrm{T}} + Y_{13}) x(t - \beta d) +$$

$$2x^{\mathrm{T}}(t - d) ((1 - \beta) d Y_{12} - Y_{13} + Y_{23}^{\mathrm{T}}) x(t - \beta d) +$$

$$x^{\mathrm{T}}(t - d) ((1 - \beta) d Y_{22} - Y_{23} - Y_{23}^{\mathrm{T}}) x(t - d)$$

$$\tag{2-12}$$

$$-\int_{t-d(t)}^{t} \dot{x}^{\mathrm{T}}(s) Z_{33} \dot{x}(s) \, \mathrm{d}s \leqslant x^{\mathrm{T}}(t) (\beta d Z_{11} + Z_{13}^{\mathrm{T}} + Z_{13}) x(t) +$$

$$2x^{\mathrm{T}}(t) (\beta d Z_{12} - Z_{13} + Z_{23}^{\mathrm{T}}) x(t - d(t)) +$$

$$x^{\mathrm{T}}(t - d(t)) (\beta d Z_{22} - Z_{23} - Z_{23}^{\mathrm{T}}) x(t - d(t)) \tag{2-13}$$

对 $V_4(x_t)$ 中的 $-d \int_{t-h}^{t} \dot{x}^{\mathrm{T}}(s) S_4 \dot{x}(s) \, \mathrm{d}s$，由引理 2.2.3 可得

$$-h\int_{t-h}^{t}\dot{x}^{\mathrm{T}}(s)\,S_4\dot{x}(s)\,\mathrm{d}s \leqslant -\int_{t-h}^{t}\dot{x}^{\mathrm{T}}(s)\,\mathrm{d}s\,S_4\int_{t-h}^{t}\dot{x}(s)\,\mathrm{d}s$$

$$=\begin{bmatrix}x(t)\\x(t-h)\end{bmatrix}^{\mathrm{T}}\begin{bmatrix}-S_4 & S_4\\ * & -S_4\end{bmatrix}\begin{bmatrix}x(t)\\x(t-h)\end{bmatrix}$$

(2-14)

对 $V_5(x_t)$ 中的后两个式子，由引理 2.2.3 可得如下结果

$$-\frac{d^2-\beta^2 d^2}{2}\int_{-d}^{-\beta d}\int_{t+\theta}^{t}\dot{x}^{\mathrm{T}}(s)\,W_1\dot{x}(s)\,\mathrm{d}s\mathrm{d}\theta$$

$$\leqslant -\int_{-d}^{-\beta d}\int_{t+\theta}^{t}\dot{x}(s)\,W_1\,\mathrm{d}s\mathrm{d}\theta\int_{-d}^{-\beta d}\int_{t+\theta}^{t}\dot{x}(s)\,\mathrm{d}s\mathrm{d}\theta$$

$$\leqslant\begin{bmatrix}x(t)\\ \int_{t-d}^{t-\beta d}x(s)\,\mathrm{d}s\end{bmatrix}^{\mathrm{T}}\begin{bmatrix}-(d-\beta d)^2 W_1 & (d-\beta d)W_1\\ * & -W_1\end{bmatrix}\begin{bmatrix}x(t)\\ \int_{t-d}^{t-\beta d}x(s)\,\mathrm{d}s\end{bmatrix}$$

(2-15)

$$-\frac{\beta^2 d^2}{2}\int_{-\beta d}^{0}\int_{t+\theta}^{t}\dot{x}^{\mathrm{T}}(s)\,W_2\dot{x}(s)\,\mathrm{d}s\mathrm{d}\theta$$

$$\leqslant -\int_{-\beta d}^{0}\int_{t+\theta}^{t}\dot{x}^{\mathrm{T}}(s)\,\mathrm{d}s\mathrm{d}\theta\int_{-\beta d}^{0}\int_{t+\theta}^{t}\dot{x}(s)\,\mathrm{d}s\mathrm{d}\theta$$

$$=\begin{bmatrix}x(t)\\ \int_{t-\beta d}^{t}x(s)\,\mathrm{d}s\end{bmatrix}^{\mathrm{T}}\begin{bmatrix}-\beta^2 d^2 W_2 & \beta dW_2\\ * & -W_2\end{bmatrix}\begin{bmatrix}x(t)\\ \int_{t-\beta d}^{t}x(s)\,\mathrm{d}s\end{bmatrix}$$

(2-16)

联立式(2-4)、(2-16)可得到

$$\dot{V}(t)\leqslant \xi^{\mathrm{T}}(t)\Omega\xi(t)-\dot{x}^{\mathrm{T}}(t)(r_3+\beta dS_1+(1-\beta)dS_2+\beta dS_3)\dot{x}(t)-$$

$$\int_{t-\beta d}^{t-d(t)}\dot{x}^{\mathrm{T}}(s)(S_1-X_{33})\dot{x}(s)\,\mathrm{d}s-\int_{t-d}^{t-\beta d}\dot{x}^{\mathrm{T}}(s)(S_2-Y_{33})\dot{x}(s)\,\mathrm{d}s+$$

$$\dot{x}^{\mathrm{T}}(t)\left(\frac{(d^2-\beta^2 d^2)^2}{4}W_1+\frac{\beta^4 d^4}{4}W_2+h^2 S_4\right)\dot{x}(t)-$$

$$\int_{t-d(t)}^{t}\dot{x}^{\mathrm{T}}(s)(S_1+(1-d_d)S_3-Z_{33})\dot{x}(s)\,\mathrm{d}s$$

其中

$$\xi^{\mathrm{T}}(t)=\begin{bmatrix}Y_1^{\mathrm{T}} & Y_2^{\mathrm{T}} & Y_3^{\mathrm{T}}\end{bmatrix}\quad Y_1^{\mathrm{T}}=\begin{bmatrix}x^{\mathrm{T}}(t) & x^{\mathrm{T}}(t-d(t)) & x^{\mathrm{T}}(t-h(t))\end{bmatrix}$$

$$Y_2^{\mathrm{T}}=\begin{bmatrix}\dot{x}^{\mathrm{T}}(t-h(t)) & x^{\mathrm{T}}(t-h) & x^{\mathrm{T}}(t-\beta d) & x^{\mathrm{T}}(t-d)\end{bmatrix}$$

$$Y_3^{\mathrm{T}}=\begin{bmatrix}\int_{t-\tau}^{t}x(s)\,\mathrm{d}s & \int_{t-\beta d}^{t}x(s)\,\mathrm{d}s & \int_{t-d}^{t-\beta d}x(s)\,\mathrm{d}s\end{bmatrix},\Omega=\begin{bmatrix}\Omega_1 & \Omega_2 & \Omega_3\\ * & \Omega_4 & 0\\ * & * & \Omega_5\end{bmatrix}$$

根据式(2-1)有 $\dot{x}(t)=[\Psi_1 \ \Psi_2 \ \Psi_3]\xi(t)$，由引理 2.2.2 知式(2-3)。当 $S_1-X_{33}\geqslant 0$，$S_2-Y_{33}\geqslant 0$，$S_1+(1-d_d)S_3-Z_{33}\geqslant 0$，易知 $\dot{V}(t)<0$。证毕。

定理 2.3.2 对给定的 $\beta d\leqslant d(t)\leqslant d(d>0,0<\beta<1)$ 与 d_d，中立型系统(2-1)是渐近稳定的。如果存在正定矩阵 $P,r_i,Q_i,S_j,W_k(i=1,2,3,j=1,\cdots,5,k=1,2)$ 和正定矩阵

$$X=\begin{bmatrix} X_{11} & X_{12} & X_{13} \\ * & X_{22} & X_{23} \\ * & * & X_{33} \end{bmatrix}\geqslant 0, Y=\begin{bmatrix} Y_{11} & Y_{12} & Y_{13} \\ * & Y_{22} & Y_{23} \\ * & * & Y_{33} \end{bmatrix}\geqslant 0, Z=\begin{bmatrix} Z_{11} & Z_{12} & Z_{13} \\ * & Z_{22} & Z_{23} \\ * & * & Z_{33} \end{bmatrix}\geqslant 0$$

使得以下的线性矩阵不等式成立：

$$\begin{bmatrix} \overline{\Omega}_1 & \overline{\Omega}_2 & \Omega_3 & \Psi_1^T W \\ * & \underline{\Omega}_4 & 0 & \Psi_2^T W \\ * & * & \Omega_5 & \Psi_3^T W \\ * & * & * & -W \end{bmatrix}<0 \qquad(2\text{-}17)$$

$$S_2+(1-d_d)S_3-Y_{33}\geqslant 0, S_1+(1-d_d)S_3-X_{33}\geqslant 0, S_2-Z_{33}\geqslant 0 \qquad(2\text{-}18)$$

其中

$$W=r_3+\beta dS_1+(1-\beta)dS_2+\beta dS_3+\frac{(d^2-\beta^2 d^2)^2}{4}W_1+\frac{\beta^4 d^4}{4}W_2+h^2 S_4$$

$$\overline{\Omega}_1=\begin{bmatrix} \Omega_{11} & \Omega_{12} & -A^T PG \\ * & \Omega_{22} & -B^T PG \\ * & * & -(1-h_d)r_2 \end{bmatrix}$$

$$\overline{\Omega}_2=\begin{bmatrix} 0 & S_4 & \beta dX_{12}-X_{13}+X_{23}^T & 0 \\ 0 & 0 & (1-\beta)dY_{12}^T-Y_{13}+Y_{23} & (1-\beta)dZ_{12}-Z_{13}+Z_{23}^T \\ 0 & 0 & 0 & 0 \end{bmatrix}$$

$$\Omega_3=\begin{bmatrix} PC & \beta dW_2 & (d-\beta d)W_1 \\ 0 & 0 & 0 \\ -C^T PG & 0 & 0 \end{bmatrix}$$

$$\overline{\Omega}_4=\begin{bmatrix} -(1-h_d)r_3 & 0 & 0 & 0 \\ * & -r_1-S_4 & 0 & 0 \\ * & * & \overline{\Omega}_{66} & 0 \\ * & * & * & \overline{\Omega}_{77} \end{bmatrix}$$

$$\Omega_5 = \begin{bmatrix} -S_5 & 0 & 0 \\ * & -W_2 & 0 \\ * & * & -W_1 \end{bmatrix}$$

$$\overline{\Omega}_{11} = PA + A^T P + r_1 + r_2 + Q_1 + Q_3 + \tau^2 S_5 - S_4 + \beta d X_{11} + X_{13}^T + X_{13} - (d-\beta d)^2 W_1 - \beta^2 d^2 W_2$$

$$\overline{\Omega}_{12} = PB \quad \overline{\Omega}_{22} = -(1-d_d)Q_3 + (1-\beta)dY_{22} - Y_{23} - Y_{23}^T + (1-\beta)dZ_{11} + Z_{13}^T + Z_{13}$$

$$\overline{\Omega}_{66} = Q_2 - Q_1 + \beta d X_{22} - X_{23} - X_{23}^T + (1-\beta)dY_{11} + Y_{13}^T + Y_{13}$$

$$\overline{\Omega}_{77} = (1-\beta)dZ_{22} - Z_{23} - Z_{23}^T$$

$$\Psi_1 = [A \quad B \quad 0], \Psi_2 = [G \quad 0 \quad 0 \quad 0], \Psi_3 = [C \quad 0 \quad 0]$$

证明 当 $\beta d \leq d(t) \leq d$，可得

$$-\int_{t-\beta d}^{t} \dot{x}^T(s) S_1 \dot{x}(s) \, ds - \int_{t-d}^{t-\beta d} \dot{x}^T(s) S_2 \dot{x}(s) \, ds - (1-d_d) \int_{t-d(t)}^{t} \dot{x}^T(s) S_3 \dot{x}(s) \, ds$$

$$= -\int_{t-\beta d}^{t} \dot{x}^T(s)(S_1 + (1-d_d)S_3 - X_{33}) \dot{x}(s) \, ds - \int_{t-d(t)}^{t-\beta d} \dot{x}^T(s)(S_2 + (1-d_d)S_3 - Y_{33}) \dot{x}(s) \, ds - $$

$$\int_{t-d}^{t-d(t)} \dot{x}^T(s)(S_2 - Z_{33}) \dot{x}(s) \, ds - \int_{t-\beta d}^{t} \dot{x}^T(s) X_{33} \dot{x}(s) \, ds - $$

$$\int_{t-d(t)}^{t-\beta d} \dot{x}^T(s) Y_{33} \dot{x}(s) \, ds - \int_{t-d}^{t-d(t)} \dot{x}^T(s) Z_{33} \dot{x}(s) \, ds \tag{2-19}$$

与式(2-13)相似，但需注意到 $S_1 + (1-d_d)S_3 - X_{33} \geq 0$，$S_2 + (1-d_d)S_3 - Y_{33} \geq 0$ 和 $S_2 - Z_{33} \geq 0$，有

$$-\int_{t-\beta d}^{t} \dot{x}^T(s) X_{33} \dot{x}(s) \, ds \leq x^T(t)[\beta d X_{11} + X_{13}^T + X_{13}] x(t) + $$

$$2x^T(t)[\beta d X_{12} - X_{13} + X_{23}^T] x(t-\beta d) + $$

$$x^T(t-\beta d)[\beta d X_{22} - X_{23} - X_{23}^T] x(t-\beta d)$$

$$\tag{2-20}$$

$$-\int_{t-d}^{t-\beta d} \dot{x}^T(s) Y_{33} \dot{x}(s) \, ds \leq x^T(t-\beta d)((1-\beta)dY_{11} + Y_{13}^T + Y_{13}) x(t-\beta d) + $$

$$2x^T(t-\beta d)((1-\beta)dY_{12} - Y_{13} + Y_{23}^T) x(t-d(t)) + $$

$$x^T(t-d(t))((1-\beta)dY_{22} - Y_{23} - Y_{23}^T) x(t-d(t))$$

$$\tag{2-21}$$

$$-\int_{t-d}^{t-d(t)} \dot{x}^T(s) Z_{33} \dot{x}(s) \, ds \leq x^T(t-d(t))((1-\beta)dZ_{11} + Z_{13}^T + Z_{13}) x(t-d(t)) + $$

$$2x^T(t-d(t))((1-\beta)dZ_{12} - Z_{13} + Z_{23}^T) x(t-d) + $$

$$x^T(t-d)((1-\beta)dZ_{22} - Z_{23} - Z_{23}^T)x(t-d) \quad (2-22)$$

联立得

$$\dot{V}(x_t) \leq \xi^T(t)\Omega\xi(t) - \dot{x}^T(t)(r_3 + \beta dS_1 + (1-\beta)dS_2 + \beta dS_3)\dot{x}(t) +$$

$$\dot{x}^T(t)\left(\frac{(d^2-\beta^2 d^2)^2}{4}W_1 + \frac{\beta^4 d^4}{4}W_2 + h^2 S_4\right)\dot{x}(t) -$$

$$\int_{t-d}^{t-d(t)} \dot{x}^T(s)(S_2 - Z_{33})\dot{x}(s)\,\mathrm{d}s$$

$$\int_{t-d(t)}^{t-\beta d} \dot{x}^T(s)(S_2 + (1-d_d)S_3 - Y_{33})\dot{x}(s)\,\mathrm{d}s -$$

$$\int_{t-\beta d}^{t} \dot{x}^T(s)(S_1 + (1-d_d)S_3 - X_{33})\dot{x}(s)\,\mathrm{d}s$$

其中

$$\xi^T(t) = [\Upsilon_1^T \quad \Upsilon_2^T \quad \Upsilon_3^T]$$

$$\Upsilon_1^T = [x^T(t) \quad x^T(t-d(t)) \quad x^T(t-h(t))]$$

$$\Upsilon_2^T = [\dot{x}^T(t-h(t)) \quad x^T(t-h) \quad x^T(t-\beta d) \quad x^T(t-d)]$$

$$\Upsilon_3^T = \left[\int_{t-\tau}^{t} x(s)\,\mathrm{d}s \quad \int_{t-\beta d}^{t} x(s)\,\mathrm{d}s \quad \int_{t-d}^{t-\beta d} x(s)\,\mathrm{d}s\right], \Omega = \begin{bmatrix} \overline{\Omega}_1 & \overline{\Omega}_2 & \Omega_3 \\ * & \overline{\Omega}_4 & 0 \\ * & * & \Omega_5 \end{bmatrix}$$

根据式(2-1)有 $\dot{x}(t) = [\Psi_1 \quad \Psi_2 \quad \Psi_3]\xi(t)$,由 Schur 补引理,即可得式(2-17)。当 $S_2 + (1-d_d)S_3 - Y_{33} \geq 0, S_1 + (1-d_d)S_3 - X_{33} \geq 0$ 且 $S_2 - Z_{33} \geq 0$,很容易得到 $\dot{V}(t) < 0$。

将定理2.3.1和定理2.3.2的方法简化到一般的动力系统,有

$$\dot{x}(t) = Ax(t) + Bx(t-d(t)) \quad (2-23)$$

推论2.3.1 对给定 $0 \leq d(t) \leq \beta d$ 与已知常数 $d(d>0)$ 和 d_d,若存在正定矩阵 $P, Q_i, S_i, W_k (i=1,2,3, k=1,2)$ 和正定矩阵

$$X = \begin{bmatrix} X_{11} & X_{12} & X_{13} \\ * & X_{22} & X_{23} \\ * & * & X_{33} \end{bmatrix} \geq 0, Y = \begin{bmatrix} Y_{11} & Y_{12} & Y_{13} \\ * & Y_{22} & Y_{23} \\ * & * & Y_{33} \end{bmatrix} \geq 0, Z = \begin{bmatrix} Z_{11} & Z_{12} & Z_{13} \\ * & Z_{22} & Z_{23} \\ * & * & Z_{33} \end{bmatrix} \geq 0$$

使下面的线性矩阵不等式成立:

$$\begin{bmatrix} \Pi_{11} & \Pi_{12} & 0 & 0 & \beta dW_2 & (d-\beta d)W_1 & A^TW \\ * & \Pi_{22} & \Pi_{23} & 0 & 0 & 0 & B^TW \\ * & * & \Pi_{33} & \Pi_{34} & 0 & 0 & 0 \\ * & * & * & \Pi_{44} & 0 & 0 & 0 \\ * & * & * & * & -W_1 & 0 & 0 \\ * & * & * & * & * & -W_2 & 0 \\ * & * & * & * & * & * & -W \end{bmatrix} < 0 \quad (2\text{-}24)$$

$$S_1 - X_{33} \geqslant 0, S_2 - Y_{33} \geqslant 0, S_1 + (1-d_d)S_3 - Z_{33} \geqslant 0 \quad (2\text{-}25)$$

其中

$$W = r_3 + \beta dS_1 + (1-\beta)dS_2 + \beta dS_3 + \frac{(d^2 - \beta^2 d^2)^2}{4}W_1 + \frac{\beta^4 d^4}{4}W_2$$

$$\Pi_{11} = PA + A^TP + Q_1 + Q_3 + \beta dZ_{11} + Z_{13}^T + Z_{13} - (d-\beta d)^2 W_1 - \beta^2 d^2 W_2$$

$$\Pi_{12} = PB + \beta dZ_{12} - Z_{13} + Z_{23}^T$$

$$\Pi_{22} = -(1-d_d)Q_3 + \beta dX_{11} + X_{13}^T + X_{13} + \beta dZ_{22} - Z_{13}^T - Z_{13}$$

$$\Pi_{23} = \beta dX_{12} - X_{13} + X_{23}^T$$

$$\Pi_{33} = Q_2 - Q_1 + \beta dX_{22} - X_{23}^T - X_{23} + Y_{13} + (1-\beta)dY_{11} + Y_{13}^T$$

$$\Omega_{34} = (1-\beta)dY_{12} + Y_{23}^T - Y_{13}$$

$$\Pi_{44} = (1-\beta)dY_{22} - Y_{23}^T - Y_{23} - Q_2$$

式(2-23)是渐近稳定的。

证明方法同引理 2.2.1，略。

推论 2.3.2 对给定 $\beta d \leqslant d(t) \leqslant d$ 与已知常数 $d(d>0)$ 和 d_d，若存在正定矩阵 P, Q_i，$S_i, W_k(i=1,2,3, k=1,2)$ 和正定矩阵

$$X = \begin{bmatrix} X_{11} & X_{12} & X_{13} \\ * & X_{22} & X_{23} \\ * & * & X_{33} \end{bmatrix} \geqslant 0, Y = \begin{bmatrix} Y_{11} & Y_{12} & Y_{13} \\ * & Y_{22} & Y_{23} \\ * & * & Y_{33} \end{bmatrix} \geqslant 0, Z = \begin{bmatrix} Z_{11} & Z_{12} & Z_{13} \\ * & Z_{22} & Z_{23} \\ * & * & Z_{33} \end{bmatrix} \geqslant 0$$

使得以下结论成立：

$$\begin{bmatrix} \overline{\Pi}_{11} & PB & \overline{\Pi}_{13} & 0 & \beta d W_2 & (d-\beta d)W_1 & A^\mathrm{T}W \\ * & \overline{\Pi}_{22} & \overline{\Pi}_{23} & \overline{\Pi}_{24} & 0 & 0 & B^\mathrm{T}W \\ * & * & \Pi_{33} & \Pi_{34} & 0 & 0 & 0 \\ * & * & * & \Pi_{44} & 0 & 0 & 0 \\ * & * & * & * & -W_1 & 0 & 0 \\ * & * & * & * & * & -W_2 & 0 \\ * & * & * & * & * & * & -W \end{bmatrix} < 0 \quad (2\text{-}26)$$

$$S_2+(1-d_d)S_3-Y_{33}\geq 0,\ S_1+(1-d_d)S_3-X_{33}\geq 0,\ S_2-Z_{33}\geq 0 \quad (2\text{-}27)$$

其中

$$W = r_3 + \beta d S_1 + (1-\beta) d S_2 + \beta d S_3 + \frac{(d^2-\beta^2 d^2)^2}{4}W_1 + \frac{\beta^4 d^4}{4}W_2$$

$$\overline{\Pi}_{11} = PA + A^\mathrm{T}P + Q_1 + Q_3 + \beta d X_{11} + X_{13}^\mathrm{T} + X_{13} - (d-\beta d)^2 W_1 - \beta^2 d^2 W_2$$

$$\overline{\Pi}_{22} = -(1-d_d)Q_3 + (1-\beta)dY_{22} - Y_{23} - Y_{23}^\mathrm{T} + (1-\beta)dZ_{11} + Z_{13}^\mathrm{T} + Z_{13}$$

$$\overline{\Pi}_{13} = \beta d X_{12} - X_{13} + X_{23}^\mathrm{T}$$

$$\overline{\Pi}_{24} = (1-\beta)dZ_{12} - Z_{13} + Z_{23}^\mathrm{T}$$

$$\overline{\Pi}_{23} = (1-\beta)dY_{12}^\mathrm{T} - Y_{13}^\mathrm{T} + Y_{23}$$

$$\overline{\Pi}_{44} = (1-\beta)dZ_{22} - Z_{23} - Z_{23}^\mathrm{T}$$

$$\overline{\Pi}_{33} = Q_2 - Q_1 + \beta d X_{22} - X_{23} - X_{23}^\mathrm{T} + (1-\beta)dY_{11} + Y_{13}^\mathrm{T} + Y_{13}$$

式(2-23)是渐近稳定的。

2.4 数值算例

例 2.4.1 给出下面的系统

$$\dot{x}(t) = Ax(t) + Bx(t-d(t)) + G\dot{x}(t-h)$$

其中

$$A = \begin{bmatrix} -2 & 0 \\ 0.1 & -0.9 \end{bmatrix}, B = \begin{bmatrix} -1 & 0 \\ -1 & -1 \end{bmatrix}, G = \begin{bmatrix} g & 0 \\ 0 & g \end{bmatrix}, 0 \leq g < 1$$

通过推论 2.3.2 和 Matlab 工具箱,可得系统允许的最大的时滞上界。当 $G=0$,表 2-1 是系统(2-23)渐近稳定所允许的时滞上界。从表 2-1 中可以看到如下结果比文献

[78,79]有较小的保守性。

表 2-1 系统稳定的最大时滞 h

	$d_d = 0.1$	$d_d = 3$
[78]	3.915	1.472
[79](定理1)	3.931($\beta=0.53$)	1.602($\beta=0.33$)
[79](定理2)	4.392($\beta=0.4$)	2.065($\beta=0.37$)
推论2.3.3	5.3050	2.1679
推论2.3.4	5.3249	2.1765

2.5 本章小结

本章使用积分不等式和自由权矩阵的方法,给出了一种与中立时滞、离散时滞、分布时滞都相关的稳定性依据。这种新依据具有较小的保守性,方法易于操作,使计算简便。最后,通过数值实例说明了该方法的正确性和先进性,对以后中立系统的研究奠定了基础。

第3章 带有脉冲控制的非线性 Markov 中立型系统的稳定性分析

3.1 引言

众所周知,具有 Markov 跳跃参数的系统可以用来模拟一些实际系统,它们可能会遇到突然变化的结构和参数,例如随机故障、维修组件、突然的环境扰动、改变的互联系统和突然变化的非线性的操作。通过脉冲微分方程的性能,有下面四种组合:(1)没有脉冲效应的系统的稳定和有这个效应的系统的稳定;(2)没有脉冲效应的系统的不稳定和有这个效应的系统的不稳定;(3)没有脉冲效应的系统稳定,但脉冲使系统不稳定;(4)没有脉冲的系统不稳定,但脉冲使这个系统稳定。在这四种情况中,由于系统的动力性明显是已知的,所以前两种一般是不考虑的。第四种情况,在稳定方面脉冲扮演着一个有益的角色,且能使不稳定系统稳定,然而第三种情况脉冲在稳定方面扮演着有害的角色[80-82]。在本章中,我们考虑了带有脉冲的系统的稳定性。

本章中,在假设扇形非线性函数下构建一个合适的 Lyapunov-Krasovskii 泛函,利用设计的控制器的方法得出线性矩阵不等式。分析了带有随机的脉冲中立系统的鲁棒稳定问题,数值算例得出了这个证明的有效性。

3.2 系统的描述与准备

考虑如下形式的带有 Markov 的脉冲中立时滞系统

$$\begin{cases} \dot{x}(t) = A(r(t))x(t) + B(r(t))x(t-\tau(t)) + C_1(r(t))\dot{x}(t-\tau(t)) + \\ \quad D_1(r(t))u_1(t) + f(r(t), x(t-\tau(t))), t \neq t_k, t \geqslant t_0 \\ \Delta x(t) = (G(r(t))-I)x(t^-) + D_2(r(t))u_2(t^-), t = t_k \\ y(t) = C_2(r(t))x(t) \\ x(t) = \varphi(t), \dot{x}(t) = \varphi(t) \\ \forall t \in [-\tau_2, 0], k \in \mathbf{N} \end{cases} \quad (3\text{-}1)$$

其中 $x(t) \in \mathbf{R}^n$ 为状态向量；$u(t) \in \mathbf{R}^m$ 为连续的控制输入，$u_2(t^-) \in \mathbf{R}^{n_2}$ 为脉冲控制输入；$f(\cdot)$ 为连续的向量函数；$\tau(t)$ 为变时滞，满足 $0 \leq \tau_1 \leq \tau(t) \leq \tau_2, \dot\tau(t) \leq \mu < 1$，其中 τ_1, τ_2, μ 是常数；$A(r(t)), B(r(t)), C_1(r(t)), D_1(r(t)), C_2(r(t)), D_2(r(t)), G(r(t))$ 为已知的合适定义的实数矩阵，对任意的 $x(t) \in \gamma, \gamma = \{1,2,\cdots,3\}$，$C_2(r(t))$ 列满秩；I 为单位矩阵；$C_1(r(t))$ 的谱半径小于 1，以至于保证了差分方程 $x(t) - C_1(r(t))x(t-\tau(t)) = 0$ 是渐进稳定的；$\Delta x(t_k) = x(t_k^+) - x(t_k^-)$ 和 $x(t_k)$ 为在时刻 t_k 的脉冲；离散集合 $\{t_k\}$ 满足 $0 = t_0 < t_1 < t_2 < \cdots < t_0 < \cdots$, $\lim\limits_{k\to\infty} = \infty$，因此，可以假设 $x(t_k)$ 是右连续的，也就是，初始条件 $\varphi(t) \in PC([-\tau_2, 0], \mathbf{R}^n)$ 和 $\varphi(t) \in PC_d([-\tau_2, 0], \mathbf{R}^n)$ 在有限点分别为分段连续函数和分段连续可微函数。转移率矩阵是 $\Pi = \{\pi_{ij}\}(i,j \in \gamma)$。

$$\Pr\{r(t+\Delta(t)) = j : r(t) = i\} = \begin{cases} \pi_{ij}\Delta t + o(\Delta t), & \text{if } i \neq j \\ 1 + \pi_{ij}\Delta t + o(\Delta t), & \text{if } i = j \end{cases} \quad (3-2)$$

其中，$\Delta(t) > 0$ 且 $\lim\limits_{\Delta t \to \infty} o(\Delta t)/\Delta t = 0$。如果 $i \neq j$，则 $\pi_{ii} = -\sum\limits_{j=1, j\neq i}^{N} \pi_{ij}$，$\pi_{ij} \geq 0$ 表示从 i 到 j 的转移速率。

假设 3.2.1[83]　非线性向量函数 $f(r(t), x(t)) : [0, \infty] \times \mathbf{R}^n \to \mathbf{R}^n$ 在 t 时刻是分段连续的，在 $x(t)$ 满足全局 Lipschitz 条件且 $f(r(t), 0) = 0$，并满足下面的条件：

$$(f(r(t), x(t)) - G_1(r(t))x(t))^{\mathrm{T}}(f(r(t), x(t)) - G_1(r(t))x(t)) \leq 0 \quad (3-3)$$

引理 3.2.1[84]　对给定的 $Q = Q^{\mathrm{T}}, M, N, Q + MFN + N^{\mathrm{T}}F^{\mathrm{T}}M^{\mathrm{T}} < 0$，任意的 $F(t)$ 满足 $F^{\mathrm{T}}(t)F(t) \leq I$，有且仅有一个数 $\varepsilon > 0$ 使得 $Q + \varepsilon^{-1}MM^{\mathrm{T}} + \varepsilon N^{\mathrm{T}}N < 0$。

引理 3.2.2[85]　对任意的 $P \in \mathbf{R}^{n \times n}$，对所有的在 $[a,b] \to \mathbf{R}^n$ 上的连续可微函数 x，有下面的不等式：

$$\int_a^b \dot{x}^{\mathrm{T}}(s) P \dot{x}(s) \, \mathrm{d}s \geq \frac{1}{b-a}(x(b) - x(a))^{\mathrm{T}} P(x(b) - x(a)) + \frac{3}{b-a} \Omega^{\mathrm{T}} P \Omega$$

其中，$\Omega = x(a) + x(b) - (2/(b-a))\int_a^b x(s) \, \mathrm{d}s$。

定义 3.2.1[86]　函数 $V : \mathbf{R}^+ \times \mathbf{R}^+ \to \mathbf{R}^+$ 属于类 Ω_0，如果

（1）在每个集合 $[t_{k-1}, t_k) \times \mathbf{R}^n$ 上的函数 V 是连续的，对所有 $t \geq t_0$ 和 $V(r(t), 0) = 0$；

（2）$V(r(t), x(t))$ 满足全局 Lipschitz 条件；

（3）对每一个 $k \in \mathbf{N}$ 存在有限的极限 $\lim\limits_{(t,y) \to (t_k^-, x)} V(t^-, x)$ 和 $\lim\limits_{(t,y) \to (t_k^+, x)} V(t_k^+, x)$ 有 $V(t_k, x) = V(t_k^+, x)$。

3.3 带有随机的脉冲中立系统的鲁棒稳定性分析

在这个部分,通过设计下面的控制器得出了对带有 Markov 跳变和脉冲的中立系统的稳定分析。

$$u_1(t)=K_{1i}y(t), u_2(t^-)=K_{2i}y(t^-) \tag{3-4}$$

其中,K_{1i},K_{2i} 是常数增益矩阵。对 $\Delta x(t_k)=x(t_k^+)-x(t_k^-)$ 和 $x(t_k)=x(t_k^+)$,从式(3-4)可以得出 $x(t_k)-x(t_k^-)=(G(r(t))-I)x(t_k^-)+D_2(r(t))u_2(t_k^-)$,其中暗示了 $x(t_k)=G(r(t))x(t_k^-)+D_2(r(t))u_2(t_k^-)$。然后,系统(3-4)可以变为下面的形式:

$$\begin{cases} \dot{x}(t)=A(r(t))x(t)+B(r(t))x(t-\tau(t))+C_1(r(t))\dot{x}(t-\tau(t))+ \\ \quad D_1(r(t))K_{1i}C_{2i}x(t)+f(r(t),x(t-\tau(t))), t\neq t_k, t>t_0 \\ x(t)=G(r(t))x(t^-)+D_2(r(t))K_{2i}C_{2i}x(t^-), t=t_k \\ y(t)=C_2(r(t))x(t) \\ x(t)=\varphi(t), \dot{x}(t)=\varphi(t), \forall t\in[-\tau_2,0], k\in \mathbf{N} \end{cases} \tag{3-5}$$

定理 3.3.1 对给定的数 $\tau_1\geq 0, \tau_2>0, \mu>0$,非线性函数满足式(3-3),系统(3-5)在脉冲控制下是稳定的,如果存在正定矩阵 $X_i, Y_1, Y_2, Y_3, Q_{1i}, Q_{3i}, Q_{4i}, Q_5$ 和任意的矩阵 L_{1i} 和 L_{2i},对任意的 $i\in\gamma$,下面的线性矩阵不等式成立:

$$\begin{bmatrix} \hat{\Omega}_i & X_i\bar{A}_{ci}^{\mathrm{T}} & \tau_3 X_i\bar{A}_{ci}^{\mathrm{T}} & \tau_4 X_i\bar{A}_{ci}^{\mathrm{T}} & U_{1i} & U_{2i} & \Omega_i'' \\ * & -Y_2 & 0 & 0 & 0 & 0 & 0 \\ * & * & -Y_3 & 0 & 0 & 0 & 0 \\ * & * & * & -Y_1 & 0 & 0 & 0 \\ * & * & * & * & -I & 0 & 0 \\ * & * & * & * & * & -I & 0 \\ * & * & * & * & * & * & \Omega_i' \end{bmatrix}<0 \tag{3-6}$$

$$\begin{bmatrix} -X_i & L_{2i}^{\mathrm{T}}D_{2i}^{\mathrm{T}}+X_iG_i^{\mathrm{T}} \\ * & -X_i \end{bmatrix}<0 \tag{3-7}$$

其中稳定增益矩阵是 $K_{1i}=L_{1i}X_i^{-1}C_{2i}^+$ 和 $K_{2i}=L_{2i}X_i^{-1}C_{2i}^+$。

$$\hat{\Omega}_i=(\hat{\Omega}_{i(p,q)})_{8\times 8}$$

$$\hat{\Omega}_{i11} = A_i X_i + X_i A_i^T + D_{1i} L_{1i} + L_{1i}^T D_{1i}^T + \hat{Q}_{1i} + \hat{Q}_{3i} + \hat{Q}_{4i} + X_i \delta_{ii} + \tau_3^2 (Y_1 - 2X_i)$$

$$\hat{\Omega}_{i12} = B_i X_i, \hat{\Omega}_{i13} = C_{1i} X_i, \hat{\Omega}_{i16} = -\tau_3 (Y_1 - 2X_i), \hat{\Omega}_{i17} = X_i G_{1i}^T + X_i G_{2i}^T, \hat{\Omega}_{i18} = I$$

$$\hat{\Omega}_{i22} = -(1-\mu) Q_{1i}, \hat{\Omega}_{i33} = -(1-\mu)(Y_2 - 2Z_i), \hat{\Omega}_{i44} = -(\hat{Q}_{3i} - 4Y_3 + 8X_i)$$

$$\hat{\Omega}_{i45} = 2Y_3 - 4X_i, \hat{\Omega}_{i46} = -\frac{6}{\tau_3}(Y_3 - 2X_i), \hat{\Omega}_{i55} = -\hat{Q}_{4i} + 4Y_3 - 8X_i, \hat{\Omega}_{i56} = -\frac{6}{\tau_3}(Y_3 - 2X_i)$$

$$\hat{\Omega}_{i66} = Y_1 - 2X_i + \frac{12}{\tau_3^2}(Y_3 - 2X_i), \hat{\Omega}_{i77} = Q_5 - 2I, \hat{\Omega}_{i88} = -(1-\mu) Q_5$$

$$U_{1i} = [G_{1i}X_i \quad 0 \quad 0 \quad 0 \quad 0 \quad 0 \quad 0]^T, U_{2i} = [G_{2i}X_i \quad 0 \quad 0 \quad 0 \quad 0 \quad 0 \quad 0]^T$$

$$\bar{A}_{ci}^T = [(A_i + D_{1i}K_{1i}C_{2i}) \quad B_i \quad C_{1i} \quad 0 \quad 0 \quad 0 \quad X_i^{-1}I]^T, \tau_3 = \tau_2 - \tau_1, \tau_4 = \frac{(\tau_2^2 - \tau_1^2)}{2}$$

$$\Omega_i' = -\text{diag}\{X_1, \cdots, X_{(i-1)}, X_{(i+1)}, \cdots, X_m\}, \Omega_i'' = [\sqrt{\delta_{i1}}X_i, \cdots, \sqrt{\delta_{i(i-1)}}X_i, \sqrt{\delta_{i(i+1)}}X_i, \cdots, \sqrt{\delta_{im}}X_i]$$

其他项为零。

证明 为了得出系统(3-5)的稳定结果,构造了下面形式的 Lyapunov-Krasovskii 泛函:

$$V(x(t), r(t), t) = x^T(t) P(r(t)) x(t) + \int_{t-\tau(t)}^{t} x^T(s) Q_1 x(s) \, ds + \int_{t-\tau(t)}^{t} \dot{x}^T(s) Q_2 \dot{x}(s) \, ds +$$

$$\int_{t-\tau_2}^{t} x^T(s) Q_3 x(s) \, ds + \int_{t-\tau_1}^{t} x^T(s) Q_4 x(s) \, ds +$$

$$\int_{t-\tau(t)}^{t} f^T(r(t), x(s)) Q_5 f(r(t), x(s)) \, ds + \tau_3 \int_{-\tau_2}^{-\tau_1} \int_{t+\theta}^{t} \dot{x}^T(s) r_1 \dot{x}(s) \, ds d\theta +$$

$$\tau_4 \int_{-\tau_2}^{-\tau_1} \int_{\theta}^{0} \int_{t+\lambda}^{t} \dot{x}^T(s) S_1 \dot{x}(s) \, ds d\lambda d\theta \tag{3-8}$$

其中,P_i, $Q_r(r=1,2,\cdots,5)$, r_1, S_1 是对称正定的。从式(3-8)可以得出,对每一个 $t \in [t_{k-1}, t_k)$, $V(r(t), x(t), t)$ 是连续的且 $V(r(t), 0, t) = 0$。但 $V(r(t), x(t), t)$ 满足全局 Lipschitz 条件,对每一个 $k \in \mathbf{N}$,存在式(3-8)的极限,以至于 $V(r(t), x(t), t)$ 是右连续的,也就是,$V(r(t_k), x(t_k), t_k) = V(r(t_k^+), x(t_k^+), t_k^+)$。从假设可以得出 $x(t_k) = x(t_k^+)$,因此通过定义 3.2.1,对每一个 $t \in [t_{k-1}, t_k)$ 有 $V(r(t), x(t), t) \in \Omega_0$。对每一个 $t \in [t_{k-1}, t_k)$,式(3-8)的导数沿着系统(3-5)能得出下面的形式:

$$D^+ V(x(t), r(t), t) \leq 2x^T(t) P_i \dot{x}(t) + \sum_{j=1}^{m} x^T(t) \delta_{ij} P_j x(t) + x^T(t) Q_1 x(t) + \dot{x}^T(t) Q_2 \dot{x}(t) -$$

$$(1-\mu) x^T(t-\tau(t)) Q_1 x(t-\tau(t)) - (1-\mu) \dot{x}^T(t-\tau(t)) Q_2 \dot{x}(t-\tau(t)) +$$

$$x^T(t) Q_3 x(t) - x^T(t-\tau_2) Q_3 x(t-\tau_2) + \tau_4^2 \dot{x}^T(t) S_1 \dot{x}(t) +$$

$$x^T(t)Q_4x(t) - x^T(t-\tau_1)Q_4x(t-\tau_1) +$$

$$f^T(r(t),x(t))Q_5 f(r(t),x(t)) - \tau_4\int_{-\tau_2}^{-\tau_1}\int_{t+\theta}^{t}\dot{x}^T(t)S_1\dot{x}(s)\,ds\,d\theta -$$

$$(1-\mu)f^T(r(t),x(t-\tau(t)))Q_5 f(r(t),x(t-\tau(t))) +$$

$$\tau_3^2\dot{x}^T(t)r_1\dot{x}(t) - \tau_3\int_{t-\tau_2}^{t-\tau_1}\dot{x}^T(s)r_1\dot{x}(s)\,ds \tag{3-9}$$

其中，$D^+V(x(t),r(t),t)$ 是 Dini 上界右导数。因此，$V(x(t),r(t),t)$ 的导数满足全局 Lipschitz 条件，从假设 3.2.1 可以得出

$$\begin{bmatrix}x(t)\\f(r(t),x(t))\end{bmatrix}^T\begin{bmatrix}-(G_{1i}^TG_{2i}+G_{2i}^TG_{1i}) & G_{1i}^T+G_{2i}^T\\G_{1i}+G_{2i} & -2I\end{bmatrix}\begin{bmatrix}x(t)\\f(r(t),x(t))\end{bmatrix}\geqslant 0 \tag{3-10}$$

通过应用引理 3.2.2，可以得出

$$-\tau_3\int_{t-\tau_2}^{t-\tau_1}\dot{x}^T(s)r_1\dot{x}(s)\,ds \leqslant -[x^T(t-\tau_1)-x^T(t-\tau_2)]r_1[x(t-\tau_1)-x(t-\tau_2)] - \Phi^T 3 r_1 \Phi$$

$$\Phi = x(t-\tau_1) + x(t-\tau_2) - \frac{2}{\tau_3}\int_{t-\tau_2}^{t-\tau_1}x^T(s)\,ds$$

应用文献[61]中的詹森不等式，有下面的不等式：

$$-\tau_4\int_{-\tau_2}^{-\tau_1}\int_{t+\theta}^{t}\dot{x}^T(s)S_1\dot{x}(s)\,ds\,d\theta \leqslant -\left[\tau_3 x^T(t) - \int_{t-\tau_2}^{t-\tau_1}x^T(s)\,ds\right]S_1\left[\tau_3 x(t) - \int_{t-\tau_2}^{t-\tau_1}x(s)\,ds\right]$$

连接(3-9)和(3-10)，有

$$D^+V(x(t),r(t),t) \leqslant \xi^T(t,s)\overline{\Omega}\xi(t,s) \tag{3-11}$$

其中

$$\xi^T(t,s) = [x^T(t) \quad x^T(t-\tau(t)) \quad \dot{x}^T(t-\tau(t)) \quad x^T(t-\tau_2) \quad x^T(t-\tau_1)$$

$$\int_{t-\tau_2}^{t-\tau_1}x^T(s)\,ds \quad f^T(r(t),x(t)) \quad f^T(r(t),x(t-\tau(t)))]$$

$$\overline{\Omega} = \Omega + A_c^T[Q_2 + \tau_3^2 r_1 + \tau_4^2 S_1], A_c < 0$$

把文献[61]中的 Schur 补引理应用到不等式 $\overline{\Omega}<0$ 产生

$$\overline{\Omega} = \begin{bmatrix} \Omega & A_c^T Q_2 & \tau_3 A_c^T r_1 & \tau_4 A_c^T S_1 \\ * & -Q_2 & 0 & 0 \\ * & * & -r_1 & 0 \\ * & * & * & -S_1 \end{bmatrix} < 0 \tag{3-12}$$

其中

$$\Omega = (\Omega_{ij})_{8\times 8}$$

$\Omega_{11} = P_i A_i + A_i^T P_i + P_i D_{1i} K_{1i} C_{2i} + C_{2i}^T K_{1i}^T D_{1i}^T P_i + \sum_{j=1}^{m} \delta_{ij} P_j + Q_1 + Q_3 + Q_4 - \tau_3^2 S_1 - G_{1i}^T G_{2i} - G_{2i}^T G_{1i}$

$\Omega_{12} = P_i B_i, \Omega_{13} = P_i C_{1i}, \Omega_{16} = \tau_3 S_1, \Omega_{17} = G_{1i}^T + G_{2i}^T, \Omega_{18} = P_i, \Omega_{22} = -(1-\mu) Q_1$

$\Omega_{33} = -(1-\mu) Q_2, \Omega_{44} = -(Q_3 + 4r_1), \Omega_{45} = -2r_1, \Omega_{46} = \dfrac{6r_1}{\tau_3}, \Omega_{55} = -Q_4 - 4r_1$

$\Omega_{56} = \dfrac{6r_1}{\tau_3}, \Omega_{66} = -S_1 - \dfrac{12r_1}{\tau_3^2}, \Omega_{77} = Q_5 - 2I, \Omega_{88} = -(1-\mu) Q_5$

$A_c^T = [(A_i + D_{1i} K_{1i} C_{2i}) \quad B_i \quad C_{1i} \quad 0 \quad 0 \quad 0 \quad 0 \quad I]^T$

其他项为零。当 $t = t_k$,从式(3-8)可以得出下面的式子：

$$V(x(t_k), r(t_k), t_k) - V(x(t_k^-), r(t_k^-), t_k^-)$$
$$= x^T(t_k) P_i x(t_k) - x^T(t_k^-) P_i x(t_k^-)$$
$$= x^T(t_k^-) \{-P_i + (C_{2i}^T K_{2i}^T D_{2i}^T + G_i^T) P_i (G_i + D_{2i} K_{2i} C_{2i})\} x(t_k^-) \leq 0 \quad (3\text{-}13)$$

从式(3-13)能得出

$$-P_i + (C_{2i}^T K_{2i}^T D_{2i}^T + G_i^T) P_i (G_i + D_{2i} K_{2i} C_{2i}) < 0 \quad (3\text{-}14)$$

由于式(3-14)不是一个线性矩阵不等式,这个问题可以通过使用 Matlab 中的线性矩阵不等式解决。因此,先对式(3-14)应用 Schur 补引理,再应用其他方法可以把式(3-14)变成线性的,所以有下面的不等式：

$$\begin{bmatrix} -P_i & (C_{2i}^T K_{2i}^T D_{2i}^T + G_i^T) P_i \\ P_i (D_{2i} K_{2i} C_{2i}^T + G_i) & -P_i \end{bmatrix} < 0 \quad (3\text{-}15)$$

由于式(3-12)和式(3-15)是非线性的,我们使用下面的过程使它们变成线性的,对左右两边分别乘以 $\mathrm{diag}\{X_i, X_i, X_i, X_i, X_i, X_i, I, I, Y_2, Y_3, Y_1\}$ 的转置矩阵与 $\mathrm{diag}\{X_i, X_i, X_i, X_i, X_i, X_i, I, I, Y_2, Y_3, Y_1\}$。令 $X_i = P_i^{-1}, Y_1 = S_1^{-1}, Y_2 = Q_2^{-1}, Y_3 = R_1^{-1}$ 和 $X_i(\cdot) X_i = (\hat{\cdot})$,同时应用条件 $-X_i Y_1^{-1} X_i \leq Y_1 - 2X_i$, $-X_i Y_2^{-1} X_i \leq Y_2 - 2X_i$, $-X_i Y_3^{-1} X_i \leq Y_3 - 2X_i$ 和 $-X_i (G_1^T G_2 + G_2^T G_1) X_i \leq X_i G_1^T G_1 X_i + X_i G_2^T G_2 X_i$,并且使用 Schur 补引理,这个线性矩阵不等式的条件就被获得。最后,对式(3-15)左右两边分别乘以 $\mathrm{diag}\{X_i, X_i\}$ 的转置与 $\mathrm{diag}\{X_i, X_i\}$ 就可以得到式(3-7)。证毕。

非线性函数 $f(r(t), x(t))$ 满足假设 3.2.1 规定的条件被称为扇形条件,这个函数也属于扇形 $[G_1(r(t)), G_2(r(t))]$,因此 $G_2(r(t)) - G_1(r(t))$ 是一个对称正定矩阵。当 $G_1(r(t)) = 0$ 时, $(f(r(t), x(t)))^T (f(r(t), x(t)) - G_2(r(t)) x(t)) \leq 0$,属于扇形 $[0, G_2(r(t))]$。所以,在假设 3.2.1 中的条件(3-3)把 Lipschitz 条件当作一种特殊情况。

在从非线性矩阵不等式(3-12)得出线性矩阵不等式(3-6)时,一些等价条件被使用,例如,$-X_iY_1^{-1}X_i \leq Y_1-2X_i, -X_iY_2^{-1}X_i \leq Y_2-2X_i, -X_iY_3^{-1}X_i \leq Y_3-2X_i$,其中 $Y_1=S_1^{-1}>0$ 暗示 $Y_1^{-1}>0$,我们有 $(Y_1-X_i)Y_1^{-1}(Y_1-X_i) \geq 0$ 等价于 $-X_iY_1^{-1}X_i \leq Y_1-2X_i$。通过同等的证明过程,就可以得到条件 $-X_iY_2^{-1}X_i \leq Y_2-2X_i$ 和 $-X_iY_3^{-1}X_i \leq Y_3-2X_i$。

当不考虑 Markov 跳跃时,系统(3-5)就简化为如下一个带有扰动的脉冲中立型系统:

$$\begin{cases} \dot{x}(t) = Ax(t)+Bx(t-\tau(t))+C_1\dot{x}(t-\tau(t))+D_1u_1(t)+f(t,x(t-\tau(t))), t \neq t_k, t>t_0 \\ y(t) = C_2x(t) \\ \Delta x(t) = (G-I)x(t^-)+D_2u_2(t^-), t=t_k \\ x(t) = \varphi(t), \dot{x}(t) = \phi(t) \end{cases} \quad (3-16)$$

然后,系统的稳定结果使用下面的 Lyapunov-Krasovskii 泛函就可以得到:

$$V(x(t),r(t),t) = x^T(t)Px(t) + \int_{t-\tau(t)}^{t} x^T(s)Q_1x(s)\,ds + \int_{t-\tau(t)}^{t} \dot{x}^T(s)Q_2\dot{x}(s)\,ds +$$

$$\int_{t-\tau_2}^{t} x^T(s)Q_3x(s)\,ds + \int_{t-\tau_1}^{t} x^T(s)Q_4x(s)\,ds +$$

$$\int_{t-\tau(t)}^{t} f^T(s,x(s))Q_5 f(s,x(s))\,ds + \tau_3\int_{-\tau_2}^{-\tau_1}\int_{t+\theta}^{t} \dot{x}^T(s)r_1\dot{x}(s)\,ds\,d\theta +$$

$$\tau_4\int_{-\tau_2}^{-\tau_1}\int_{\theta}^{0}\int_{t+\lambda}^{t} \dot{x}^T(s)S_1\dot{x}(s)\,ds\,d\lambda\,d\theta$$

对应地,在下面的推论中给出了相应的结论。

推论 3.3.1 对给定的数 $\tau_1 \geq 0, \tau_2>0, \mu>0$ 和满足条件(3-3)的非线性函数,增益矩阵为 $K_1 = L_1X^{-1}C_2^+$ 和 $K_2 = L_2X^{-1}C_2^+$,系统(3-16)在脉冲控制和下面的条件下稳定,如果存在对称正定矩阵 $X, Y_1, Y_2, Y_3, Q_1, Q_3, Q_4, Q_5$,任意矩阵 L_1 和 L_2,下面的线性矩阵不等式成立:

$$\begin{bmatrix} \hat{\Omega} & X\bar{A}_c^T & \tau_3 X\bar{A}_c^T & \tau_4 X A\bar{A}_c^T & U_1 & U_2 \\ * & -Y_2 & 0 & 0 & 0 & 0 \\ * & * & -Y_3 & 0 & 0 & 0 \\ * & * & * & -Y_1 & 0 & 0 \\ * & * & * & * & -I & 0 \\ * & * & * & * & * & -I \end{bmatrix} < 0 \quad (3-17)$$

$$\begin{bmatrix} -X & L_2^T D_2^T + XG^T \\ * & -X \end{bmatrix} < 0 \quad (3-18)$$

29

其中

$$\hat{\Omega} = (\hat{\Omega}_{(p,q)})_{8\times 8}$$

$$\hat{\Omega}_{11} = AX + XA^{\mathrm{T}} + D_1 L_1 + L_1^{\mathrm{T}} D_1^{\mathrm{T}} + \hat{Q}_1 + \hat{Q}_3 + \hat{Q}_4 + \tau_3^2 (Y_1 - 2X), \hat{\Omega}_{12} = BX$$

$$\hat{\Omega}_{13} = C_1 X, \hat{\Omega}_{16} = -\tau_3 (Y_1 - 2X), \hat{\Omega}_{17} = XG_1^{\mathrm{T}} + XG_2^{\mathrm{T}}, \hat{\Omega}_{18} = I, \hat{\Omega}_{22} = -(1-\mu)\hat{Q}_1$$

$$\hat{\Omega}_{33} = -(1-\mu)(Y_2 - 2X), \hat{\Omega}_{44} = -(\hat{Q}_3 - 4Y_3 + 8X), \hat{\Omega}_{45} = 2Y_3 - 4X$$

$$\hat{\Omega}_{46} = -\frac{6}{\tau_3}(Y_3 - 2X), \hat{\Omega}_{55} = -\hat{Q}_4 + 4Y_3 - 8X, \hat{\Omega}_{56} = -\frac{6}{\tau_3}(Y_3 - 2X)$$

$$\hat{\Omega}_{66} = Y_1 - 2X + \frac{12}{\tau_3^2}(Y_3 - 2X), \hat{\Omega}_{77} = Q_5 - 2I, \hat{\Omega}_{88} = -(1-\mu)Q_5$$

$$U_1 = [G_1 X \ \ 0 \ \ 0 \ \ 0 \ \ 0 \ \ 0 \ \ 0 \ \ 0]^{\mathrm{T}}, U_2 = [G_2 X \ \ 0 \ \ 0 \ \ 0 \ \ 0 \ \ 0 \ \ 0 \ \ 0]^{\mathrm{T}}$$

$$\bar{A}_c^{\mathrm{T}} = [(A + D_1 K_1 C_2) \ \ B \ \ C_1 \ \ 0 \ \ 0 \ \ 0 \ \ 0 \ \ I]^{\mathrm{T}}$$

考虑下面的带有 Markov 跳跃的脉冲时滞系统：

$$\begin{cases} \dot{x}(t) = A(r(t))x(t) + B(r(t))x(t-\tau(t)) + D_1(r(t))u_1(t) + f(r(t), x(t-\tau(t))), t \neq t_k, t \geq t_0 \\ \Delta x(t) = (G(r(t)) - I)x(t^-) + D_2(r(t))u_2(t^-), t = t_k \\ y(t) = C_2(r(t))x(t) \\ x(t) = \phi(t), \dot{x}(t) = \phi(t) \\ \forall t \in [-\tau_2, 0], k \in \mathbf{N} \end{cases}$$

(3-19)

其中，$u_1(t) = K_{1i} y(t), u_2(t^-) = K_{2i} y(t^-)$。

上面系统能写为

$$\begin{cases} \dot{x}(t) = A(r(t))x(t) + B(r(t))x(t-\tau(t)) + D_1(r(t))K_{1i}C_{2i}x(t) + f(r(t), x(t-\tau(t))), t \neq t_k, t > t_0 \\ x(t) = G(r(t))x(t^-) + D_2(r(t))K_{2i}C_{2i}x(t^-), t = t_k \\ y(t) = C_2(r(t))x(t) \\ x(t) = \phi(t), \dot{x}(t) = \varphi(t) \\ \forall t \in [-\tau_2, 0], k \in \mathbf{N} \end{cases}$$

(3-20)

系统(3-20)的稳定结果通过下面的 Lyapunov-Krasovskii 泛函能得出：

$$V(x(t),r(t),t) = x^T(t)P(r(t))x(t) + \int_{t-\tau(t)}^{t} x^T(s)Q_1 x(s)\,ds + \int_{t-\tau_2}^{t} x^T(s)Q_3 x(s)\,ds +$$

$$\int_{t-\tau(t)}^{t} f^T(r(t),x(s))Q_5 f(r(t),x(s))\,ds + \tau_3\int_{-\tau_2}^{-\tau_1}\int_{t+\theta}^{t} \ddot{x}^T(s)r_1\dot{x}(s)\,dsd\theta +$$

$$\tau_4\int_{-\tau_2}^{-\tau_1}\int_{\theta}^{0}\int_{t+\lambda}^{t} \ddot{x}^T(s)S_1\dot{x}(s)\,dsd\lambda d\theta + \int_{t-\tau_1}^{t} x^T(s)Q_4 x(s)\,ds$$

推论 3.3.2 给定 $\tau_1 \geq 0, \tau_2 > 0, \mu > 0$，非线性函数满足条件(3-3)，系统在脉冲控制下是稳定的，如果存在对称正定矩阵 $X_i, Y_1, Y_3, Q_{1i}, Q_{3i}, Q_{4i}, Q_5$，任意给出矩阵 L_{1i} 和 $L_{2i}, i \in \gamma$，则下面的线性矩阵不等式成立：

$$\begin{bmatrix} \hat{\Omega}_i & \tau_3 X_i \bar{A}_{ci}^T & \tau_4 X_i \bar{A}_{ci}^T & U_{1i} & U_{2i} & \Omega'' \\ * & -Y_3 & 0 & 0 & 0 & 0 \\ * & * & -Y_1 & 0 & 0 & 0 \\ * & * & * & -I & 0 & 0 \\ * & * & * & * & -I & 0 \\ * & * & * & * & * & \Omega'_i \end{bmatrix} < 0 \quad (3\text{-}21)$$

$$\begin{bmatrix} -X_i & L_{2i}^T D_{2i}^T + X_i G_i^T \\ * & -X_i \end{bmatrix} < 0 \quad (3\text{-}22)$$

取 $K_{1i} = L_{1i} X_i^{-1} C_{2i}^+$ 和 $K_{2i} = L_{2i} X_i^{-1} C_{2i}^+$。其中

$$\hat{\Omega}_i = (\hat{\Omega}_{i(p,q)})_{7\times 7}$$

$$\hat{\Omega}_{i11} = A_i X_i + X_i A_i^T + D_{1i} L_{1i} + L_{1i}^T D_{1i}^T + \hat{Q}_{1i} + \hat{Q}_{3i} + \hat{Q}_{4i} + X_i \delta_{ii} + \tau_3^2(Y_1 - 2X_i)$$

$$\hat{\Omega}_{i12} = B_i X_i, \hat{\Omega}_{i15} = -\tau_3(Y_1 - 2X_i), \hat{\Omega}_{i16} = X_i G_{1i}^T + X_i G_{2i}^T, \hat{\Omega}_{i17} = I$$

$$\hat{\Omega}_{i22} = -(1-\mu)Q_{1i}, \tau_4 = \frac{(\tau_2^2 - \tau_1^2)}{2}, \hat{\Omega}_{i33} = -(\hat{Q}_{3i} - 4Y_3 + 8X_i), \tau_3 = \tau_2 - \tau_1$$

$$\hat{\Omega}_{i34} = 2Y_3 - 4X_i, \hat{\Omega}_{i35} = -\frac{6}{\tau_3}(Y_3 - 2X_i), \hat{\Omega}_{i44} = -\hat{Q}_{4i} + 4Y_3 - 8X_i, \hat{\Omega}_{i45} = -\frac{6}{\tau_3}(Y_3 - 2X_i)$$

$$\hat{\Omega}_{i55} = Y_1 - 2X_i + \frac{12}{\tau_3^2}(Y_3 - 2X_i,), \hat{\Omega}_{i66} = Q_5 - 2I, \hat{\Omega}_{i77} = -(1-\mu)Q_5$$

$$U_{1i} = [G_{1i} X_i \ 0\ 0\ 0\ 0\ 0\ 0]^T, U_{2i} = [G_{2i} X_i \ 0\ 0\ 0\ 0\ 0\ 0]^T$$

$$\bar{A}_{ci}^T = [(A_i + D_{1i} K_{1i} C_{2i})\ B_i\ 0\ 0\ 0\ 0\ X_i^{-1} I]^T$$

$$\Omega'_i = -\mathrm{diag}\{X_1, \cdots, X_{(i-1)}, X_{(i+1)}, \cdots, X_m\}$$

$$\Omega''_i = [\sqrt{\delta_{i1}}X_i, \cdots, \sqrt{\delta_{i(i-1)}}X_i, \sqrt{\delta_{i(i+1)}}X_i, \cdots, \sqrt{\delta_{im}}X]$$

其余项为零。

当 Markov 跳跃和中立项不考虑时，系统就会变为一个脉冲系统

$$\begin{cases} \dot{x}(t) = Ax(t) + Bx(t-\tau(t)) + D_1 u_1(t) + f(t, x(t-\tau(t))) \ t \neq t_k, t > t_0 \\ \Delta x(t) = (G-I)x(t^-) + D_2 u_2(t^-) \ t = t_k \\ y(t) = C_2 x(t) \\ x(t) = \varphi(t), \dot{x}(t) = \varphi(t) \ \forall t \in [-\tau_2, 0], k \in \mathbf{N} \end{cases} \tag{3-23}$$

系统(3-23)的稳定结果通过下面的 Lyapunov-Krasovskii 泛函能得出：

$$V(x(t), r(t), t) = x^\mathrm{T}(t) P x(t) + \int_{t-\tau(t)}^t x^\mathrm{T}(s) Q_1 x(s) \mathrm{d}s + \int_{t-\tau_2}^t x^\mathrm{T}(s) Q_3 x(s) \mathrm{d}s +$$

$$\int_{t-\tau_1}^t x^\mathrm{T}(s) Q_4 x(s) \mathrm{d}s + \int_{t-\tau(t)}^t f^\mathrm{T}(s, x(s)) Q_5 f(s, x(s)) \mathrm{d}s +$$

$$\tau_3 \int_{-\tau_2}^{-\tau_1} \int_{t+\theta}^t \dot{x}^\mathrm{T}(s) r_1 \dot{x}(s) \mathrm{d}s \mathrm{d}\theta + \tau_4 \int_{-\tau_2}^{-\tau_1} \int_0^0 \int_{t+\lambda}^t \dot{x}^\mathrm{T}(s) S_1 \dot{x}(s) \mathrm{d}s \mathrm{d}\lambda \mathrm{d}\theta$$

推论 3.3.3 给定 $\tau_1 \geq 0, \tau_2 > 0, \mu > 0$，非线性函数满足(3-3)，系统(3-23)有 $K_1 = L_1 X^{-1} C_2^+$ 和 $K_2 = L_2 X^{-1} C_2^+$ 时是稳定的，如果存在对称正定矩阵 $X, Y_1, Y_2, Q_1, Q_3, Q_4, Q_5$，任意矩阵 L_1 和 L_2，下面的线性矩阵不等式成立：

$$\begin{bmatrix} \hat{\Omega} & \tau_3 X \bar{A}_c^\mathrm{T} & \tau_4 X \bar{A}_c^\mathrm{T} & U_1 & U_2 \\ * & -Y_3 & 0 & 0 & 0 \\ * & * & -Y & 0 & 0 \\ * & * & * & -I & 0 \\ * & * & * & * & -I \end{bmatrix} < 0 \tag{3-24}$$

$$\begin{bmatrix} -X & L_2^\mathrm{T} D_2^\mathrm{T} + XG^\mathrm{T} \\ * & -X \end{bmatrix} < 0 \tag{3-25}$$

其中 $\hat{\Omega} = (\hat{\Omega}_{(p,q)})_{7 \times 7}$

$$\hat{\Omega}_{11} = AX + XA^\mathrm{T} + D_1 L_1 + L_1^\mathrm{T} D_1^\mathrm{T} + \hat{Q}_1 + \hat{Q}_3 + \hat{Q}_4 + \tau_3^2 (Y_1 - 2X)$$

$$\hat{\Omega}_{12} = BX, \hat{\Omega}_{15} = -\tau_3 (Y_1 - 2X), \hat{\Omega}_{16} = XG_1^\mathrm{T} + XG_2^\mathrm{T}, \hat{\Omega}_{17} = I$$

$$\hat{\Omega}_{22}=-(1-\mu)\hat{Q}_1, \hat{\Omega}_{34}=2Y_3-4X, \hat{\Omega}_{33}=-(\hat{Q}_3-4Y_3+8X)$$

$$\hat{\Omega}_{35}=-\frac{6}{\tau_3}(Y_3-2X), \hat{\Omega}_{44}=-\hat{Q}_4+4Y_3-8X, \hat{\Omega}_{45}=-\frac{6}{\tau_3}(Y_3-2X)$$

$$\hat{\Omega}_{55}=Y_1-2X+\frac{12}{\tau_3^2}(Y_3-2X), \hat{\Omega}_{66}=Q_5-2I, \hat{\Omega}_{77}=-(1-\mu)Q_5$$

$$U_1=[G_1X\ 0\ 0\ 0\ 0\ 0\ 0]^T, U_2=[G_2X\ 0\ 0\ 0\ 0\ 0\ 0]^T$$

$$\bar{A}_c^T=[A+D_1K_1C_2\ B\ 0\ 0\ 0\ 0\ I]^T$$

3.4 数值算例

例 3.4.1 考虑基于脉冲控制非线性 Markov 跳跃中立时滞系统(3-5),参数如下：

$$A_1=\begin{bmatrix}-2 & 1\\1 & -2\end{bmatrix}, B_1=\begin{bmatrix}0.5 & -0.2\\0.2 & 0.3\end{bmatrix}, C_{11}=\begin{bmatrix}0.1 & -0.01\\0 & 0.2\end{bmatrix}, D_{11}=\begin{bmatrix}-0.9 & 0.2\\0.1 & -0.9\end{bmatrix}$$

$$D_{21}=\begin{bmatrix}-0.5 & 0.5\\-0.1 & 0\end{bmatrix}, C_{11}=\begin{bmatrix}-0.1 & 0.2\\0.3 & -0.1\end{bmatrix}, C_{21}=\begin{bmatrix}-0.1 & 0\\0.05 & -0.2\end{bmatrix}$$

$$G_1=\begin{bmatrix}-0.6 & 0\\0 & -0.5\end{bmatrix}, G_{21}=\begin{bmatrix}0.3 & -0.2\\0.3 & 0.1\end{bmatrix}, A_2=\begin{bmatrix}-2 & 1\\1 & -2\end{bmatrix}, B_2=\begin{bmatrix}-0.3 & -0.5\\-0.5 & -0.5\end{bmatrix}$$

$$C_{12}=\begin{bmatrix}-0.1 & 0\\0.2 & -0.1\end{bmatrix}, D_{12}=\begin{bmatrix}-0.2 & 0\\0.1 & -0.2\end{bmatrix}, D_{22}=\begin{bmatrix}0.5 & 0.02\\0 & 0.1\end{bmatrix}, G_{12}=\begin{bmatrix}0.2 & 0.02\\-0.1 & 0.3\end{bmatrix}$$

$$G_{22}=\begin{bmatrix}-0.2 & 0.1\\-0.45 & -0.3\end{bmatrix}, C_{22}=\begin{bmatrix}-1 & -15\\2 & -0.5\end{bmatrix}, G_2=\begin{bmatrix}-0.1 & -0.05\\-0.1 & -0.1\end{bmatrix}, \Pi=\begin{bmatrix}0.1 & -0.1\\-0.01 & 0.01\end{bmatrix}$$

$$\delta_{21}=-0.01, \delta_{12}=-0.1, \delta_{22}=0.01$$

选择收敛速率为 $\tau_1=0.05, \tau_2=0.5, \mu=0.1$,然后通过使用 Matlab 解定理 3.3.1 中的线性矩阵不等式和,系统的可行解是

$$X_1=\begin{bmatrix}0.9541 & 0.1909\\0.1909 & 1.7023\end{bmatrix}, X_2=\begin{bmatrix}1.1133 & -0.0974\\-0.0974 & 1.4439\end{bmatrix}, Y_1=\begin{bmatrix}2.0208 & 0.0378\\0.0378 & 2.6251\end{bmatrix}$$

$$Y_2=\begin{bmatrix}1.7358 & 0.1583\\0.1583 & 2.5580\end{bmatrix}, Y_3=\begin{bmatrix}1.5751 & 0.1460\\0.1460 & 1.2259\end{bmatrix}, Q_{11}=\begin{bmatrix}0.3625 & -0.1415\\-0.1415 & 1.2259\end{bmatrix}$$

$$Q_{31}=\begin{bmatrix}0.2570 & 0.0090\\0.0090 & 0.4364\end{bmatrix}, Q_{41}=\begin{bmatrix}0.2570 & 0.0090\\0.0090 & 0.4364\end{bmatrix}, Q_5=\begin{bmatrix}1.6375 & 0.2933\\0.2933 & 1.1478\end{bmatrix}$$

$$Q_{12} = \begin{bmatrix} 0.3923 & 0.4409 \\ 0.4409 & 0.9979 \end{bmatrix}, Q_{32} = \begin{bmatrix} 0.2435 & -0.0092 \\ -0.0092 & 0.3237 \end{bmatrix}, Q_{42} = \begin{bmatrix} 0.2435 & -0.0092 \\ -0.0092 & 0.3237 \end{bmatrix}$$

$$L_{11} = \begin{bmatrix} -0.1618 & 1.0527 \\ 0.5234 & -0.8988 \end{bmatrix}, L_{21} = \begin{bmatrix} -0.9545 & -8.5115 \\ 0.1930 & -8.2824 \end{bmatrix}, L_{12} = \begin{bmatrix} -3.6379 & 7.1900 \\ 3.7522 & -0.3959 \end{bmatrix}$$

$$L_{22} = \begin{bmatrix} 0.1723 & 0.0711 \\ 1.0159 & 1.3465 \end{bmatrix}$$

由关系 $K_{1i} = L_{1i} X_i^{-1} C_{2i}^+$ 和 $K_{2i} = L_{2i} X_i^{-1} C_{2i}^+$，反馈控制器设计成下面的形式：

$$K_{11} = \begin{bmatrix} 1.3703 & -3.2601 \\ -5.1855 & 3.0152 \end{bmatrix}, K_{12} = \begin{bmatrix} 12.5 & 25 \\ 0.5 & 25 \end{bmatrix}$$

$$K_{21} = \begin{bmatrix} -0.2672 & -1.5580 \\ -0.0521 & 1.6570 \end{bmatrix}, K_{22} = \begin{bmatrix} -0.0066 & 0.0767 \\ -0.0820 & 0.4590 \end{bmatrix}$$

例 3.4.2 考虑带有参数的基于脉冲控制的非线性中立时滞系统(3-16)，参数如下：

$$A = \begin{bmatrix} -1.7073 & 0.6856 \\ 0.2279 & -0.6368 \end{bmatrix}, B = \begin{bmatrix} -2.5326 & -1.0540 \\ -0.1856 & -1.5715 \end{bmatrix}, C_1 = \begin{bmatrix} 0.0558 & 0.0360 \\ 0.274117 & -0.1084 \end{bmatrix}$$

$$D_1 = \begin{bmatrix} 0.20 & 0 \\ 0.10 & 0.20 \end{bmatrix}, D_2 = \begin{bmatrix} 0.50 & 0 \\ 0 & 0.50 \end{bmatrix}, G = \begin{bmatrix} 0.80 & 0 \\ 0 & 0.90 \end{bmatrix}$$

$$G_1 = \begin{bmatrix} 0.20 & 0 \\ 0 & 0.20 \end{bmatrix}, G_2 = \begin{bmatrix} 0.50 & 0.10 \\ 0.10 & 0.50 \end{bmatrix}$$

选择 $\tau_1 = 0.05, \tau_2 = 0.7, \mu = 0.18$，然后选择推论中的线性矩阵不等式(3-17)、(3-18)，系统(3-16)的可行解是

$$X = \begin{bmatrix} 3.1993 & -2.3188 \\ -2.3188 & 3.3355 \end{bmatrix}, Y_1 = \begin{bmatrix} 7.2160 & -5.5839 \\ -5.5839 & 7.8369 \end{bmatrix}, Y_2 = \begin{bmatrix} 38\,059 & 282 \\ 282 & 38\,713 \end{bmatrix}$$

$$Y_3 = \begin{bmatrix} 6.1358 & -4.3161 \\ -4.3161 & 6.2977 \end{bmatrix}, Q_1 = \begin{bmatrix} 4.1540 & -1.0266 \\ -1.0266 & 3.4661 \end{bmatrix}, Q_3 = \begin{bmatrix} 0.7702 & -0.8953 \\ -0.8953 & 1.0949 \end{bmatrix}$$

$$Q_4 = \begin{bmatrix} 0.7702 & -0.8953 \\ -0.8953 & 1.0949 \end{bmatrix}, Q_5 = \begin{bmatrix} 0.8272 & 0.3640 \\ 0.3640 & 0.7799 \end{bmatrix}, L_1 = \begin{bmatrix} -29.5844 & 14.9565 \\ 49.8551 & -61.0839 \end{bmatrix}$$

$$L_2 = \begin{bmatrix} -5.1189 & 3.6988 \\ 4.1612 & -6.0039 \end{bmatrix}$$

由关系 $K_1 = L_1 X^{-1} C_2^+$ 与 $K_2 = L_2 X^{-1} C_2^+$，反馈控制器是下面的形式：

$$K_1 = \begin{bmatrix} -176.6827 & -5.7294 \\ -228.2269 & 54.3773 \end{bmatrix}, K_2 = \begin{bmatrix} -11.7708 & -3.5642 \\ -36.7377 & 6.7915 \end{bmatrix}$$

第 3 章 带有脉冲控制的非线性 Markov 中立型系统的稳定性分析

同时,利用关系 $X = P^{-1}, Y_1 = S_1^{-1}, Y_2 = Q_2^{-1}, Y_3 = R_1^{-1}$,也能求出矩阵 $P, Q_r (r = 1,2,3,4,5)$, r_1, S_1。

例 3.4.3 考虑系统(3-19)如下:

$$A_1 = \begin{bmatrix} -2 & 1 \\ 1 & -2 \end{bmatrix}, B_1 = \begin{bmatrix} 0.5 & -0.2 \\ 0.2 & 0.3 \end{bmatrix}, D_{11} = \begin{bmatrix} -0.9 & 0.2 \\ 0.1 & -0.9 \end{bmatrix}, D_{21} = \begin{bmatrix} -0.5 & 0.5 \\ -0.1 & 0 \end{bmatrix}$$

$$G_{11} = \begin{bmatrix} -0.1 & 0.2 \\ 0.3 & -0.1 \end{bmatrix}, C_{21} = \begin{bmatrix} -0.1 & 0 \\ 0.05 & -0.2 \end{bmatrix}, G_1 = \begin{bmatrix} -0.6 & 0 \\ 0 & -0.5 \end{bmatrix}, G_{21} = \begin{bmatrix} 0.3 & -0.2 \\ 0.3 & 0.1 \end{bmatrix}$$

$$A_2 = \begin{bmatrix} -2 & 1 \\ 1 & -2 \end{bmatrix}, B_2 = \begin{bmatrix} -0.3 & -0.5 \\ -0.5 & -0.5 \end{bmatrix}, D_{12} = \begin{bmatrix} -0.2 & 0 \\ 0.1 & -0.2 \end{bmatrix}, D_{22} = \begin{bmatrix} 0.5 & 0.02 \\ 0 & 0.1 \end{bmatrix}$$

$$G_{12} = \begin{bmatrix} 0.2 & 0.02 \\ -0.1 & 0.3 \end{bmatrix}, G_{22} = \begin{bmatrix} -0.2 & 0.1 \\ -0.45 & -0.3 \end{bmatrix}, C_{22} = \begin{bmatrix} -1 & -15 \\ 2 & -0.5 \end{bmatrix}, G_2 = \begin{bmatrix} -0.1 & -0.05 \\ -0.1 & -0.1 \end{bmatrix}$$

$$\Pi = \begin{bmatrix} 0.1 & -0.1 \\ -0.01 & 0.01 \end{bmatrix}, \delta_{21} = -0.01, \delta_{12} = -0.1, \delta_{22} = 0.01, \delta_{11} = 0.1$$

选择收敛率 $\tau_1 = 0.05, \tau_2 = 0.5, \mu = 0.1$,通过线性矩阵不等式(3-21)和(3-22)使用 Matlab,得出系统的可行解

$$X_1 = \begin{bmatrix} 3.8626 & -2.5388 \\ -2.5388 & 7.6623 \end{bmatrix}, X_2 = \begin{bmatrix} 4.3525 & -3.1274 \\ -3.1274 & 6.4070 \end{bmatrix}, Y_1 = \begin{bmatrix} 9.4781 & -6.9756 \\ -6.9756 & 13.7546 \end{bmatrix}$$

$$Y_3 = \begin{bmatrix} 6.7835 & -5.1408 \\ -5.1408 & 10.9422 \end{bmatrix}, Q_{11} = \begin{bmatrix} 2.7365 & -2.9062 \\ -2.9062 & 6.0249 \end{bmatrix}, Q_{31} = \begin{bmatrix} 1.6181 & -1.7274 \\ -1.7274 & 4.5700 \end{bmatrix}$$

$$Q_{41} = \begin{bmatrix} 2.0308 & -2.1651 \\ -2.1651 & 5.8413 \end{bmatrix}, Q_5 = \begin{bmatrix} 1.1458 & 0.1420 \\ 0.1420 & 0.6360 \end{bmatrix}, Q_{12} = \begin{bmatrix} 2.9780 & -3.1893 \\ -3.1893 & 6.9078 \end{bmatrix}$$

$$Q_{32} = \begin{bmatrix} 3.1657 & -3.2285 \\ -3.2285 & 4.4884 \end{bmatrix}, Q_{42} = \begin{bmatrix} 3.9532 & -4.1024 \\ -4.1024 & 5.6036 \end{bmatrix}, L_{11} = \begin{bmatrix} 1.5254 & 1.5517 \\ -0.0371 & 1.2887 \end{bmatrix}$$

$$L_{21} = \begin{bmatrix} 12.6941 & -38.3116 \\ 17.3292 & -41.3581 \end{bmatrix}, L_{12} = \begin{bmatrix} 2.6685 & 7.5680 \\ 5.2749 & 12.2633 \end{bmatrix}, L_{22} = \begin{bmatrix} 0.5061 & -0.1232 \\ 1.1800 & 3.2346 \end{bmatrix}$$

由关系 $K_{1i} = L_{1i} X_i^{-1} C_{2i}^+$ 和 $K_{2i} = L_{2i} X_i^{-1} C_{2i}^+$,反馈控制器是

$$K_{11} = \begin{bmatrix} -7.8156 & -2.1308 \\ -1.8177 & -1.0547 \end{bmatrix}, K_{12} = \begin{bmatrix} -0.1902 & 1.0581 \\ -0.3248 & 1.8772 \end{bmatrix}$$

$$K_{21} = \begin{bmatrix} 12.5 & 25 \\ 0.5 & 25 \end{bmatrix}, K_{22} = \begin{bmatrix} -0.0066 & 0.0767 \\ -0.0820 & 0.4590 \end{bmatrix}$$

3.5　本章小结

本章研究了一类在脉冲控制下的具有时变时滞和 Markov 跳变参数的扇形非线性中立系统的鲁棒稳定性问题。通过使用脉冲时滞微分方程的稳定原理与线性矩阵不等式技术得出了时滞依赖稳定的结果。基于线性矩阵不等式条件,合适的脉冲反馈控制器被设计出来,并提供了几个数值算例证明结论的有效性和更少的保守性。

第4章 不确定时变时滞中立型系统的指数稳定性分析

4.1 引言

由于测量和计算时间等各种因素,时滞和不确定现象经常出现在控制系统和各种工程系统中,时滞和不确定现象的出现常常是导致系统性能下降和不稳定的主要因素,因此从理论上研究含有时滞和不确定项的控制系统的指数稳定性问题,就显得更加重要,并且受到了国内外许多学者的关注[87-91]。Kwon 讨论了含有状态时滞的动力系统的指数稳定性,他们仅仅讨论了常时滞[92]。Liu 研究了时滞独立的一般线性系统的指数稳定性,但是他们并没有考虑到不确定项的影响[93]。

本章将讨论不确定中立型时滞系统的指数稳定性问题,通过采用适当的 Lyapunov-Krasovskii 泛函和积分不等式的方法,获得了基于 LMI 形式的时滞相关指数稳定的充分条件,并且考虑了状态和状态导数项均含有不确定性的情况,具有广泛的理论意义。最后仿真算例表明这一方法的可行性。

4.2 系统的描述与准备

考虑如下形式的中立型时滞系统:

$$\begin{cases} \dot{x}(t) = (A_0+\Delta A_0(t))x(t)+(B+\Delta B(t))x(t-\tau(t))+(C+\Delta C(t))\dot{x}(t-h(t)) \\ x(\theta)=\phi(\theta), \dot{x}(\theta)=\varphi(\theta), 任意 \theta \in [-\max(\tau,h),0] \end{cases} \quad (4-1)$$

其中,$x(t) \in \mathbf{R}^n$;$A_0, B, C \in \mathbf{R}^{n \times n}$ 是适当维数的常数矩阵;$\phi(t)$ 和 $\varphi(t)$ 是 $[-\max(\tau,h),0]$ 上连续可微的初值函数;$\tau(t)$ 和 $h(t)$ 是时变时滞,且满足 $0 \leq h(t) \leq h, \dot{h}(t) \leq \bar{h}, 0 \leq \tau(t) \leq \tau,$ $\dot{\tau}(t) \leq \bar{\tau}$,其中 $h, \tau, \bar{h}$ 和 $\bar{\tau}$ 是已知非负实数。$\Delta A_0, \Delta B$ 和 ΔC 是不确定矩阵且满足

$$[\Delta A_0 \quad \Delta B \quad \Delta C] = HF(t)[E_0 \quad E_1 \quad E_2] \quad (4-2)$$

其中，$F(t)$是时变的未知矩阵，且满足$F^T(t)F(t)\leq I,\forall t,I$是已知适当维数的单位矩阵；$H,E_0,E_1$和$E_2$为已知适当维数的常实数矩阵。

定义 4.2.1 对于线性中立型系统(4-1)，如果存在常数$\alpha>0$和$\gamma\geq 1$，使得
$$\|x(t)\|\leq\gamma e^{-\alpha t}\|\mu\|_\mu, t\geq 0$$

令$\|\mu\|_\mu=\sup\sqrt{\|\phi(s)\|^2+\|\varphi(s)\|^2}$，则系统（4-1）是指数稳定的，其中$\alpha$是指数稳定度。

4.3 稳定性分析

定理 4.3.1 对于给定的标量$\alpha>0$和$\lambda>0$，系统(4-1)是指数稳定的并且具有指数稳定度α，如果存在正定矩阵P,Q_1,Q_2,S和W满足下面的LMI：

$$X=\begin{pmatrix} X_{11} & X_{12} & X_{13} & Se^{-2ah} & A_0^TQ_2^T & A_0^TS^T & A_0^TW^T & PH \\ * & X_{22} & X_{23} & 0 & B^TQ_2^T & B^TS^T & B^TW^T & 0 \\ * & * & X_{33} & 0 & C^TQ_2^T & C^TS^T & C^TW^T & 0 \\ * & * & * & -Se^{-2ah} & 0 & 0 & 0 & 0 \\ * & * & * & * & -Q_2 & 0 & 0 & Q_2H \\ * & * & * & * & * & -h^{-2}S & 0 & SH \\ * & * & * & * & * & * & -\tau^{-2}W & WH \\ * & * & * & * & * & * & * & -\lambda^{-1}I \end{pmatrix}<0 \quad (4\text{-}3)$$

其中

$$X_{11}=2\alpha P+PA_0+A_0^TP+Q-Se^{-2ah}-We^{-2a\tau}+\lambda^{-1}E_0^TE_0$$

$$X_{12}=PB+We^{-2a\tau}+\lambda^{-1}E_0^TE_1$$

$$X_{13}=PC+\lambda^{-1}E_0^TE_2$$

$$X_{22}=-(1-\bar{\tau})e^{-2a\tau}Q_1-We^{-2a\tau}+\lambda^{-1}E_1^TE_1$$

$$X_{23}=\lambda^{-1}E_1^TE_2$$

$$X_{33}=-(1-\bar{h})e^{-2ah}Q_2+\lambda^{-1}E_2^TE_2$$

证明 构造如下形式Lyapunov-Krasovskii泛函：
$$V(x_t)=V_1(x_t)+V_2(x_t)+V_3(x_t)+V_4(x_t) \quad (4\text{-}4)$$

其中

$$V_1(x_t) = e^{2\alpha t}x^T(t)Px(t)$$

$$V_2(x_t) = \int_{t-\tau(t)}^{t} e^{2\alpha s}x^T(s)Q_1x(s)\,ds + \int_{t-h(t)}^{t} e^{2\alpha s}\dot{x}^T(s)Q_2\dot{x}(s)\,ds$$

$$V_3(x_t) = h\int_{-h}^{0}\int_{t+\beta}^{t} e^{2\alpha s}\dot{x}^T(s)S\dot{x}(s)\,ds d\beta$$

$$V_4(x_t) = \tau\int_{-\tau}^{0}\int_{t+\beta}^{t} e^{2\alpha s}\dot{x}^T(s)W\dot{x}(s)\,ds d\beta$$

从而 $V(x_t)$ 沿系统式(4-1)求导得

$$\dot{V}(x_t) = \dot{V}_1(x_t) + \dot{V}_2(x_t) + \dot{V}_3(x_t) + \dot{V}_4(x_t)$$

$$\dot{V}_1(x_t) = 2e^{2\alpha t}[x^T(t)(\alpha P + P(A_0+\Delta A_0))x(t) + x^T(t)P(B+\Delta B)x(t-\tau(t)) + x^T(t)P(C+\Delta C)\dot{x}(t-h(t))]$$

$$\dot{V}_1(x_t) = e^{2\alpha t}[x^T(t)Q_1x(t) - e^{-2\alpha\tau(t)}x^T(t-\tau(t))Q_1x(t-\tau(t))(1-\dot{\tau}(t)) + \dot{x}^T(t)Q_2\dot{x}(t) - e^{-2\alpha h(t)}\dot{x}^T(t-h(t))Q_2\dot{x}(t-h(t))(1-\dot{h}(t))]$$

$$\leq e^{2\alpha t}[x^T(t)Q_1x(t) - e^{-2\alpha\tau}x^T(t-\tau(t))Q_1x(t-\tau(t))(1-\bar{\tau}) - e^{-2\alpha h}\dot{x}^T(t-h(t))Q_2\dot{x}(t-h(t))(1-\bar{h}) + [(A_0+\Delta A_0)x(t) + (B+\Delta B)x(t-\tau(t)) + (C+\Delta C)\dot{x}(t-h(t))]^T Q_2 \cdot$$

$$[(A_0+\Delta A_0)x(t) + (B+\Delta B)x(t-\tau(t)) + (C+\Delta C)\dot{x}(t-h(t))]]$$

$$= e^{2\alpha t}[x^T(t)Q_1x(t) - e^{-2\alpha\tau}x^T(t-\tau(t))Q_1x(t-\tau(t))(1-\bar{\tau}) - e^{-2\alpha h}\dot{x}^T(t-h(t))Q_2\dot{x}(t-h(t))(1-\bar{h}) + x^T(t)(A_0+\Delta A_0)^T Q_2 \cdot$$

$$(A_0+\Delta A_0)x(t) + x^T(t)(A_0+\Delta A_0)^T Q_2(B+\Delta B)x(t-\tau(t)) +$$

$$x^T(t)(A_0+\Delta A_0)^T Q_2(C+\Delta C)\dot{x}(t-h(t)) + x^T(t-\tau(t))(B+\Delta B)^T Q_2 \cdot$$

$$(A_0+\Delta A_0)x(t) + x^T(t-\tau(t))(B+\Delta B)^T Q_2(B+\Delta B)x(t-\tau(t)) +$$

$$x^T(t-\tau(t))(B+\Delta B)^T Q_2(C+\Delta C)\dot{x}(t-h(t)) +$$

$$\dot{x}^T(t-h(t))(C+\Delta C)^T Q_2(A_0+\Delta A_0)x(t) +$$

$$\dot{x}^T(t-h(t))(C+\Delta C)^T Q_2(B+\Delta B)x(t-\tau(t)) +$$

$$\dot{x}^T(t-h(t))(C+\Delta C)^T Q_2(C+\Delta C)\dot{x}(t-h(t))]$$

$$\dot{V}_3(x_t) = h\int_{-h}^{0}[e^{2\alpha t}\dot{x}^T(t)S\dot{x}(t) - e^{2\alpha(t+\beta)}\dot{x}^T(t+\beta)S\dot{x}(t+\beta)]\,d\beta$$

$$\dot{V}_4(x_t) = \tau\int_{-\tau}^{0}[e^{2\alpha t}\dot{x}^T(t)W\dot{x}(t) - e^{2\alpha(t+\beta)}\dot{x}^T(t+\beta)W\dot{x}(t+\beta)]\,d\beta$$

根据引理 2.2.3,有

$$-\tau\int_{t-\tau}^{t}[\dot{x}^{T}(s)W\dot{x}(s)]\,\mathrm{d}s \leq \begin{bmatrix}x(t)\\x(t-\tau(t))\end{bmatrix}^{T}\begin{bmatrix}-W & W\\W & -W\end{bmatrix}\begin{bmatrix}x(t)\\x(t-\tau(t))\end{bmatrix}$$

所以,我们可以得到

$$\dot{V}_3(x_t) \leq he^{2\alpha t}[\dot{x}^T(t)hS\dot{x}(t)+x^T(t)(-Se^{-2\alpha h})x(t)+x^T(t-h(t))Se^{-2\alpha h}x(t)+$$
$$x^T(t)Se^{-2\alpha h}x(t-h(t))+x^T(t-h(t))(-Se^{-2\alpha h})x(t-h(t))]$$

$$\dot{V}_4(x_t) \leq \tau e^{2\alpha t}[\dot{x}^T(t)\tau W\dot{x}(t)+x^T(t)(-We^{-2\alpha \tau})x(t)+x^T(t-\tau(t))We^{-2\alpha \tau}x(t)+$$
$$x^T(t)We^{-2\alpha \tau}x(t-\tau(t))+x^T(t-\tau(t))(-We^{-2\alpha \tau})x(t-\tau(t))]$$

则

$$\dot{V}(x_t) \leq e^{2\alpha t}[x^T(t)(2\alpha P+P(A_0+\Delta A_0)+(A_0+\Delta A_0)^TP+Q_1-Se^{-2\alpha h}-We^{-2\alpha \tau}+$$
$$(A_0+\Delta A_0)^T(Q_2+h^2S+\tau^2W)(A_0+\Delta A_0))x(t)+x^T(t)(P(B+\Delta B)+$$
$$We^{-2\alpha \tau}+(A_0+\Delta A_0)^T(Q_2+h^2S+\tau^2W)(B+\Delta B))x(t-\tau(t))+$$
$$x^T(t)(P(C+\Delta C)+(A_0+\Delta A_0)^T(Q_2+h^2S+\tau^2W)(C+\Delta C))\dot{x}(t-h(t))+$$
$$x^T(t)Se^{-2\alpha h}x(t-h(t))+x^T(t-\tau(t))(P(B+\Delta B)+We^{-2\alpha \tau}+$$
$$(A_0+\Delta A_0)^T(Q_2+h^2S+\tau^2W)(B+\Delta B))^Tx(t)+x^T(t-\tau(t))(-We^{-2\alpha \tau}+$$
$$(B+\Delta B)^T(Q_2+h^2S+\tau^2W)(B+\Delta B)-(1-\bar{\tau})e^{-2\alpha \tau}Q_1)x(t-\tau(t))+$$
$$x^T(t-\tau(t))((B+\Delta B)^T(Q_2+h^2S+\tau^2W)(C+\Delta C))\dot{x}(t-h(t))+$$
$$\dot{x}^T(t-h(t))((C+\Delta C)^TP+(C+\Delta C)^T(Q_2+h^2S+\tau^2W)(A_0+\Delta A_0))\cdot$$
$$x(t)+\dot{x}^T(t-h(t))((B+\Delta B)^T(Q_2+h^2S+\tau^2W)(C+\Delta C))^Tx(t-\tau(t))+$$
$$\dot{x}^T(t-h(t))(-(1-\bar{h})e^{-2\alpha h}Q_2+(C+\Delta C)^T(Q_2+h^2S+\tau^2W)(C+\Delta C))\cdot$$
$$\dot{x}(t-h(t))+x^T(t-h(t))Se^{-2\alpha h}x(t)-x^T(t-h(t))(Se^{-2\alpha h})x(t-h(t))]$$

即
$$\dot{V}(x_t) = e^{2\alpha t}\xi^T(t)\Gamma\xi(t)$$

其中

$$\xi(t) = \begin{bmatrix}x^T(t) & x^T(t-\tau(t)) & \dot{x}^T(t-h(t)) & x^T(t-h(t))\end{bmatrix}^T$$

$$\Gamma = \begin{bmatrix}W_{11} & W_{12} & W_{13} & Se^{-2\alpha h}\\ * & W_{22} & W_{23} & 0\\ * & * & W_{33} & 0\\ * & * & * & -Se^{-2\alpha h}\end{bmatrix} \tag{4-5}$$

$$W_{11} = 2\alpha P + P(A_0+\Delta A_0) + (A_0+\Delta A_0)^T P + Q_1 - Se^{-2\alpha h} - We^{-2\alpha\tau} +$$
$$(A_0+\Delta A_0)^T (Q_2+h^2 S+\tau^2 W)(A_0+\Delta A_0)$$
$$W_{12} = P(B+\Delta B) + We^{-2\alpha\tau} + (A_0+\Delta A_0)^T (Q_2+h^2 S+\tau^2 W)(B+\Delta B)$$
$$W_{13} = P(C+\Delta C) + (A_0+\Delta A_0)^T (Q_2+h^2 S+\tau^2 W)(C+\Delta C)$$
$$W_{22} = -(1-\bar{\tau})e^{-2\alpha\tau} Q_1 - We^{-2\alpha\tau} + (B+\Delta B)^T (Q_2+h^2 S+\tau^2 W)(B+\Delta B)$$
$$W_{23} = (B+\Delta B)^T (Q_2+h^2 S+\tau^2 W)(C+\Delta C)$$
$$W_{33} = -(1-\bar{h})e^{-2\alpha h} Q_2 + (C+\Delta C)^T (Q_2+h^2 S+\tau^2 W)(C+\Delta C)$$

通过引理 3.2.1 和 Schur 补引理,我们有 $X=\Gamma$。因此,如果 $\Gamma<0$,则 $X<0$,那也就是说 $\dot{V}(x_t)<0$。根据 Lyapunov 稳定性理论,系统(4-1)是渐近稳定的。

更进一步说,对于任意的变量 t,根据我们选择 Lyapunov 函数(4-4),可以得到下面的不等式:

$$e^{2\alpha t}\lambda_{\min}(P)\|x(t)\|^2 \leq V_1(x_t) \leq V(x_t) \leq V(x_0)$$

又因为

$$V(x_0) = x^T(0)Px(0) + \int_{-\tau(0)}^0 e^{2\alpha s} x^T(s) Q_1 x(s) ds + \int_{-h(0)}^0 e^{2\alpha s} \dot{x}^T(s) Q_2 \dot{x}(s) ds +$$
$$h\int_{-h}^0 \int_\beta^0 e^{2\alpha s} \dot{x}^T(s) S\dot{x}(s) ds d\beta + \tau\int_{-\tau}^0 \int_\beta^0 e^{2\alpha s} \dot{x}^T(s) W\dot{x}(s) ds d\beta$$
$$\leq \lambda \|\mu\|_\mu^2$$

令 $\lambda = 2\max\{\lambda_M(P) \quad \lambda_M(Q_1)\cdot\tau \quad \lambda_M(Q_2)\cdot h \quad \lambda_M(S)\cdot h^2 \quad \lambda_M(W)\cdot\tau^2\}$,其中 $\lambda_M(P),\lambda_M(Q_1),\lambda_M(Q_2),\lambda_M(S)$ 和 $\lambda_M(W)$ 代表矩阵 P,Q_1,Q_2,S 和 W 的最大特征值。

我们便可以得到

$$e^{2\alpha t}\lambda_{\min}(P)\|x(t)\|^2 \leq V(x_0) \leq \lambda\|\mu\|_\mu^2$$

即 $\|x(t)\| \leq \gamma e^{-\alpha t}\|\mu\|_\mu$,其中 $\gamma = \sqrt{\dfrac{\lambda}{\lambda_{\min}(P)}} \geq 1$。

根据定义 4.2.1,系统(4-1)是全局指数稳定且具有指数稳定度 α。定理 4.3.1 得证。

我们将定理 4.3.1 的方法推广到一般动力系统,可以得到以下结论。

考虑下面不确定时滞系统:

$$\begin{cases} \dot{x}(t) = (A_0+\Delta A_0(t))x(t) + (B+\Delta B(t))x(t-\tau(t)) \\ x(\theta) = \varphi(\theta), \dot{x}(\theta) = \varphi(\theta), \theta \in [-\tau,0] \end{cases} \quad (4-6)$$

其中,$x(t) \in \mathbf{R}^n$;$A_0, B \in \mathbf{R}^{n\times n}$ 是适当维数的常数矩阵;$\phi(t)$ 和 $\varphi(t)$ 是 $[-\tau,0]$ 上连续可微的

初值函数；$\tau(t)$ 是时变时滞，且满足 $0 \leq \tau(t) \leq \tau, \dot{\tau}(t) \leq \bar{\tau}$，其中 τ 和 $\bar{\tau}$ 是已知非负实数。ΔA_0 和 ΔB 是不确定矩阵且满足

$$[\Delta A_0 \quad \Delta B] = HF(t)[E_0 \quad E_1] \tag{4-7}$$

其中，$F(t)$ 是时变的未知矩阵，且满足 $F^T(t)F(t) \leq I, \forall t, I$ 是已知适当维数的单位矩阵；H, E_0 和 E_1 为已知适当维数的常实数矩阵。

推论 4.3.1 对于给定的常数 λ 和 $\alpha > 0$，如果存在正定矩阵系 P, Q 和 W 且满足下面的线性矩阵不等式：

$$\Pi = \begin{bmatrix} \Pi_{11} & \Pi_{12} & A_0^T W^T & PH \\ * & \Pi_{22} & B^T W^T & 0 \\ * & * & -\tau^{-2}W & WH \\ * & * & * & -\lambda I \end{bmatrix} < 0 \tag{4-8}$$

其中

$$\Pi_{11} = 2\alpha P + PA_0 + A_0^T P + Q - We^{-2\alpha\tau} + \lambda E_0^T E_0$$

$$\Pi_{12} = PB + We^{-2\alpha\tau} + \lambda E_0^T E_1$$

$$\Pi_{22} = -(1-\bar{\tau})e^{-2\alpha\tau}Q - e^{-2\alpha\tau}W + \lambda E_1^T E_1$$

则系统(4-6)是指数稳定的，且具有指数稳定度 α。

证明 构造如下形式 Lyapunov-Krasovskii 泛函：

$$V(x_t) = V_1(x_t) + V_2(x_t) + V_3(x_t)$$

其中

$$V_1(x_t) = e^{2\alpha t}x^T(t)Px(t)$$

$$V_2(x_t) = \int_{t-\tau(t)}^{t} e^{2\alpha s}x^T(s)Qx(s)\,ds$$

$$V_3(x_t) = \tau\int_{-\tau}^{0}\int_{t+\beta}^{t} e^{2\alpha s}\dot{x}^T(s)W\dot{x}(s)\,ds\,d\beta$$

证明方法同定理 4.3.1。

4.4 数值算例

例 4.4.1 考虑下面不确定中立型时滞系统：

$$\dot{x}(t) = (A_0 + \Delta A_0(t))x(t) + (B + \Delta B(t))x(t-\tau(t)) + (C + \Delta C(t))\dot{x}(t-h(t))$$

其中

$$A_0 = \begin{bmatrix} -0.9 & 0.2 \\ 0.1 & -0.9 \end{bmatrix}, B = \begin{bmatrix} -1.1 & -0.2 \\ -0.1 & -1.1 \end{bmatrix}, C = \begin{bmatrix} -0.2 & 0 \\ 0.2 & -0.1 \end{bmatrix}$$

$$H = E_0 = E_1 = E_2 = 0$$

令 $\tau(t) = h(t), \alpha = 0.3$,为了使系统指数稳定,我们使用 Matlab 中的 LMI 工具箱和定理 4.3.1 求解得到系统时滞的最大上界,通过表 4-1,可以发现我们的指数稳定性标准比已有的文献中判据具有较小的保守性。

表 4-1 系统稳定的最大时滞

文献	系统稳定所允许的最大时滞
[94]	1.395 5
[95]	0.740 0
[72]	1.610 0
[96]	1.720 0
定理 4.3.1	3.150 0

例 4.4.2 考虑下面不确定中立型时滞系统:

$$\dot{x}(t) = (A_0 + \Delta A_0(t))x(t) + (B + \Delta B(t))x(t-\tau(t)) + (C + \Delta C(t))\dot{x}(t-h(t))$$

其中

$$A_0 = \begin{bmatrix} -5 & 1 \\ 0 & -6 \end{bmatrix}, B = \begin{bmatrix} 0.1 & 0 \\ 0.1 & 0.1 \end{bmatrix}, C = \begin{bmatrix} 0.1 & 0 \\ 0 & 0.1 \end{bmatrix}$$

$$H = \begin{bmatrix} 0.4 & 0 \\ 0 & 0.3 \end{bmatrix}, E_0 = E_1 = \begin{bmatrix} 0.1 & 0 \\ 0 & 0.1 \end{bmatrix}, E_2 = 0$$

令 $\tau(t) = h(t), \alpha = 0.3$,为了使系统稳定,我们使用 Matlab 中的 LMI 工具箱求解得到

$$P = \begin{bmatrix} 318.676\,4 & -20.039\,8 \\ -20.039\,8 & 174.474\,6 \end{bmatrix}, Q_1 = \begin{bmatrix} 318.851\,8 & -26.812\,2 \\ -26.812\,2 & 280.028\,5 \end{bmatrix}, Q_2 = \begin{bmatrix} 49.498\,7 & -0.323\,1 \\ -0.323\,1 & 21.198\,8 \end{bmatrix}$$

$$S = \begin{bmatrix} 7.030\,0 & -1.688\,6 \\ -1.688\,6 & 4.723\,3 \end{bmatrix}, W = \begin{bmatrix} 3.630\,6 & -0.841\,8 \\ -0.841\,8 & 2.348\,5 \end{bmatrix}, \lambda^{-1} = 123.867\,2, h = \tau = 2.894$$

例 4.4.3 考虑下面一般的不确定动力系统:

$$\dot{x}(t) = (A_0 + \Delta A_0(t))x(t) + (B + \Delta B(t))x(t-\tau(t))$$

其中

$$A_0 = \begin{bmatrix} -4 & 1 \\ 0 & -4 \end{bmatrix}, B = \begin{bmatrix} 0.1 & 0 \\ 4 & 0.1 \end{bmatrix}, H = E_0 = E_1 = 0$$

我们考虑 $\alpha=0.8372$，常时滞 $\tau(t)$ 即 $\dot\tau=0$，为了使系统稳定，使用 Matlab 中的 LMI 工具箱求解得到

$$P=\begin{bmatrix} 114.4893 & 14.4558 \\ 14.4558 & 12.7731 \end{bmatrix}, Q=\begin{bmatrix} 411.7919 & -15.4048 \\ -15.4048 & 1.0088 \end{bmatrix}, W=\begin{bmatrix} 19.3854 & 0.8464 \\ 0.8464 & 4.7163 \end{bmatrix}$$

$\lambda=0.6529$ 并且 $\tau<0.8372$。

4.5 本章小结

本章考虑了不确定中立型系统的指数稳定性问题，考虑了时变时滞、状态和状态导数项均含有不确定性的情况，采用 Lyapunov-Krasovskii 泛函方法，获得了基于 LMI 的时滞相关的指数稳定的新标准，具有广泛的理论意义。最后用实例表明使用这一方法的可行性，且保守性较小。

第5章 非线性中立型系统指数稳定性分析

5.1 引言

控制系统可分为线性系统和非线性系统。然而,实际工程中并不存在纯线性系统,这就要求我们对非线性系统进行更深层次的分析和研究。近几十年来,随着科技的迅速发展,由于种类越来越多的被控对象、越来越复杂的控制装置,加上越来越高的精度要求,传统的以线性模型来代替非线性对象的方法已经不能满足需要,因此,人们也意识到了对非线性系统的研究越来越重要。非线性系统比线性系统内容丰富,模型种类繁多,这便增加了非线性系统研究的难度。对于非线性系统,尽管利用非线性数学模型来描述,还是存在不确定性。其不确定性主要有两个来源,一个是未知的或不可预期的输入(干扰噪声等),一个是不可预期的动态特性。因此,如何解决非线性系统的鲁棒问题已成为近年来研究的热点问题之一。

迄今为止,很多学者对非线性时滞系统产生了广泛的兴趣,提出了很多非线性项的处理方法[101-102]。例如,Zhang通过使用模型转换和S-Procedure方法,给出了非线性中立型系统稳定性的充分条件[103]。然而,对于非线性中立型系统指数稳定的研究还很少见,Ali运用特征值的方法研究了非线性中立型时滞系统的指数稳定[104]。Kwon通过使用自由权矩阵和简单的积分不等式对非线性动力系统指数稳定性进行了讨论[105]。

本章对非线性中立型时滞系统进行了研究,利用Lyapunov-Krasovskii泛函方法、模型转换技术和新的积分不等式,给出了非线性中立型系统指数稳定的新判据。最后通过数值例子说明此方法具有较小的保守性。

5.2 系统的描述与准备

考虑如下形式的非线性中立型系统:

$$\begin{cases} \dot{x}(t) = Ax(t) + Bx(t-d(t)) + C\dot{x}(t-d(t)) + \\ \quad G_1 f_1(t, x(t)) + G_2 f_2(t, \dot{x}(t)) + G_3 f_3(t, x(t-d(t))) + G_4 f_4(t, \dot{x}(t-d(t))) \\ x(t) = \phi(t), \dot{x}(t) = \varphi(t), t \in [-d_2, 0] \end{cases} \quad (5-1)$$

其中，$x(t) \in \mathbf{R}^n$ 为状态向量；$\phi(t)$ 和 $\varphi(t)$ 是 $[-d_2,0]$ 上连续可微的初值函数；$d(t)$ 是系统时滞，且满足 $d_1 \leq d(t) \leq d_2, 0 \leq \dot{d}(t) \leq \bar{d}, d_1, d_2$ 和 $\bar{d}$ 是非负实数；$f_1(t,x(t)), f_2(t,\dot{x}(t)), f_3(t,x(t-d(t)))$ 和 $f_4(t,\dot{x}(t-d(t)))$ 是未知非线函数且满足下面的条件：

$$\|f_1(t,x(t))\| \leq \alpha_1 \|x(t)\|$$

$$\|f_2(t,\dot{x}(t))\| \leq \alpha_2 \|\dot{x}(t)\|$$

$$\|f_3(t,x(t-d(t)))\| \leq \alpha_3 \|x(t-d(t))\|$$

$$\|f_4(t,\dot{x}(t-d(t)))\| \leq \alpha_4 \|\dot{x}(t-d(t))\|, t>0$$

令 $\dot{x}(t) = y(t)$，则系统(5-1)等价于下面的系统(5-2)：

$$\begin{cases} y(t) = Ax(t) + Bx(t-d(t)) + Cy(t-d(t)) + \\ \qquad G_1 f_1(t,x(t)) + G_2 f_2(t,y(t)) + G_3 f_3(t,x(t-d(t))) + G_4 f_4(t,y(t)) \\ \dot{x}(t) = y(t), t \in [-d_2,0] \end{cases} \quad (5-2)$$

注 5.2.1 系统(5-2)是由系统(5-1)经过变量替换得到的，所以二者具有相同的鲁棒性能。

在证明定理之前，我们给出下面的引理。

引理 5.2.1 对于任意正定对称实数矩阵 $R = \begin{bmatrix} r_1 & r_2 \\ * & r_3 \end{bmatrix} > 0$，其中 $r_1, r_2, r_3 \in \mathbf{R}^{n \times n}$ 且时滞 $h(t)$ 满足 $0 < h(t) \leq h$，如果存在一个向量函数 $\dot{x}(\cdot)(\,) : [0,h] \to \mathbf{R}^n$ 且下面的积分存在，我们便有下面的积分不等式成立：

$$-h(t) \int_{t-h(t)}^{t} \eta^{\mathrm{T}}(s) R \eta(s) \, \mathrm{d}s \leq \begin{bmatrix} x(t) \\ x(t-h(t)) \\ \int_{t-h(t)}^{t} x(s) \, \mathrm{d}s \end{bmatrix}^{\mathrm{T}} \begin{bmatrix} -r_3 & r_3 & -R_2^{\mathrm{T}} \\ * & -r_3 & r_2 \\ * & * & -r_1 \end{bmatrix} \begin{bmatrix} x(t) \\ x(t-h(t)) \\ \int_{t-h(t)}^{t} x(s) \, \mathrm{d}s \end{bmatrix} \quad (5-3)$$

其中，$\eta(t) = \begin{bmatrix} x^{\mathrm{T}}(t) & \dot{x}^{\mathrm{T}}(t) \end{bmatrix}^{\mathrm{T}}$。

证明 根据引理 2.2.3，我们有

$$-h(t) \int_{t-h(t)}^{t} \eta^{\mathrm{T}}(s) R \eta(s) \, \mathrm{d}s$$

$$\leq -\int_{t-h(t)}^{t} \begin{bmatrix} x(s) \\ \dot{x}(s) \end{bmatrix}^{\mathrm{T}} \mathrm{d}s \begin{bmatrix} r_1 & r_2 \\ * & r_3 \end{bmatrix} \int_{t-h(t)}^{t} \begin{bmatrix} x(s) \\ \dot{x}(s) \end{bmatrix} \mathrm{d}s$$

$$=\begin{bmatrix} x(t) \\ x(t-h(t)) \\ \int_{t-h(t)}^{t} x(s)\,\mathrm{d}s \end{bmatrix}^{\mathrm{T}} \begin{bmatrix} -R_3 & R_3 & -R_2^{\mathrm{T}} \\ * & -r_3 & r_2 \\ * & * & -r_1 \end{bmatrix} \begin{bmatrix} x(t) \\ x(t-h(t)) \\ \int_{t-h(t)}^{t} x(s)\,\mathrm{d}s \end{bmatrix}$$

注 5.2.2 引理 5.2.1 在证明系统在时滞独立时稳定性条件具有较小的保守性上起到了重要作用。

5.3 主要结果

5.3.1 中立型系统指数稳定性分析

定理 5.3.1 对于给定标量 $\bar{d}, d_1 > 0$,系统(5-2)是指数稳定的并且具有指数稳定度 ε,如果存在正定矩阵 $P = \begin{bmatrix} P_1 & 0 \\ P_2 & P_3 \end{bmatrix}$, $P_1^{\mathrm{T}} = P_1$, $P_3^{\mathrm{T}} = P_3$,对于正定矩阵 Q_1, Q_2, Q_3, $W = \begin{bmatrix} W_1 & W_2 \\ * & W_3 \end{bmatrix}$ 和 $Z = \begin{bmatrix} Z_1 & Z_2 \\ * & Z_3 \end{bmatrix}$ 满足下面的线性矩阵不等式(LMI):

$$\Pi = \begin{bmatrix} \Pi_{11} & \Pi_{12} & 0 & \Pi_{14} & P_2^{\mathrm{T}}B & P_2^{\mathrm{T}}C & P_2^{\mathrm{T}}G_1 & P_2^{\mathrm{T}}G_2 & P_2^{\mathrm{T}}G_3 & P_2^{\mathrm{T}}G_4 & \Pi_{1,11} & 0 \\ * & \Pi_{22} & 0 & 0 & P_3B & P_3C & P_3G_1 & P_3G_2 & P_3G_3 & P_3G_4 & 0 & 0 \\ * & * & \Pi_{33} & \Pi_{34} & 0 & 0 & 0 & 0 & 0 & 0 & 0 & \Pi_{3,12} \\ * & * & * & \Pi_{44} & 0 & 0 & 0 & 0 & 0 & 0 & \Pi_{4,11} & \Pi_{4,12} \\ * & * & * & * & \Pi_{55} & 0 & 0 & 0 & 0 & 0 & 0 & 0 \\ * & * & * & * & * & \Pi_{66} & 0 & 0 & 0 & 0 & 0 & 0 \\ * & * & * & * & * & * & -\varepsilon_1 I & 0 & 0 & 0 & 0 & 0 \\ * & * & * & * & * & * & * & -\varepsilon_2 I & 0 & 0 & 0 & 0 \\ * & * & * & * & * & * & * & * & -\varepsilon_3 I & 0 & 0 & 0 \\ * & * & * & * & * & * & * & * & * & -\varepsilon_4 I & 0 & 0 \\ * & * & * & * & * & * & * & * & * & * & \Pi_{11,11} & 0 \\ * & * & * & * & * & * & * & * & * & * & * & \Pi_{12,12} \end{bmatrix} < 0$$

(5-4)

其中

$$\Pi_{11} = P_2^T A + A^T P_2 + Q_1 + Q_2 + Q_3 + d_2 W_1 + (d_2 - d_1) Z_1 - \frac{1}{d_2} W_3 + \beta_1^2 \varepsilon_1 I$$

$$\Pi_{12} = P_1 - P_2^T + A^T P_3 + d_2 W_2 + (d_2 - d_1) Z_2, \Pi_{14} = -\frac{1}{d_2} W_3$$

$$\Pi_{22} = 2 P_3 + d_2 W_3 + (d_2 - d_1) Z_3 + R + \beta_2^2 \varepsilon_2 I, \Pi_{1,11} = -\frac{1}{d_2} W_2^T$$

$$\Pi_{33} = -Q_1 - \frac{1}{d_2 - d_1} Z_3, \Pi_{34} = \frac{1}{d_2 - d_1} Z_3, \Pi_{3,12} = -\frac{1}{d_2 - d_1} Z_2^T$$

$$\Pi_{44} = -Q_2 - \frac{1}{d_2 - d_1} Z_3 - \frac{1}{d_2} W_3, \Pi_{4,11} = \frac{1}{d_2} W_2^T, \Pi_{4,12} = \frac{1}{d_2 - d_1} Z_2^T$$

$$\Pi_{55} = -Q_3 + \beta_3^2 \varepsilon_3 I, \Pi_{66} = -(1 - \bar{d}) R + \beta_4^2 \varepsilon_4 I$$

$$\Pi_{11,11} = -\frac{1}{d_2} W_1, \Pi_{12,12} = -\frac{1}{d_2 - d_1} Z_1$$

证明 我们定义下面的 Lyapunov 函数：

$$V(t) = V_1(t) + V_2(t) + V_3(t) + V_4(t) + V_5(t) + V_6(t) \tag{5-5}$$

其中

$$V_1(t) = \begin{bmatrix} x^T(t) & y^T(t) \end{bmatrix} \begin{bmatrix} I & 0 \\ 0 & 0 \end{bmatrix} \begin{bmatrix} P_1 & 0 \\ P_2 & P_3 \end{bmatrix} \begin{bmatrix} x(t) \\ y(t) \end{bmatrix}$$

$$V_2(t) = \int_{t-d_1}^{t} x^T(s) Q_1 x(s) \, ds$$

$$V_3(t) = \int_{t-d_2}^{t} x^T(s) Q_2 x(s) \, ds$$

$$V_4(t) = \int_{-d_2}^{0} \int_{t+\beta}^{t} \eta^T(s) W \eta(s) \, ds d\beta + \int_{-d_2}^{-d_1} \int_{t+\beta}^{t} \eta^T(s) Z \eta(s) \, ds d\beta$$

$$V_5(t) = \int_{-d_2}^{0} F(t,s) \, ds, F(t,s) = \sup_{s \leq \xi \leq 0} x^T(t+\xi) Q_3 x(t+\xi)$$

$$V_6(t) = \int_{t-d(t)}^{t} y^T(s) R y(s) \, ds, \eta(t) = \begin{bmatrix} x^T(t) & y^T(t) \end{bmatrix}^T$$

从而 $V(t)$ 沿式(5-2)求导得

$$\dot{V}(t) = \dot{V}_1(t) + \dot{V}_2(t) + \dot{V}_3(t) + \dot{V}_4(t) + \dot{V}_5(t) + \dot{V}_6(t)$$

$$\dot{V}_1(t) = 2 \begin{bmatrix} x^T(t) & y^T(t) \end{bmatrix} \begin{bmatrix} P_1 & P_2^T \\ 0 & P_3 \end{bmatrix} \begin{bmatrix} \dot{x}(t) \\ 0 \end{bmatrix}$$

$$= 2\begin{bmatrix} x^{\mathrm{T}}(t) & y^{\mathrm{T}}(t) \end{bmatrix} \begin{bmatrix} P_1 & P_2^{\mathrm{T}} \\ 0 & P_3 \end{bmatrix} \begin{bmatrix} \dot{x}(t) \\ Ax(t)+Bx(t-d(t))-y(t)+ \\ Cy(t-d(t))+G_1f_1(t,x(t))+G_2f_2(t,y(t))+ \\ G_3f_3(t,x(t-d(t)))+G_4f_4(t,y(t-d(t))) \end{bmatrix}$$

$$\dot{V}_2(t) = x^{\mathrm{T}}(t)Q_1x(t) - x^{\mathrm{T}}(t-d_1)Q_1x(t-d_1)$$

$$\dot{V}_3(t) = x^{\mathrm{T}}(t)Q_2x(t) - x^{\mathrm{T}}(t-d_2)Q_2x(t-d_2)$$

$$\dot{V}_4(t) = \int_{-d_2}^{0} \begin{bmatrix} x(s) \\ y(s) \end{bmatrix}^{\mathrm{T}} \begin{bmatrix} W_1 & W_2 \\ * & W_3 \end{bmatrix} \begin{bmatrix} x(s) \\ y(s) \end{bmatrix} \mathrm{d}s - \int_{t-d_2}^{t} \begin{bmatrix} x(s) \\ y(s) \end{bmatrix}^{\mathrm{T}} \begin{bmatrix} W_1 & W_2 \\ * & W_3 \end{bmatrix} \begin{bmatrix} x(s) \\ y(s) \end{bmatrix} \mathrm{d}s +$$

$$\int_{-d_2}^{-d_1} \begin{bmatrix} x(s) \\ y(s) \end{bmatrix}^{\mathrm{T}} \begin{bmatrix} Z_1 & Z_2 \\ * & Z_3 \end{bmatrix} \begin{bmatrix} x(s) \\ y(s) \end{bmatrix} \mathrm{d}s - \int_{t-d_2}^{t-d_1} \begin{bmatrix} x(s) \\ y(s) \end{bmatrix}^{\mathrm{T}} \begin{bmatrix} Z_1 & Z_2 \\ * & Z_3 \end{bmatrix} \begin{bmatrix} x(s) \\ y(s) \end{bmatrix} \mathrm{d}s$$

通过引理 5.2.1,我们可以得到

$$\dot{V}_4(t) \leqslant h_2 \begin{bmatrix} x(t) \\ y(t) \end{bmatrix}^{\mathrm{T}} \begin{bmatrix} W_1 & W_2 \\ * & W_3 \end{bmatrix} \begin{bmatrix} x(t) \\ y(t) \end{bmatrix} + (h_2-h_1)\begin{bmatrix} x(t) \\ y(t) \end{bmatrix}^{\mathrm{T}} \begin{bmatrix} Z_1 & Z_2 \\ * & Z_3 \end{bmatrix} \begin{bmatrix} x(t) \\ y(t) \end{bmatrix} +$$

$$\frac{1}{h_2}\begin{bmatrix} x(t) \\ x(t-h_2) \\ \int_{t-h_2}^{t} x(s)\mathrm{d}s \end{bmatrix}^{\mathrm{T}} \begin{bmatrix} -W_3 & W_3 & -W_2^{\mathrm{T}} \\ * & -W_3 & W_2 \\ * & * & -W_1 \end{bmatrix} \begin{bmatrix} x(t) \\ x(t-h_2) \\ \int_{t-h_2}^{t} x(s)\mathrm{d}s \end{bmatrix} +$$

$$\frac{1}{h_2-h_1}\begin{bmatrix} x(t-h_1) \\ x(t-h_2) \\ \int_{t-h_2}^{t-h_1} x(s)\mathrm{d}s \end{bmatrix}^{\mathrm{T}} \begin{bmatrix} -Z_3 & Z_3 & -Z_2^{\mathrm{T}} \\ * & -Z_3 & Z_2 \\ * & * & -Z_1 \end{bmatrix} \begin{bmatrix} x(t-h_1) \\ x(t-h_2) \\ \int_{t-h_2}^{t-h_1} x(s)\mathrm{d}s \end{bmatrix}$$

$$\dot{V}_5(t) \leqslant x^{\mathrm{T}}(t)Q_3x(t) - x^{\mathrm{T}}(t-d(t))Q_3x(t-d(t))$$

$$\dot{V}_6(t) \leqslant y^{\mathrm{T}}(t)Ry(t) - y^{\mathrm{T}}(t-d(t))Ry(t-d(t))(1-\bar{d})$$

又由于

$$\begin{cases} \varepsilon_1[\beta_1^2 x^{\mathrm{T}}(t)x(t) - f_1^{\mathrm{T}}(t,x(t))f_1(t,x(t))] \geqslant 0 \\ \varepsilon_2[\beta_2^2 y^{\mathrm{T}}(t)y(t) - f_2^{\mathrm{T}}(t,y(t))f_2(t,y(t))] \geqslant 0 \\ \varepsilon_3[\beta_3^2 x^{\mathrm{T}}(t-d(t))x(t-d(t)) - f_3^{\mathrm{T}}(t,x(t-d(t)))f_3(t,x(t-d(t)))] \geqslant 0 \\ \varepsilon_4[\beta_4^2 y^{\mathrm{T}}(t-d(t))y(t-d(t)) - f_4^{\mathrm{T}}(t,y(t-d(t)))f_4(t,y(t-d(t)))] \geqslant 0 \end{cases} \quad (5\text{-}6)$$

综上可得

$$\begin{aligned}
\dot{V}(t) \leq\; & x^T(t)\left(P_2^T A + A^T P_2 + Q_1 + Q_2 + Q_3 + d_2 W_1 + (d_2 - d_1)Z_1 - \frac{1}{d_2}W_3 + \beta_1^2 \varepsilon_1 I\right)x(t) + \\
& x^T(t)(P_1 - P_2^T + A^T P_3 + d_2 W_2 + (d_2 - d_1)Z_2)y(t) + x^T(t)\left(-\frac{1}{d_2}W_2^T\right)\int_{t-d_2}^{t} x(s)\,ds + \\
& x^T(t)\left(-\frac{1}{d_2}W_3\right)x(t-d_2) + x^T(t)P_2^T B x(t-d(t)) + x^T(t)P_2^T C y(t-d(t)) + \\
& x^T(t)P_2^T G_1 f_1(t,x(t)) + x^T(t)P_2^T G_2 f_2(t,y(t)) + \\
& x^T(t)P_2^T G_3 f_3(t,x(t-d(t))) + x^T(t)P_2^T G_4 f_4(t,y(t-d(t))) + \\
& y^T(t)(2P_3 + d_2 W_3 + (d_2-d_1)Z_3 + R + \beta_2^2 \varepsilon_2 I)y(t) + \\
& y^T(t)P_3 B x(t-d(t)) + y^T(t)P_3 C y(t-d(t)) + y^T(t)P_3 G_1 f_1(t,x(t)) + \\
& y^T(t)P_3 G_2 f_2(t,y(t)) + y^T(t)P_3 G_3 f_3(t,x(t-d(t))) + \\
& y^T(t)P_3 G_4 f_4(t,y(t-d(t))) + x^T(t-d_1)\left(-Q_1 - \frac{1}{d_2-d_1}Z_3\right)x(t-d_1) + \\
& x^T(t-d_1)\left(\frac{1}{d_2-d_1}Z_3\right)x(t-d_2) + x^T(t-d_1)\left(-\frac{1}{d_2-d_1}Z_2^T\right)\int_{t-d_2}^{t-d_1} x(s)\,ds + \\
& x^T(t-d_2)\left(-Q_2 - \frac{1}{d_2-d_1}Z_3 - \frac{1}{d_2}W_3\right)x(t-d_2) + x^T(t-d_2)\left(\frac{1}{d_2}W_2^T\right)\int_{t-d_2}^{t} x(s)\,ds + \\
& x^T(t-d_2)\left(\frac{1}{d_2-d_1}Z_2^T\right)\int_{t-d_2}^{t-d_1} x(s)\,ds + x^T(t-d(t))(-Q_3 \beta_3^2 \varepsilon_3 I)x(t-d(t)) + \\
& y^T(t-d(t))(-(1-\bar{d})R + \beta_4^2 \varepsilon_4 I)y(t-d(t)) + f_1^T(t,x(t))(-\varepsilon_1 I)f_1(t,x(t)) + \\
& f_2^T(t,y(t))(-\varepsilon_2 I)f_2(t,y(t)) + f_3^T(t,x(t-d(t)))(-\varepsilon_3 I)f_3(t,x(t-d(t))) + \\
& f_4^T(t,y(t-d(t)))(-\varepsilon_4 I)f_2(t,y(t-d(t))) + \int_{t-d_2}^{t} x^T(s)\,ds\left(-\frac{1}{d_2}W_1\right)\int_{t-d_2}^{t} x(s)\,ds + \\
& \int_{t-d_2}^{t-d_1} x^T(s)\,ds\left(-\frac{1}{d_2-d_1}Z_1\right)\int_{t-d_2}^{t-d_1} x(s)\,ds \\
=\; & \xi^T(t)\Pi\xi(t)
\end{aligned}$$

其中

$$\xi(t) = [x^T(t), y^T(t), x^T(t-d_1), x^T(t-d_2), x^T(t-d(t)), y^T(t-d(t)), f_1^T(t,x(t)),$$
$$f_2^T(t,y(t)), f_3^T(t,x(t-d(t))), f_4^T(t,y(t-d(t))), \int_{t-d_2}^{t} x^T(s)\,ds, \int_{t-d_2}^{t-d_1} x^T(s)\,ds]^T$$

如果 $\Pi<0$，即 $\dot{V}(t)<0$，根据 Lyapunov 稳定性理论，则系统(5-2)是渐近稳定的，由于系

统(5-2)是通过系统(5-1)经变量替换得到的,故可以说系统(5-1)是渐近稳定的。

更进一步,我们证明非线性中立型系统(5-1)是指数稳定的。

根据式(5-4),我们可以发现,存在一个标量 $\lambda_0 > 0$ 对于任意的时间 t,我们有

$$\dot{V}(t) \leq -\lambda_0 \|\Phi\|_d^2$$

而且,通过定义的 Lyapunov 函数式(5-5),我们可以知道存在着非负标量 $\lambda_1, \lambda_2, \lambda_3$ 和 λ_4,对于任意 t 满足:

$$V(t) \leq \lambda_1 \|x(t)\|^2 + \lambda_2 \int_{t-d_2}^t \|x(s)\|^2 \mathrm{d}s + \lambda_3 \int_{t-d_2}^t \|\dot{x}(s)\|^2 \mathrm{d}s + \lambda_4 \int_{t-d_2}^t \|x(s-d_2)\|^2 \mathrm{d}s \quad (5\text{-}7)$$

为了证明系统(5-2)是指数稳定的,我们定义一个新的函数 $W(t) = e^{\varepsilon t} V(t)$,其中标量 $\varepsilon > 0$。我们可以看到,对于任意的 t,有

$$\begin{aligned}
& W(t) - W(0) \\
&= e^{\varepsilon t} V(t) - V(0) \\
&= \int_0^t [e^{\varepsilon s} \dot{V}(s) + \varepsilon e^{\varepsilon s} V(s)] \mathrm{d}s \leq \int_t^d e^{\varepsilon s} [\varepsilon V(s) - \dot{V}(s)] \mathrm{d}s \\
&\leq \int_0^t e^{\varepsilon \theta} \left[\varepsilon \lambda_1 \|x(\theta)\|^2 + \varepsilon \lambda_2 \int_{\theta-d_2}^\theta \|x(s)\|^2 \mathrm{d}s + \varepsilon \lambda_3 \int_{\theta-d_2}^\theta \|\dot{x}(s)\|^2 \mathrm{d}s \right] \mathrm{d}\theta + \\
& \quad \int_0^t e^{\varepsilon \theta} \left[\varepsilon \lambda_4 \int_{\theta-d_2}^\theta \|x(s-d_2)\|^2 \mathrm{d}s - \lambda_0 \|\Phi\|_d^2 \right] \mathrm{d}\theta
\end{aligned} \quad (5\text{-}8)$$

利用分部积分和积分变换我们可以得到

$$\begin{cases}
\int_0^t e^{\varepsilon \theta} \mathrm{d}\theta \int_{\theta-d_2}^\theta \|x(s)\|^2 \mathrm{d}s \leq d_2 e^{\varepsilon d_2} \int_0^t e^{\varepsilon \theta} \|x(\theta)\|^2 \mathrm{d}\theta + d_2^2 e^{\varepsilon d_2} \|\varphi\|^2 \\
\int_0^t e^{\varepsilon \theta} \mathrm{d}\theta \int_{\theta-d_2}^\theta \|\dot{x}(s)\|^2 \mathrm{d}s \leq d_2 e^{\varepsilon d_2} \int_0^t e^{\varepsilon \theta} \|\dot{x}(\theta)\|^2 \mathrm{d}\theta + d_2^2 e^{\varepsilon d_2} \|\varphi\|^2 \\
\int_0^t e^{\varepsilon \theta} \mathrm{d}\theta \int_{\theta-d_2}^\theta \|x(s-d_2)\|^2 \mathrm{d}s \leq d_2 e^{\varepsilon d_2} \int_0^t e^{\varepsilon \theta} \|x(\theta)\|^2 \mathrm{d}\theta + d_2^2 e^{\varepsilon d_2} \|\varphi\|^2
\end{cases} \quad (5\text{-}9)$$

我们令 $\varepsilon > 0$ 且足够小,且满足 $\varepsilon \lambda_1 + \varepsilon d_2 e^{\varepsilon d_2} \lambda_2 + \varepsilon d_2 e^{\varepsilon d_2} \lambda_3 - \lambda_0 \leq 0$。

接下来,我们将式(5-9)代入式(5-8),可以得到:对于任意的 t,存在一个标量 $\beta > 0$,满足

$$V(t) \leq \beta e^{-\varepsilon t} \|\Phi\|_d^2 \quad (5\text{-}10)$$

由于

$$V(t) \geq \begin{bmatrix} x(t) \\ y(t) \end{bmatrix}^\mathrm{T} \begin{bmatrix} I_R & 0 \\ 0 & 0 \end{bmatrix} \begin{bmatrix} P_1 & 0 \\ P_2 & P_3 \end{bmatrix} \begin{bmatrix} x(t) \\ y(t) \end{bmatrix} = x^\mathrm{T}(t) P_1 x(t) \geq \lambda_{\min}(P_1) \|x(t)\|^2 \quad (5\text{-}11)$$

我们将式(5-11)代入式(5-10)可以得到

$$\|x(t)\| \leq \sqrt{\frac{\beta}{\lambda_{\min}(P_1)}} e^{-\varepsilon t} \|\Phi\|_d, \forall t>0$$

由定义 5.2.1，$x(t)$ 是指数稳定的，即系统(5-1)是指数稳定的。定理 5.3.1 得证。

5.3.2 一般动力系统指数稳定性分析

当 $C=0$ 和 $G_4=0$，系统(5-1)就退变成非线性动力系统(5-12)。然而，对于一般非线性系统，已经取得很多重要的成就[61,80,81,84,85]。

$$\begin{cases} \dot{x}(t)=Ax(t)+Bx(t-d(t))+G_1f_1(t,x(t))+G_2f_2(t,\dot{x}(t))+G_3f_3(t,x(t-d(t))) \\ x(t)=\phi(t), \dot{x}(t)=\varphi(t), t\in[-d_2,0] \end{cases} \quad (5-12)$$

推论 5.3.1 对于给定标量 $\bar{d}, d_1>0$，系统(5-12)是指数稳定的并且具有指数稳定度 ε，如果存在正定矩阵 $P=\begin{bmatrix} P_1 & 0 \\ P_2 & P_3 \end{bmatrix}, P_1^T=P_1, P_3^T=P_3$，对于正定矩阵 $Q_1, Q_2, Q_3, W=\begin{bmatrix} W_1 & W_2 \\ * & W_3 \end{bmatrix}$ 和 $Z=\begin{bmatrix} Z_1 & Z_2 \\ * & Z_3 \end{bmatrix}$ 满足下面的线性矩阵不等式(LMI)：

$$\begin{bmatrix} X_{11} & X_{12} & 0 & X_{14} & P_2^T B & P_2^T G_1 & P_2^T G_2 & P_2^T G_3 & X_{1,9} & 0 \\ * & X_{22} & 0 & 0 & P_3 B & P_3 G_1 & P_3 G_2 & P_3 G_3 & 0 & 0 \\ * & * & X_{33} & X_{34} & 0 & 0 & 0 & 0 & 0 & X_{3,10} \\ * & * & * & X_{44} & 0 & 0 & 0 & 0 & X_{4,9} & X_{4,10} \\ * & * & * & * & X_{55} & 0 & 0 & 0 & 0 & 0 \\ * & * & * & * & * & -\varepsilon_1 I & 0 & 0 & 0 & 0 \\ * & * & * & * & * & * & -\varepsilon_2 I & 0 & 0 & 0 \\ * & * & * & * & * & * & * & -\varepsilon_3 I & 0 & 0 \\ * & * & * & * & * & * & * & * & X_{9,9} & 0 \\ * & * & * & * & * & * & * & * & * & X_{10,10} \end{bmatrix} < 0$$

其中

$$X_{11}=P_2^T A+A^T P_2+Q_1+Q_2+Q_3+d_2 W_1+(d_2-d_1)Z_1-\frac{1}{d_2}W_3+\beta_1^2\varepsilon_1 I$$

$$X_{12}=P_1-P_2^T+A^T P_3+d_2 W_2+(d_2-d_1)Z_2, X_{14}=-\frac{1}{d_2}W_3, X_{1,9}=-\frac{1}{d_2}W_2^T$$

$$X_{22}=2P_3+d_2 W_3+(d_2-d_1)Z_3+\beta_2^2\varepsilon_2 I, X_{34}=\frac{1}{d_2-d_1}Z_3$$

$$X_{33}=-Q_1-\frac{1}{d_2-d_1}Z_3, X_{3,10}=-\frac{1}{d_2-d_1}Z_2^T, X_{4,9}=\frac{1}{d_2}W_2^T$$

$$X_{44}=-Q_2-\frac{1}{d_2-d_1}Z_3-\frac{1}{d_2}W_3, X_{4,10}=\frac{1}{d_2-d_1}Z_2^T$$

$$X_{55}=-Q_3+\beta_3^2\varepsilon_3 I, X_{9,9}=-\frac{1}{d_2}W_1, X_{10,10}=-\frac{1}{d_2-d_1}Z_1$$

5.4 数值算例

例 5.4.1 考虑如下非线性中立型系统[104]：

$$\dot{x}(t)=Ax(t)+Bx(t-d(t))+C\dot{x}(t-d(t))+$$
$$G_1 f_1(t,x(t))+G_2 f_2(t,\dot{x}(t))+G_3 f_3(t,x(t-d(t)))+G_4 f_4(t,\dot{x}(t-d(t)))$$

其中

$$A=\begin{bmatrix}-2 & 0\\ 0 & -2\end{bmatrix}, B=\begin{bmatrix}0 & 0.4\\ 0.4 & 0\end{bmatrix}, C=\begin{bmatrix}0.1 & 0\\ 0 & 0.1\end{bmatrix}, G_1=G_3=G_4=I$$

$$G_2=0, \alpha_1=0.1, \alpha_2=0, \alpha_3=0.05, \alpha_4=0.05, \dot{d}(t)\leq \bar{d}=0.5$$

通过定理 5.3.1 和 Matlab 工具箱，我们可以得到系统允许的最大时滞 d_2（见表 5-1）。表 5-1 表明系统(5-1)指数稳定所允许的最大时滞。由表 5-1 可以看出我们的结果比文献 [104,106-109] 有较小的保守性。

表 5-1 系统所允许的最大时滞 d_2

文献	时滞条件	最大时滞
[104]	constant delay $d(t)=d_2, d_1=0$	$0\leq d(t)\leq d_2=10.218\ 0$
[106]	constant delay $d(t)=d_2, d_1=0$	$0\leq d(t)\leq d_2=0.217\ 8$
[107]	constant delay $d(t)=d_2, d_1=0$	$0\leq d(t)\leq d_2=1.489\ 1$

续表 5-1

文献	时滞条件	最大时滞	
[108]	$d_1 \leqslant d(t) \leqslant d_2$	$d_1 = 0$	$d_2 = 1.8842$
		$d_1 = 0.5$	$d_2 = 2.8032$
		$d_1 = 1$	$d_2 = 2.8032$
		$d_1 = 100$	$d_2 = 100.8032$
		$d_1 = 1000$	$d_2 = 1000.8032$
[109]	$d_1 \leqslant d(t) \leqslant d_2$	$d_1 = 0$	$d_2 = 4.4239$
		$d_1 = 0.5$	$d_2 = 4.7392$
		$d_1 = 1$	$d_2 = 5.0992$
		$d_1 = 100$	$d_2 = 103.6070$
		$d_1 = 1000$	$d_2 = 1003.6000$
定理5.3.1	$d_1 \leqslant d(t) \leqslant d_2$	$d_1 = 0$	$d_2 = 15.9367$
		$d_1 = 0.5$	$d_2 = 28.2741$
		$d_1 = 1$	$d_2 = 28.4807$
		$d_1 = 100$	$d_2 = 105.4307$
		$d_1 = 1000$	$d_2 = 1004.9407$

例 5.4.2 考虑文献[104]中不确定时滞系统的渐近稳定性：

$$\dot{x}(t) = Ax(t) + Bx(t-d(t)) + G_1 f_1(t, x(t)) + G_2 f_2(t, \dot{x}(t)) + G_3 f_3(t, x(t-d(t)))$$

其中

$$A = \begin{bmatrix} -1.2 & 0.1 \\ -0.1 & -1 \end{bmatrix}, B = \begin{bmatrix} -0.6 & 0.7 \\ -1 & -0.8 \end{bmatrix}, G_1 = G_2 = G_3 = I, \varepsilon = 0$$

通过推论 5.3.1 和 Matlab 工具箱，我们可以得到系统允许的最大时滞 d_2（见表 5-2）。表 5-2 表明我们的结果比文献[103,104,108-110]有较低的保守性。

表 5-2 系统稳定的最大时滞 d_2

系统稳定的条件		文献[108]	文献[109]	文献[103]	文献[110]	文献[104]	推论5.3.1
$\alpha = 0, \beta = 0.1$	$\bar{d} = 0$	0.6811	1.3279	2.7420	3.7440	$d_2 > 0$	$d_2 > 0$
	$\bar{d} = 0.5$	0.5467	0.6743	1.1420	1.4710	1.5774	1.7426
$\alpha = 0.1, \beta = 0.1$	$\bar{d} = 0$	0.6129	1.2503	1.8750	2.4430	$d_2 > 0$	$d_2 > 0$
	$\bar{d} = 0.5$	0.4950	0.5716	1.0090	1.2990	1.4196	2.3259

5.5 本章小结

本章研究了非线性中立型时滞系统的指数稳定问题。针对未知非线性函数，我们利用 Lyapunov-Krasovskii 泛函方法、变量替换技术和新的积分不等式给出了系统指数稳定的新判据。其中，非线性函数既和系统状态、状态导数项、时滞项以及中立导数项均有关系，尽管增加了研究的难度，但它在系统工程应用中极其普遍。

第6章 多时滞中立型广义系统的时滞相关稳定性分析

6.1 引言

由于广义系统的微分代数模型的普遍性,一些学者开始研究中立型广义系统的稳定性问题,得到了一些有价值的研究结果[111-113]。Li 考虑新定义算子的稳定性,研究了混合时滞中立型广义系统的稳定性问题,给出了系统时滞无关的稳定性判别准则,但结论与时滞无关,所以具有较低的保守性[114]。目前,对于中立型广义时滞系统的时滞相关稳定性和控制的研究还很少见到,而且现有的结论多数不是严格的线性矩阵不等式,很难通过 Matlab 中的 LMI 工具箱来求解。

本章将讨论中立型广义多时滞系统的稳定性问题,用 Lyapunov-Krasovskii 泛函方法、等价模型变换和自由权矩阵方法,获得了基于 LMI 形式的时滞相关稳定性的充分条件,并且考虑了多时滞以及状态和状态导数项均含有不确定性的情况。

6.2 系统的描述与准备

考虑如下形式的中立型广义时滞系统:

$$\begin{cases} E\dot{x}(t) = A_0 x(t) + \sum_{i=1}^{m} A_i x(t-d_i) + \sum_{i=1}^{m} D_i \dot{x}(t-h_i) \\ x(t) = \varphi(t), t \in [-\max\{h,d\}, 0] \end{cases} \quad (6\text{-}1)$$

其中,$x(t) \in \mathbf{R}^n$;$0 < h_1 < \cdots < h_m \leq h$;$0 = d_0 < d_1 < \cdots < d_m \leq d$;$i = 1,2,\cdots,m$,$A_0, A_i, D_i \in \mathbf{R}^{n \times n}$ 的常数矩阵;$\varphi(t)$ 是 $[-h,0]$ 上连续可微的初值函数;$\mathrm{rank}(E) = r \leq n$。

令 $\dot{x}(t) = y(t)$,系统式(6-1)可以转化为下面的等价广义系统:

$$E_1 \dot{\mu}(t) = \bar{A}_0 \mu(t) + \sum_{i=1}^{m} \bar{A}_i \mu(t-d_i) + \sum_{i=1}^{m} \bar{D}_i \mu(t-h_i) \quad (6\text{-}2)$$

其中

$$\mu(t) = \begin{bmatrix} x(t) \\ y(t) \end{bmatrix}, E_1 = \begin{bmatrix} I & 0 \\ 0 & 0 \end{bmatrix}, \bar{A}_0 = \begin{bmatrix} 0 & I \\ A_0 & -E \end{bmatrix}$$

$$\bar{A}_i = \begin{bmatrix} 0 & 0 \\ A_i & 0 \end{bmatrix}, \bar{D}_i = \begin{bmatrix} 0 & 0 \\ 0 & D_i \end{bmatrix}$$

还可以考虑如下形式的不确定时滞中立型广义系统：

$$\begin{cases} E\dot{x}(t) = (A_0 + \Delta A_0(t))x(t) + \sum_{i=1}^{m}(A_i + \Delta A_i(t))x(t-d_i) + \sum_{i=1}^{m}(D_i + \Delta D_i(t))\dot{x}(t-h_i) \\ x(t) = \varphi(t), t \in [-h, 0] \end{cases}$$

(6-3)

其中，$[\Delta A_0(t) \quad \Delta A_i(t) \quad \Delta D_i(t)] = HF(t)[E_0 \quad E_{i1} \quad E_{i2}]$，$E_0, H, E_{i1}, E_{i2}$ 是已知的具有适当维数的常数矩阵；$F(t)$ 是时变的未知矩阵，且 $F^T(t)F(t) \leq I; \forall t, I$ 为适当维数的单位矩阵。

引理 6.2.1[115]　存在对称矩阵 X，使得 $\begin{bmatrix} P_1+X & Q_1 \\ * & r_1 \end{bmatrix} > 0, \begin{bmatrix} P_2+X & Q_2 \\ * & r_2 \end{bmatrix} > 0$ 同时成立的充要条件是

$$\begin{bmatrix} P_1+P_2 & Q_1 & Q_2 \\ * & r_1 & 0 \\ * & * & r_2 \end{bmatrix} > 0$$

6.3　稳定性分析

定理 6.3.1　如果存在可逆矩阵 $P = \begin{bmatrix} P_1 & 0 \\ P_2 & P_3 \end{bmatrix}, P_1 = P_1^T, P_3 = P_3^T$ 和对称正定矩阵 Q_i, S_i, r_i 以及任意适当维数矩阵 $N_{ij}, M_{ij}(i=1,2,\cdots,m, j=0,1,\cdots,m)$，使得以下 LMI 成立：

$$E_1^T P = P^T E_1 \geq 0 \tag{6-4}$$

$$\begin{bmatrix} \Omega & -\bar{N} \\ * & -\bar{R} \end{bmatrix} < 0 \tag{6-5}$$

则系统(6-1)是渐近稳定的。其中

$$N_i^T = [N_{i0}^T \quad \cdots \quad N_{im}^T \quad M_{i1}^T \quad \cdots \quad M_{im}^T \quad M_{i0}^T]$$

$$\bar{N} = [d_1 N_1 \cdots d_m N_m], \bar{R} = \text{diag}\{d_1 r_1 \cdots d_m r_m\}$$

$$\Omega = \begin{bmatrix} \Omega_{00} & \Omega_{01} & \cdots & \Omega_{0m} & \Omega_{0,m+1} & \cdots & \Omega_{0,2m+1} \\ * & \Omega_{11} & \cdots & \Omega_{1m} & \Omega_{1,m+1} & \cdots & \Omega_{1,2m+1} \\ \vdots & \vdots & & \vdots & \vdots & & \vdots \\ * & * & \cdots & \Omega_{mm} & \Omega_{m,m+1} & \cdots & \Omega_{m,2m+1} \\ * & * & \cdots & * & \Omega_{m+1,m+1} & \cdots & \Omega_{m+1,2m+1} \\ \vdots & \vdots & & \vdots & \vdots & & \vdots \\ * & * & \cdots & * & * & \cdots & \Omega_{2m,2m+1} \end{bmatrix}$$

$$\Omega_{00} = P_2^T A_0 + A_0^T P_2 + \sum_{i=1}^m Q_i + \sum_{i=1}^m [N_{i0} + N_{i0}^T]$$

$$\Omega_{0k} = P_2^T A_k - N_{k0} + \sum_{i=1}^m N_{ik}^T, \Omega_{0,m+k} = P_2^T D_k + \sum_{i=1}^m M_{ik}^T, k=1,2,\cdots,m$$

$$\Omega_{0,2m+1} = P_1 - P_2^T E + A_0^T P_3 + \sum_{i=1}^m M_{i0}^T$$

$$\Omega_{kk} = -Q_k - N_{kk} - N_{kk}^T, k=1,2,\cdots,m$$

$$\Omega_{l,m+k} = -M_{lk}^T, l,k = 1,2,\cdots,m, \Omega_{m+k,m+k} = -S_k, k=1,2,\cdots,m$$

$$\Omega_{lk} = -N_{kl} - N_{lk}^T, l=1,2,\cdots,m, l<k \leq m$$

$$\Omega_{l,2m+1} = A_l^T P_3 - M_{l0}^T, \Omega_{m+l,2m+1} = D_l^T P_3, l=1,2,\cdots,m$$

$$\Omega_{2m+1,2m+1} = -P_3^T E - E^T P_3 + \sum_{i=1}^m U_i, U_i = S_i + d_i r_i$$

证明 构造如下形式 Lyapunov-Krasovskii 泛函：

$$V(t,x_t) = V_1 + V_2 + V_3 + V_4 \tag{6-6}$$

其中

$$V_1 = \mu^T(t) E_1^T P \mu(t), V_2 = \sum_{i=1}^m \int_{t-d_i}^t x^T(s) Q_i x(s) \, \mathrm{d}s$$

$$V_3 = \sum_{i=1}^m \int_{t-h_i}^t y^T(s) S_i y(s) \, \mathrm{d}s, V_4 = \sum_{i=1}^m \int_{-d_i}^0 \int_{t+\theta}^t y^T(s) r_i y(s) \, \mathrm{d}s \mathrm{d}\theta$$

从而 $V(x,x_t)$ 沿系统式(6-2)求导得

$$\dot{V} = \dot{V}_1 + \dot{V}_2 + \dot{V}_3 + \dot{V}_4 \tag{6-7}$$

$$\dot{V}_1 = 2\mu^T(t) P^T E_1 \dot{\mu}(t) = 2\mu^T(t) P^T \bar{A}_0 \mu(t) +$$

$$2\sum_{i=1}^m \mu^T(t) P^T \bar{A}_i \mu(t-d_i) + 2\sum_{i=1}^m \mu^T(t) P^T \bar{D}_i \mu(t-h_i)$$

$$= 2\mu^{\mathrm{T}}(t)P^{\mathrm{T}}\overline{A}_0\mu(t) + 2\sum_{i=1}^{m}\mu^{\mathrm{T}}(t)P^{\mathrm{T}}\begin{bmatrix}0\\A_i\end{bmatrix}x(t-d_i) +$$

$$2\sum_{i=1}^{m}\mu^{\mathrm{T}}(t)P^{\mathrm{T}}\begin{bmatrix}0\\D_i\end{bmatrix}y(t-h_i)$$

$$\dot{V}_2 = \sum_{i=1}^{m}x^{\mathrm{T}}(t)Q_ix(t) - \sum_{i=1}^{m}x^{\mathrm{T}}(t-d_i)Q_ix(t-d_i)$$

$$= \sum_{i=1}^{m}\mu^{\mathrm{T}}(t)\begin{bmatrix}Q_i & 0\\0 & 0\end{bmatrix}\mu(t) - \sum_{i=1}^{m}x^{\mathrm{T}}(t-d_i)Q_ix(t-d_i)$$

$$\dot{V}_3 = \sum_{i=1}^{m}y^{\mathrm{T}}(t)S_iy(t) - \sum_{i=1}^{m}y^{\mathrm{T}}(t-h_i)S_iy(t-h_i)$$

$$= \sum_{i=1}^{m}\mu^{\mathrm{T}}(t)\begin{bmatrix}0 & 0\\0 & S_i\end{bmatrix}\mu(t) - \sum_{i=1}^{m}y^{\mathrm{T}}(t-h_i)S_iy(t-h_i)$$

$$\dot{V}_4 = \sum_{i=1}^{m}d_iy^{\mathrm{T}}(t)r_iy(t) - \sum_{i=1}^{m}\int_{t-d_i}^{t}y^{\mathrm{T}}(s)r_iy(s)\,\mathrm{d}s$$

$$= \sum_{i=1}^{m}\mu^{\mathrm{T}}(t)\begin{bmatrix}0 & 0\\0 & d_ir_i\end{bmatrix}\mu(t) - \sum_{i=1}^{m}\int_{t-d_i}^{t}y^{\mathrm{T}}(s)r_iy(s)\,\mathrm{d}s$$

根据牛顿-莱布尼兹公式,显然对于任意适当维数矩阵 $N_{ij},M_{ij}(i=1,2,\cdots,m,j=0,1,\cdots,m)$,有下式成立:

$$2\sum_{i=1}^{m}\left[\left(\sum_{j=0}^{m}x^{\mathrm{T}}(t-d_j)N_{ij} + \sum_{j=0}^{m}y^{\mathrm{T}}(t-h_j)M_{ij}\right)\times\left(x(t) - x(t-d_i) - \int_{t-d_i}^{t}y(s)\,\mathrm{d}s\right)\right] = 0 \quad (6\text{-}8)$$

由于对于任意适当维数的矩阵 $X_i \geqslant 0$,有下式成立:

$$\sum_{i=1}^{m}\left[d_i\xi_1^{\mathrm{T}}(t)X_i\xi_1(t) - \int_{t-d_i}^{t}\xi_1^{\mathrm{T}}(t)X_i\xi_1(t)\,\mathrm{d}s\right] \geqslant 0 \tag{6-9}$$

其中

$$X_i = \begin{bmatrix} X_{i,0,0} & X_{i,0,1} & \cdots & X_{i,0,m} & X_{i,0,m+1} & \cdots & X_{i,0,2m+1} \\ * & X_{i,1,1} & \cdots & X_{i,1,m} & X_{i,1,m+1} & \cdots & X_{i,1,2m+1} \\ \vdots & \vdots & & \vdots & \vdots & & \vdots \\ * & * & \cdots & X_{i,m,m} & X_{i,m,m+1} & \cdots & X_{i,m,2m+1} \\ * & * & \cdots & * & X_{i,m+1,m+1} & \cdots & X_{i,m+1,2m+1} \\ * & * & & \vdots & \vdots & & \vdots \\ * & * & \cdots & * & * & \cdots & X_{i,2m,2m+1} \end{bmatrix}$$

$$\xi_1^T(t) = \begin{bmatrix} x^T(t) & x^T(t-d_1) & \cdots & x^T(t-d_m) y^T(t-h_1) & \cdots & y^T(t-h_m) & y^T(t) \end{bmatrix}$$

把式(6-8)和式(6-9)代入式(6-7)可得

$$\dot{V} = \dot{V}_1 + \dot{V}_2 + \dot{V}_3 + \dot{V}_4$$

$$\leqslant 2\mu^T(t)P^T\bar{A}_0\mu(t) + 2\sum_{i=1}^m \mu^T(t)P^T\begin{bmatrix}0\\A_i\end{bmatrix}x(t-d_i) +$$

$$2\sum_{i=1}^m \mu^T(t)P^T\begin{bmatrix}0\\D_i\end{bmatrix}y(t-h_i) + \sum_{i=1}^m \mu^T(t)\begin{bmatrix}Q_i & 0\\0 & 0\end{bmatrix}\mu(t) -$$

$$\sum_{i=1}^m x^T(t-d_i)Q_i x(t-d_i) + \sum_{i=1}^m \mu^T(t)\begin{bmatrix}0 & 0\\0 & S_i\end{bmatrix}\mu(t) -$$

$$\sum_{i=1}^m y^T(t-h_i)S_i y(t-h_i) - \sum_{i=1}^m \int_{t-h_i}^t y^T(s)r_i y(s)\,\mathrm{d}s +$$

$$\sum_{i=1}^m \mu^T(t)\begin{bmatrix}0 & 0\\0 & d_i r_i\end{bmatrix}\mu(t) + \sum_{i=1}^m \left[d_i \xi_1^T(t)X_i \xi_1(t) - \int_{t-d_i}^t \xi_1^T(t)X_i \xi_1(t)\,\mathrm{d}s\right] +$$

$$2\sum_{i=1}^m \left[\left(\sum_{j=0}^m x^T(t-d_j)N_{ij} + \sum_{j=0}^m y^T(t-h_j)M_{ij}\right) \times \left(x(t) - x(t-d_i) - \int_{t-d_i}^t y(s)\,\mathrm{d}s\right)\right]$$

$$= \xi_1^T(t)\left(\Omega + \sum_{i=1}^m d_i X_i\right)\xi_1(t) - \sum_{i=1}^m \int_{t-h_i}^t \xi_2^T(t,s)\Psi_i \xi_2(t,s)\,\mathrm{d}s$$

其中

$$\xi_2^T(t,s) = \begin{bmatrix}\xi_1^T(t) & y^T(s)\end{bmatrix}, \Psi_i = \begin{bmatrix}X_i & N_i\\ * & r_i\end{bmatrix}$$

如果

$$\Omega + \sum_{i=1}^m d_i X_i < 0, \Psi_i \geqslant 0 \tag{6-10}$$

成立。又因为

$$\Omega + \sum_{i=1}^m d_i X_i < 0 \Leftrightarrow -\Omega - \sum_{i=1}^m d_i X_i > 0 \tag{6-11}$$

$$\Psi_i \geqslant 0 \Leftrightarrow \begin{bmatrix}d_i X_i & d_i N_i\\ * & d_i r_i\end{bmatrix} > 0 \tag{6-12}$$

由引理6.2.1,式(6-9)和式(6-10)同时成立,当且仅当

$$\begin{bmatrix} -\Omega & \bar{N} \\ * & \bar{R} \end{bmatrix} > 0 \Leftrightarrow \begin{bmatrix} \Omega & -\bar{N} \\ * & -\bar{R} \end{bmatrix} < 0$$

成立。由 Lypaunov-Krasovskii 稳定性定理知,系统(6-2)是渐近稳定的。由系统(6-2)与系统(6-1)的等价性,可知系统(6-1)也是渐近稳定的。定理得证。

由定理6.3.1可将其推广到结构不确定的中立型广义时滞系统,有如下定理:

定理6.3.2 如果存在可逆矩阵 $P = \begin{bmatrix} P_1 & 0 \\ P_2 & P_3 \end{bmatrix}$, $P_1 = P_1^T$, $P_3 = P_3^T$ 和对称正定矩阵 Q_i, S_i, $r_i(i=1,2,\cdots,m)$ 以及任意适当维数矩阵 $N_{ij}, M_{ij}(i=1,2,\cdots,m, j=0,1,\cdots,m)$,使得以下的 LMI 成立:

$$E_1^T P = P^T E_1 \geqslant 0 \tag{6-13}$$

$$\begin{bmatrix} \Omega & \varepsilon\theta_1 & \theta_2 & -\bar{N} \\ * & -\varepsilon I & 0 & 0 \\ * & * & -\varepsilon I & 0 \\ * & * & * & -\bar{R} \end{bmatrix} < 0 \tag{6-14}$$

其中

$$\theta_1^T = \begin{bmatrix} H_1^T P_2 & 0 & \cdots & 0 & 0 & \cdots & 0 & H_1^T P_3 \end{bmatrix}$$

$$\theta_2^T = \begin{bmatrix} E_0 & E_{11} & \cdots & E_{m1} & E_{12} & \cdots & E_{m2} & 0 \end{bmatrix}$$

则系统(6-3)是鲁棒渐近稳定的。

证明 利用 $A_0 + \Delta A_0(t), A_i + \Delta A_i(t), D_i + \Delta D_i(t)$ 分别替换式(6-5)中的 A_0, A_i, D_i,这样系统(6-1)中对应的式(6-5)可以改写成

$$\begin{bmatrix} \Omega & -\bar{N} \\ * & -\bar{R} \end{bmatrix} + \bar{\theta}_1 F(t) \bar{\theta}_2 + \bar{\theta}_2^T F^T(t) \bar{\theta}_1^T < 0 \tag{6-15}$$

由引理6.2.1可得

$$\begin{bmatrix} \Omega & -\bar{N} \\ * & -\bar{R} \end{bmatrix} + \varepsilon \bar{\theta}_1 \bar{\theta}_1^T + \varepsilon^{-1} \bar{\theta}_2^T \bar{\theta}_2 < 0 \tag{6-16}$$

其中

$$\bar{\theta}_1^T = \begin{bmatrix} \theta_1^T & 0 \end{bmatrix}, \bar{\theta}_2^T = \begin{bmatrix} \theta_2^T & 0 \end{bmatrix}$$

由 Schur 补引理得式(6-14)成立。定理得证。

6.4 数值算例

考虑系统在 $m=2$ 时的稳定性,其中

$$E = \begin{bmatrix} 1 & 0 \\ 0 & 0 \end{bmatrix}, A_0 = \begin{bmatrix} 1 & 0.3 \\ 0.1 & -0.2 \end{bmatrix}, A_1 = \begin{bmatrix} 0.2 & 0.1 \\ -0.3 & 0.5 \end{bmatrix}, A_2 = \begin{bmatrix} 0.1 & 0.3 \\ 0 & -0.2 \end{bmatrix}$$

$$D_1 = \begin{bmatrix} 0.1 & 0.3 \\ 0 & 0.2 \end{bmatrix}, D_2 = \begin{bmatrix} 0.2 & 0 \\ 0.3 & 0.1 \end{bmatrix}, H_1 = \begin{bmatrix} 0.1 \\ 0.2 \end{bmatrix}, E_0 = [0.1 \quad 0.1]$$

$$E_{11} = [0.1 \quad 0.2], E_{12} = [0.2 \quad 0.3], E_{21} = [0.3 \quad 0.2], E_{22} = [0.1 \quad 0.3]$$

$$d_1 = 2.0, d_2 = 2.5, \varepsilon = 11.1230$$

应用定理 6.3.2,通过 Matlab 中的 LMI 工具箱解线性矩阵不等式(6-13)、式(6-14)可得

$$P_1 = \begin{bmatrix} 1.5327 & 0.0674 \\ 0.0674 & 0.0047 \end{bmatrix}, P_2 = \begin{bmatrix} -1.4169 & -0.0672 \\ -0.2184 & 0.0172 \end{bmatrix}, P_3 = \begin{bmatrix} 0.0641 & -0.0432 \\ -0.0432 & 0.0312 \end{bmatrix}$$

$$Q_1 = \begin{bmatrix} 0.7172 & 0.1396 \\ 0.1396 & 0.0127 \end{bmatrix}, Q_2 = \begin{bmatrix} 0.8421 & 0.2068 \\ 0.2068 & 0.1513 \end{bmatrix}, S_1 = \begin{bmatrix} 0.0474 & 0.0738 \\ 0.0738 & 0.0932 \end{bmatrix}$$

$$S_2 = \begin{bmatrix} 0.0158 & 0.0092 \\ 0.0092 & 0.0402 \end{bmatrix}, r_1 = \begin{bmatrix} 0.0148 & -0.0177 \\ -0.0177 & 0.0030 \end{bmatrix}, r_2 = \begin{bmatrix} 0.0035 & -0.0129 \\ -0.0129 & 0.0229 \end{bmatrix}$$

$$N_{10} = \begin{bmatrix} -0.0741 & 0.0021 \\ 0.0054 & -0.1052 \end{bmatrix}, N_{11} = \begin{bmatrix} 0.0927 & -0.0061 \\ -0.0036 & 0.1052 \end{bmatrix}, N_{12} = \begin{bmatrix} 0.0013 & 0.0043 \\ 0.0145 & 0.0017 \end{bmatrix}$$

$$M_{10} = \begin{bmatrix} -0.0072 & -0.0106 \\ -0.0091 & -0.0008 \end{bmatrix}, M_{11} = \begin{bmatrix} 0.0108 & 0.0019 \\ 0.0229 & 0.0100 \end{bmatrix}, M_{12} = \begin{bmatrix} 0.1578 & 0.0303 \\ 0.0838 & 0.0374 \end{bmatrix}$$

$$N_{20} = \begin{bmatrix} -0.0505 & -0.0489 \\ 0.0044 & -0.0640 \end{bmatrix}, N_{21} = \begin{bmatrix} 0.0040 & 0.0005 \\ 0.0080 & 0.0018 \end{bmatrix}, N_{22} = \begin{bmatrix} 0.0537 & -0.0030 \\ 0.0057 & -0.0095 \end{bmatrix}$$

$$M_{20} = \begin{bmatrix} -0.0069 & -0.0032 \\ -0.0094 & -0.0030 \end{bmatrix}, M_{21} = \begin{bmatrix} 0.0033 & 0.0043 \\ 0.0092 & 0.0089 \end{bmatrix}, M_{22} = \begin{bmatrix} 0.0016 & 0.0106 \\ 0.0039 & -0.0054 \end{bmatrix}$$

故此时系统(6-3)是鲁棒渐近稳定的,由算例可知书中给出的判别方法是有效的,且利用 Matlab 易于求解。

6.5 本章小结

本章考虑了中立型广义系统的稳定性问题,考虑了多时滞、状态和状态导数项均含有

不确定性的情况，用 Lyapunov-Krasovskii 泛函方法、等价模型变换和自由权矩阵方法，获得了基于 LMI 的时滞相关稳定性的充分条件，比研究单时滞中立系统和标称系统具有更广泛的理论意义。最后用实例表明使用这一方法的可行性，且保守性较小。本章结论还可以推广到多时变时滞的情况。

第 7 章 一类中立型广义 Lurie 系统绝对稳定的新准则

7.1 引言

Lurie 系统的绝对稳定性向来是各类学者所感兴趣的话题,关于其稳定性的研究已取得了丰硕的成果[116-119]。由于研究的不断深入,学者不仅对 Lurie 系统的绝对稳定性产生了兴趣,还对广义的 Lurie 系统进行了探讨[120-121]。Tian 等讨论了带有单时滞的中立型 Lurie 系统的绝对稳定性,给出了其稳定的充分条件,但是没有考虑不确定性和混合时滞以及时滞导数项的情形[122]。中立型广义 Lurie 系统既要考虑状态导数时滞,还要考虑正则性和脉冲性以及 Lurie 系统的非线性,让这个问题的研究成为一个富有挑战性的课题。

本章讨论了有延迟时滞中立型广义 Lurie 系统在有限角域内的鲁棒绝对稳定性问题。通过采用线性矩阵不等式及积分不等式的方法,获取了使系统绝对稳定的准则。最后,通过两个仿真例子验证了此方法的正确性和有效性。

7.2 系统的描述与准备

给出中立型广义 Lurie 时滞系统:

$$\begin{cases} E\dot{x}(t) = (A+\Delta A)x(t)+(B+\Delta B)x(t-d(t))+(G+\Delta G)\dot{x}(t-h(t))+(E_0+\Delta E_0)f(\sigma(t)) \\ \sigma(t) = Cx(t) \\ x(t) = \varphi(t), t \in [-\max\{h,d\}, 0] \end{cases}$$

(7-1)

其中,$x(t) \in \mathbf{R}^n$ 代表状态向量;$\varphi(t)$ 代表 $[-\max\{h,d\}, 0]$ 上的连续可微的初始函数;$d(t)$ 和 $h(t)$ 代表随时间改变的变时滞,且满足 $0 \leq d(t) \leq d, \dot{d}(t) \leq u, 0 \leq h(t) \leq h, \dot{h}(t) \leq v$;$E \in \mathbf{R}^{n \times n}$ 为奇异矩阵,且 $\text{rank}(E) = r \leq n$;$A, B, E_0, G$ 和 C 为已知的具有合适维数的系数矩阵。

$$\sigma(t) = (\sigma_1(t), \sigma_2(t), \cdots, \sigma_m(t))$$

$$f(\sigma(t)) = [f_1(\sigma_1(t)), f_2(\sigma_2(t)), \cdots, f_m(\sigma_m(t)))]^T$$

$f_i(\cdot)$ 满足

$$f_i(\cdot) \in K_i[0, k_i] = \{f_i(\cdot) \mid f_i(0) = 0, 0 < \sigma_i f_i(\sigma_i) \leq k_i \sigma_i^2, \sigma_i \neq 0\} \quad (7\text{-}2)$$

其中,$K_i = \text{diag}\{k_1, k_2, \cdots, k_m\}$,$0 < k_i < \infty$,$(i = 1, 2, \cdots, m)$。$\Delta A, \Delta B, \Delta G, \Delta E_0$ 是未知矩阵且满足

$$[\Delta A \quad \Delta B \quad \Delta G \quad \Delta E_0] = LF(t)[N_a \quad N_b \quad N_c \quad N_d] \quad (7\text{-}3)$$

其中,L, N_a, N_b, N_c, N_d 是已知的常数矩阵;$F(t) \in \mathbf{R}^{q \times k}$ 是未知矩阵,则

$$F^T(t)F(t) \leq I \quad (7\text{-}4)$$

$\forall t, I$ 是已知恰当维数的单位矩阵。

给出不带不确定项的系统

$$\begin{cases} E\dot{x}(t) - G\dot{x}(t-h(t)) = Ax(t) + Bx(t-d(t)) + E_0 f(\sigma(t)) \\ \sigma(t) = Cx(t) \\ x(t) = \varphi(t), t \in [-\max\{h, d\}, 0] \end{cases} \quad (7\text{-}5)$$

定义 7.2.1[123] 若存在正定矩阵 P,使 $P^T E = E^T P$ 和 $P^T A + A^T P < 0$ 成立,则矩阵对 (E, A) 是正则无脉冲的。

引理 7.2.1 对任意正定矩阵 M,标量 $h > 0$,若存在一个向量函数 $\dot{x}(\cdot): [-h, 0] \to \mathbf{R}^n$ 且下面的积分存在,有以下积分不等式成立:

$$-h(t) \int_{t-h(t)}^{t} \dot{x}^T(s) E^T M E \dot{x}(s) \, ds$$

$$\leq \begin{bmatrix} x(t) \\ x(t-h(t)) \end{bmatrix}^T \begin{bmatrix} -E^T M E & E^T M E \\ E^T M E & -E^T M E \end{bmatrix} \begin{bmatrix} x(t) \\ x(t-h(t)) \end{bmatrix}$$

引理 7.2.2[124] 给定适当矩阵 X, Y, Z 和正定矩阵 Y。有以下不等式成立

$$-Z^T Y Z \leq X^T Z + Z^T X + X^T Y^{-1} X$$

引理 7.2.3[125] 考虑函数 $\varphi: \mathbf{R}^+ \to \mathbf{R}$,若在区间 $[0, \infty)$,存在常数,对于 $t \in [0, \infty)$ 有 $|\dot{\varphi}(t)| \leq \alpha$,对所有初值函数在 $[0, \infty)$ 上是连续的。

引理 7.2.4[125] (Barbarlat's Lemma) 考虑函数 $\varphi: \mathbf{R}^+ \to \mathbf{R}$,若函数 φ 在 $[0, \infty]$ 内是一致连续的,且 $\int_0^t \|\varphi(s)\| \, ds < \infty$,则 $\lim_{t \to \infty} \varphi(t) = 0$。

7.3 绝对稳定性分析

定理 7.3.1 对给定的标量 $0<d_1<d_2$，$h>0$，$0<u<1$，$0<v<1$，系统(7-5)是绝对稳定的，若存在正定矩阵 $P,Q_1,Q_2,Q_3,Q_4,r_1,r_2,S_1,S_2,S_3\ S_4,Z_1,Z_2$ 满足以下的不等式成立：

$$P^{\mathrm{T}}E = E^{\mathrm{T}}P \geqslant 0 \tag{7-6}$$

$$\Omega = \begin{bmatrix} \Omega_{11} & \Omega_{12} & PG & \Omega_{14} & 0 & 0 & 0 & \Omega_{18} & \Omega_{19} & A^{\mathrm{T}}W \\ * & \Omega_{22} & 0 & 0 & 0 & \Omega_{26} & \Omega_{27} & 0 & 0 & B^{\mathrm{T}}W \\ * & * & \Omega_{33} & 0 & 0 & 0 & 0 & 0 & 0 & G^{\mathrm{T}}W \\ * & * & * & \Omega_{44} & 0 & 0 & 0 & 0 & 0 & E_0^{\mathrm{T}}W \\ * & * & * & * & \Omega_{55} & 0 & 0 & 0 & 0 & 0 \\ * & * & * & * & * & \Omega_{66} & 0 & 0 & 0 & 0 \\ * & * & * & * & * & * & \Omega_{77} & 0 & 0 & 0 \\ * & * & * & * & * & * & * & \Omega_{88} & 0 & 0 \\ * & * & * & * & * & * & * & * & \Omega_{99} & 0 \\ * & * & * & * & * & * & * & * & * & -W \end{bmatrix} < 0 \tag{7-7}$$

其中

$$\Omega_{11} = PA + A^{\mathrm{T}}P + Q_1 - (1-u)E^{\mathrm{T}}Q_3E + hQ_4 + r_1 + r_2 + d_1^2 S_1 + d_{12}^2 S_2 - d_{12}E^{\mathrm{T}}S_3E - E^{\mathrm{T}}S_4E - d_1^2 E^{\mathrm{T}}Z_1E - d_{12}^2 E^{\mathrm{T}}Z_2E$$

$$\Omega_{12} = PB + (1-u)E^{\mathrm{T}}Q_3E + d_{12}E^{\mathrm{T}}S_3E$$

$$\Omega_{14} = PE_0 + \beta CK^{\mathrm{T}}, \Omega_{18} = d_1 E^{\mathrm{T}}Z_1 E, \Omega_{19} = -d_{12}E^{\mathrm{T}}Z_2E$$

$$\Omega_{22} = -(1-u)Q_1 - (1-u)E^{\mathrm{T}}Q_3E - (d_{12}+d_1)E^{\mathrm{T}}S_3E - 2E^{\mathrm{T}}S_4E$$

$$\Omega_{26} = E^{\mathrm{T}}S_4E, \Omega_{27} = d_2 E^{\mathrm{T}}S_3E + E^{\mathrm{T}}S_4E$$

$$\Omega_{33} = -(1-v)(E+E^{\mathrm{T}}+2mI+m^2 Q_2)$$

$$\Omega_{44} = -2\beta I, \Omega_{55} = -h(1-v)Q_4$$

$$\Omega_{66} = -r_1 - E^{\mathrm{T}}S_4E, \Omega_{77} = -d_2 E^{\mathrm{T}}S_3E - E^{\mathrm{T}}S_4E - r_2$$

$$\Omega_{88} = -d_1 S_1 - E^{\mathrm{T}}Z_1E, \Omega_{99} = -d_{12}S_2 - E^{\mathrm{T}}Z_2E$$

$$W = Q_2 + d_2^2 Q_3 + d_{12}d_2 S_3 + d_{12}S_4 + \frac{d_1^4}{4}Z_1 + \frac{(d_2^2 - d_1^2)^2}{4}Z_2$$

证明 首先,证明中立型广义 Lurie 系统(7-5)是正则无脉冲的。由式(7-7)得出

$$\Omega_{11} = PA + A^{\mathrm{T}}P + Q_1 - (1-u)E^{\mathrm{T}}Q_3E + hQ_4 + r_1 + r_2 + d_1^2 S_1 + d_{12}^2 S_2 - d_{12}E^{\mathrm{T}}S_3E - d_1^2 E^{\mathrm{T}}Z_1E - d_{12}^2 E^{\mathrm{T}}Z_2E < 0$$

可得 $P^{\mathrm{T}}A + A^{\mathrm{T}}P < 0$,联立式(7-6),有矩阵对 (E, A) 是正则无脉冲的,则系统(7-5)是正则无脉冲的。

若 (E, A) 是正则无脉冲的,有 J_1 和 $J_2 \in \mathbf{R}^{n \times n}$ 使得

$$\bar{E} = J_1 E J_2 = \begin{bmatrix} I_r & 0 \\ 0 & 0 \end{bmatrix}, \bar{A} = J_1 E J_2 = \begin{bmatrix} \bar{A}_r & 0 \\ 0 & I_{n-r} \end{bmatrix} \tag{7-8}$$

其中,$I_r \in \mathbf{R}^{r \times r}, I_{n-r} \in \mathbf{R}^{(n-r) \times (n-r)}$ 为单位矩阵,$A_r \in \mathbf{R}^{r \times r}$。由式(7-8),令

$$\bar{B} = J_1 B J_2 = \begin{bmatrix} \bar{B}_{11} & \bar{B}_{12} \\ \bar{B}_{21} & \bar{B}_{22} \end{bmatrix}, \bar{G} = J_1 G J_2 = \begin{bmatrix} \bar{G}_{11} & \bar{G}_{12} \\ \bar{G}_{21} & \bar{G}_{22} \end{bmatrix}$$

$$\bar{E}_0 = J_1 E_0 = \begin{bmatrix} \bar{E}_{01} \\ \bar{E}_{02} \end{bmatrix}, \bar{P} = J_1 P J_2^{-\mathrm{T}} = \begin{bmatrix} P_{11} & P_{12} \\ P_{21} & P_{22} \end{bmatrix} \tag{7-9}$$

$$\bar{C} = J_2^{-1} C J_2, \bar{K} = J_2^{\mathrm{T}} K J_2$$

$$\bar{Q}_1 = J_2^{\mathrm{T}} Q_1 J_2, \bar{Q}_2 = J_1 Q_2 J_1^{\mathrm{T}}, \bar{Q}_3 = J_1 Q_3 J_1^{\mathrm{T}}$$

$$\bar{Q}_4 = J_2^{\mathrm{T}} Q_4 J_2, \bar{R}_1 = J_2^{\mathrm{T}} r_1 J_2, \bar{R}_2 = J_2^{\mathrm{T}} r_2 J_2$$

$$\bar{Z}_1 = J_1^{\mathrm{T}} Z_1 J_1, \bar{Z}_2 = J_1 Z_2 J_1^{\mathrm{T}}, \bar{S}_1 = J_2^{\mathrm{T}} S_1 J_2^{\mathrm{T}}$$

$$\bar{S}_2 = J_2^{\mathrm{T}} S_2 J_2, \bar{S}_3 = J_1 S_3 J_1^{\mathrm{T}}, \bar{S}_4 = J_2^{\mathrm{T}} S_4 J_2$$

在式(7-6)和式(7-7)两边左乘 J_2,$\mathrm{diag}\{J_2, J_2, J_2, I, J_2, J_1^{\mathrm{T}}, J_1^{\mathrm{T}}\}$ 和它们的转置,有

$$\bar{P}^{\mathrm{T}} \bar{E} = \bar{E}^{\mathrm{T}} \bar{P} \geqslant 0 \tag{7-10}$$

$$\bar{\Omega} = \begin{bmatrix} \bar{\Omega}_{11} & \bar{\Omega}_{12} & \bar{P}\bar{G} & \bar{\Omega}_{14} & 0 & 0 & 0 & \bar{\Omega}_{18} & \bar{\Omega}_{19} & \bar{A}^{\mathrm{T}}\bar{W} \\ * & \bar{\Omega}_{22} & 0 & 0 & 0 & \bar{\Omega}_{26} & \bar{\Omega}_{27} & 0 & 0 & \bar{B}^{\mathrm{T}}\bar{W} \\ * & * & \bar{\Omega}_{33} & 0 & 0 & 0 & 0 & 0 & 0 & \bar{G}^{\mathrm{T}}\bar{W} \\ * & * & * & \bar{\Omega}_{44} & 0 & 0 & 0 & 0 & 0 & \bar{E}_0^{\mathrm{T}}\bar{W} \\ * & * & * & * & \bar{\Omega}_{55} & 0 & 0 & 0 & 0 & 0 \\ * & * & * & * & * & \bar{\Omega}_{66} & 0 & 0 & 0 & 0 \\ * & * & * & * & * & * & \bar{\Omega}_{77} & 0 & 0 & 0 \\ * & * & * & * & * & * & * & \bar{\Omega}_{88} & 0 & 0 \\ * & * & * & * & * & * & * & * & \bar{\Omega}_{99} & 0 \\ * & * & * & * & * & * & * & * & * & -\bar{W} \end{bmatrix} < 0 \quad (7\text{-}11)$$

其中

$$\bar{\Omega}_{11} = \bar{P}\bar{A} + \bar{A}^{\mathrm{T}}\bar{P} + \bar{Q}_1 - (1-u)\bar{E}^{\mathrm{T}}\bar{Q}_3\bar{E} + h\bar{Q}_4 + \bar{R}_1 + \bar{R}_2 + d_1^2\bar{S}_1 + d_{12}^2\bar{S}_2 - d_{12}\bar{E}^{\mathrm{T}}\bar{S}_3\bar{E} - d_1^2\bar{E}^{\mathrm{T}}\bar{Z}_1\bar{E} - d_{12}^2\bar{E}^{\mathrm{T}}\bar{Z}_2\bar{E}$$

$$\bar{\Omega}_{12} = \bar{P}\bar{B} + (1-u)\bar{E}^{\mathrm{T}}\bar{Q}_3\bar{E} + d_{12}\bar{E}^{\mathrm{T}}\bar{S}_3\bar{E}$$

$$\bar{\Omega}_{14} = \bar{P}\bar{E}_0 + \beta\bar{C}\bar{K}^{\mathrm{T}}, \bar{\Omega}_{18} = d_1\bar{E}^{\mathrm{T}}\bar{Z}_1\bar{E}, \bar{\Omega}_{19} = -d_{12}\bar{E}^{\mathrm{T}}\bar{Z}_2\bar{E}$$

$$\bar{\Omega}_{22} = -(1-u)\bar{Q}_1 - (1-u)\bar{E}^{\mathrm{T}}\bar{Q}_3\bar{E} - (d_{12}+d_1)\bar{E}^{\mathrm{T}}\bar{S}_3\bar{E} - 2\bar{E}^{\mathrm{T}}\bar{S}_4\bar{E}$$

$$\bar{\Omega}_{26} = \bar{E}^{\mathrm{T}}\bar{S}_4\bar{E}, \bar{\Omega}_{27} = d_2\bar{E}^{\mathrm{T}}\bar{S}_3\bar{E} + \bar{E}^{\mathrm{T}}\bar{S}_4\bar{E}$$

$$\bar{\Omega}_{33} = -(1-v)(\bar{E}+\bar{E}^{\mathrm{T}}+2mI+m^2\bar{Q}_2)$$

$$\bar{\Omega}_{44} = -2\beta I, \bar{\Omega}_{55} = -h(1-v)\bar{Q}_4$$

$$\bar{\Omega}_{66} = -\bar{R}_1 - \bar{E}^{\mathrm{T}}\bar{S}_4\bar{E}, \bar{\Omega}_{77} = -d_2\bar{E}^{\mathrm{T}}\bar{S}_3\bar{E} - \bar{E}^{\mathrm{T}}\bar{S}_4\bar{E} - \bar{R}_2$$

$$\bar{\Omega}_{88} = -d_1\bar{S}_1 - \bar{E}^{\mathrm{T}}\bar{Z}_1\bar{E}, \bar{\Omega}_{99} = -d_{12}\bar{S}_2 - \bar{E}^{\mathrm{T}}\bar{Z}_2\bar{E}$$

$$\bar{W} = \bar{Q}_2 + d_2^2\bar{Q}_3 + d_{12}d_2\bar{S}_3 + d_{12}\bar{S}_4 + \frac{d_1^4}{4}\bar{Z}_1 + \frac{(d_2^2-d_1^2)^2}{4}\bar{Z}_2$$

现在,令

$$y(t) = J_2^{-1} x(t) = \begin{bmatrix} y_1(t) \\ y_2(t) \end{bmatrix}$$

其中,$y_1(t) \in \mathbf{R}^r$,$y_2(t) \in \mathbf{R}^{n-r}$、联立式(7-8)、(7-9)到系统(7-5),可得

$$\bar{E}\dot{y}(t) - \bar{G}\dot{y}(t-h(t)) = \bar{A}y(t) + \bar{B}y(t-d(t)) + \bar{E}_0 f(\eta(t)) \tag{7-12}$$

其中

$$\eta(t) = \bar{C}y(t)$$

系统转化成如下形式

$$\dot{y}_1(t) = \bar{A}_r y_1(t) + \bar{B}_{11} y_1(t-d(t)) + \bar{B}_{12} y_2(t-d(t)) + \bar{G}_{11} \dot{y}_1(t-d(t)) + \\ \bar{G}_{12} \dot{y}_2(t-d(t)) + E_{01} f(\eta(t)) \tag{7-13}$$

$$0 = y_2(t) + \bar{B}_{21} y_1(t-d(t)) + \bar{B}_{22} y_2(t-d(t)) + \bar{G}_{21} \dot{y}_1(t-d(t)) + \\ \bar{G}_{22} \dot{y}_2(t-d(t)) + \bar{E}_{02} f(\eta(t)) \tag{7-14}$$

然后,证明系统(7-5)的稳定性,选择如下 Lyapunov 函数:

$$V(y(t)) = \sum_{i=1}^{7} V_i(y(t))$$

$$V_1(y(t)) = y^{\mathrm{T}}(t) \bar{E}^{\mathrm{T}} \bar{P} y(t)$$

$$V_2(y(t)) = \int_{t-d(t)}^{t} y^{\mathrm{T}}(s) \bar{Q}_1 y(s) \, \mathrm{d}s + \int_{t-h(t)}^{t} \dot{y}^{\mathrm{T}}(s) \bar{E}^{\mathrm{T}} \bar{Q}_2 \bar{E} \dot{y}(s) \, \mathrm{d}s$$

$$V_3(y(t)) = d \int_{-d}^{0} \int_{t+\beta}^{t} \dot{y}^{\mathrm{T}}(s) \bar{E}^{\mathrm{T}} \bar{Q}_3 \bar{E} \dot{y}(s) \, \mathrm{d}s \mathrm{d}\beta + h \int_{t-h(t)}^{t} y^{\mathrm{T}}(s) \bar{Q}_4 y(s) \, \mathrm{d}s$$

$$V_4(y(t)) = \int_{t-d_1}^{t} y^{\mathrm{T}}(s) \bar{R}_1 y(s) \, \mathrm{d}s + \int_{t-d_2}^{t} y^{\mathrm{T}}(s) \bar{R}_2 y(s) \, \mathrm{d}s$$

$$V_5(y(t)) = d_1 \int_{-d_1}^{0} \int_{t+\beta}^{t} y^{\mathrm{T}}(s) \bar{S}_1 y(s) \, \mathrm{d}s \mathrm{d}\beta + d_{12} \int_{-d_2}^{-d_1} \int_{t+\beta}^{t} y^{\mathrm{T}}(s) \bar{S}_2 y(s) \, \mathrm{d}s \mathrm{d}\beta$$

$$V_6(y(t)) = d_{12} d_2 \int_{-d_2}^{0} \int_{t+\beta}^{t} \dot{y}^{\mathrm{T}}(s) \bar{E}^{\mathrm{T}} \bar{S}_3 \bar{E} \dot{y}(s) \, \mathrm{d}s \mathrm{d}\beta + d_2 \int_{-d_2}^{-d_1} \int_{t+\beta}^{t} \dot{y}^{\mathrm{T}}(s) \bar{E}^{\mathrm{T}} \bar{S}_4 \bar{E} \dot{y}(s) \, \mathrm{d}s \mathrm{d}\beta$$

$$V_7(y(t)) = \frac{d_1^2}{2} \int_{-d_1}^{0} \int_{\theta}^{0} \int_{t+\beta}^{t} \dot{y}^{\mathrm{T}}(s) \bar{E}^{\mathrm{T}} \bar{Z}_1 \bar{E} \dot{y}(s) \, \mathrm{d}s \mathrm{d}\beta \mathrm{d}\gamma + d_{12} \int_{-d_2}^{-d_1} \int_{\theta}^{0} \int_{t+\beta}^{t} \dot{y}^{\mathrm{T}}(s) \bar{E}^{\mathrm{T}} \bar{Z}_2 \bar{E} \dot{y}(s) \, \mathrm{d}s \mathrm{d}\beta \mathrm{d}\gamma$$

$V(y(t))$ 沿着系统(7-5)求导得

$$\dot{V}(y(t)) = \dot{V}_1(y(t)) + \dot{V}_2(y(t)) + \dot{V}_3(y(t)) + \dot{V}_4(y(t)) + \\ \dot{V}_5(y(t)) + \dot{V}_6(y(t)) + \dot{V}_7(y(t))$$

$$\dot{V}_1(y(t)) = 2y^{\mathrm{T}}(t) \bar{E}^{\mathrm{T}} \bar{P} \dot{y}(t)$$

$$\leq y^{\mathrm{T}}(t)(\overline{P}^{\mathrm{T}}\overline{A}+\overline{A}^{\mathrm{T}}\overline{P})y(t)+2y^{\mathrm{T}}(t)\overline{P}^{\mathrm{T}}\overline{B}y(t-d(t))+$$
$$2y^{\mathrm{T}}(t)\overline{P}^{\mathrm{T}}\overline{G}\dot{y}(t-h(t))+2y^{\mathrm{T}}(t)\overline{P}^{\mathrm{T}}\overline{E}_0 f(\eta(t))+$$
$$2\beta f^{\mathrm{T}}(\eta(t))[\overline{K}\eta(t)-f(\eta(t))]$$

$$\dot{V}_2(y(t)) \leq y^{\mathrm{T}}(t)\overline{Q}_1 y(t)+\dot{y}^{\mathrm{T}}(t)\overline{E}^{\mathrm{T}}\overline{Q}_2 \overline{E}\dot{y}^{\mathrm{T}}(t)-$$
$$(1-u)y^{\mathrm{T}}(t-d(t))\overline{Q}_1 y(t-d(t))-$$
$$(1-v)\dot{y}^{\mathrm{T}}(t-h(t))\overline{E}^{\mathrm{T}}\overline{Q}_2 \overline{E}\dot{y}^{\mathrm{T}}(t-h(t))$$

$$\dot{V}_3(y(t)) \leq \dot{y}^{\mathrm{T}}(t)\overline{E}^{\mathrm{T}}(d_2^2 \overline{Q}_3)\overline{E}\dot{y}(t)+hy^{\mathrm{T}}(t)\overline{Q}_4 y(t)-$$
$$d_2(1-u)\int_{t-d(t)}^{t}\dot{y}^{\mathrm{T}}(s)\overline{E}^{\mathrm{T}}\overline{Q}_3 \overline{E}\dot{y}(s)\mathrm{d}s-$$
$$h(1-v)y^{\mathrm{T}}(t-h(t))\overline{Q}_4 y(t-h(t))$$

$$\dot{V}_4(y(t)) \leq y^{\mathrm{T}}(t)(\overline{R}_1+\overline{R}_2)y(t)-y^{\mathrm{T}}(t-d_2)\overline{R}_2 y(t-d_2)-$$
$$y^{\mathrm{T}}(t-d_1)\overline{R}_1 y(t-d_1)$$

$$\dot{V}_5(y(t)) = y^{\mathrm{T}}(t)(d_1^2 \overline{S}_1+d_{12}^2 \overline{S}_2)y(t)-$$
$$\int_{t-d_1}^{t} y^{\mathrm{T}}(s)d_1 \overline{S}_1 y(s)\mathrm{d}s-\int_{t-d_2}^{t-d_1} y^{\mathrm{T}}(s)d_{12}\overline{S}_2 y(s)\mathrm{d}s$$

由引理 7.2.2, 有

$$-d_{12}d_2\int_{t-d_2}^{t}\dot{y}^{\mathrm{T}}(s)\overline{E}^{\mathrm{T}}\overline{S}_3 \overline{E}\dot{y}(s)\mathrm{d}s = -d_{12}d_2\int_{t-d_2}^{t-d(t)}\dot{y}^{\mathrm{T}}(s)\overline{E}^{\mathrm{T}}\overline{S}_3 \overline{E}\dot{y}(s)\mathrm{d}s-$$
$$d_{12}d_2\int_{t-d(t)}^{t}\dot{y}^{\mathrm{T}}(s)\overline{E}^{\mathrm{T}}\overline{S}_3 \overline{E}\dot{y}(s)\mathrm{d}s$$
$$\leq -(d_2-d(t))d_2\int_{t-d_2}^{t-d(t)}\dot{y}^{\mathrm{T}}(s)\overline{E}^{\mathrm{T}}\overline{S}_3 \overline{E}\dot{y}(s)\mathrm{d}s-$$
$$-d(t)d_{12}\int_{t-d(t)}^{t}\dot{y}^{\mathrm{T}}(s)\overline{E}^{\mathrm{T}}\overline{S}_3 \overline{E}\dot{y}(s)\mathrm{d}s$$
$$\leq -d_2\left[\int_{t-d_2}^{t-d(t)}\dot{y}^{\mathrm{T}}(s)\overline{E}^{\mathrm{T}}\mathrm{d}s\right]\overline{S}_3\left[\int_{t-d_2}^{t-d(t)}\overline{E}\dot{y}(s)\mathrm{d}s\right]-$$
$$d_{12}\left[\int_{t-d(t)}^{t}\dot{y}^{\mathrm{T}}(s)\overline{E}^{\mathrm{T}}\mathrm{d}s\right]\overline{S}_3\left[\int_{t-d(t)}^{t}\overline{E}\dot{y}(s)\mathrm{d}s\right]$$
$$=\psi_1^{\mathrm{T}}(t)\begin{bmatrix}-d_{12}\overline{E}^{\mathrm{T}}\overline{S}_3 \overline{E} & d_{12}\overline{E}^{\mathrm{T}}\overline{S}_3 \overline{E} & 0 \\ * & -(d_{12}+d_2)\overline{E}^{\mathrm{T}}\overline{S}_3 \overline{E} & d_2 \overline{E}^{\mathrm{T}}\overline{S}_3 \overline{E} \\ * & * & -d_2 \overline{E}^{\mathrm{T}}\overline{S}_3 \overline{E}\end{bmatrix}\psi_1(t)$$

其中

$$\psi_1^{\mathrm{T}}(t) = \begin{bmatrix} y^{\mathrm{T}}(t) & y^{\mathrm{T}}(t-d(t)) & y^{\mathrm{T}}(t-d_2) \end{bmatrix}^{\mathrm{T}}$$

同理，可得

$$-d_{12}\int_{t-d_2}^{t-d_1} \dot{y}^{\mathrm{T}}(s)\,\overline{E}^{\mathrm{T}}\overline{S}_4\overline{E}\dot{y}(s)\,\mathrm{d}s \leqslant \psi_2^{\mathrm{T}}(t)\begin{bmatrix} -2\overline{E}^{\mathrm{T}}\overline{S}_4\overline{E} & \overline{E}^{\mathrm{T}}\overline{S}_4\overline{E} & \overline{E}^{\mathrm{T}}\overline{S}_4\overline{E} \\ * & -\overline{E}^{\mathrm{T}}\overline{S}_4\overline{E} & 0 \\ * & * & -\overline{E}^{\mathrm{T}}\overline{S}_4\overline{E} \end{bmatrix}\psi_2(t)$$

$$\psi_2^{\mathrm{T}}(t) = \begin{bmatrix} y^{\mathrm{T}}(t-d(t)) & y^{\mathrm{T}}(t-d_1) & y^{\mathrm{T}}(t-d_2) \end{bmatrix}^{\mathrm{T}}$$

中立型广义 Lurie 系统(7-5)等价于

$$\overline{E}\dot{y}(t) = \Gamma\xi(t)$$

$$\Gamma = \begin{bmatrix} \overline{A} & \overline{B} & \overline{G} & \overline{E}_0 & 0 \end{bmatrix}$$

$$\zeta(t) = \begin{bmatrix} y^{\mathrm{T}}(t), y^{\mathrm{T}}(t-d(t)), \dot{y}^{\mathrm{T}}(t-h(t)), f^{\mathrm{T}}(\eta(t)), y^{\mathrm{T}}(t-h(t)) \end{bmatrix}^{\mathrm{T}}$$

则

$$-d\int_{t-d(t)}^{t} \dot{y}^{\mathrm{T}}(s)\,\overline{E}^{\mathrm{T}}\overline{Q}_3\overline{E}\dot{y}(s)\,\mathrm{d}s$$

$$\leqslant \begin{bmatrix} y(t) \\ y(t-d(t)) \end{bmatrix}^{\mathrm{T}} \begin{bmatrix} -\overline{E}^{\mathrm{T}}\overline{Q}_3\overline{E} & \overline{E}^{\mathrm{T}}\overline{Q}_3\overline{E} \\ \overline{E}^{\mathrm{T}}\overline{Q}_3\overline{E} & -\overline{E}^{\mathrm{T}}\overline{Q}_3\overline{E} \end{bmatrix} \begin{bmatrix} y(t) \\ y(t-d(t)) \end{bmatrix}$$

根据引理 7.2.2，有正数 $m>0, n>0$，得

$$-(1-v)\dot{y}^{\mathrm{T}}(t-h(t))\overline{E}^{\mathrm{T}}\overline{Q}_2\overline{E}\dot{y}(t-h(t))$$

$$\leqslant \dot{y}^{\mathrm{T}}(t-h(t))[-(1-v)\overline{E}^{\mathrm{T}}]\dot{y}(t-h(t)) - $$

$$(1-v)\dot{y}^{\mathrm{T}}(t-h(t))\overline{E} - (1-v)(2mI + m^2\overline{Q}_2)\dot{y}(t-h(t))$$

联立 $\dot{V}_1(y(t)), \dot{V}_2(y(t)), \dot{V}_3(y(t)), \dot{V}_4(y(t)), \dot{V}_5(y(t)), \dot{V}_6(y(t)), \dot{V}_7(y(t))$ 得

$$\dot{V}(y(t)) = \zeta^{\mathrm{T}}(t)(\Phi + \Gamma^{\mathrm{T}}\overline{W}\Gamma)\zeta(t)$$

$$\Phi = \begin{bmatrix} \overline{\Omega}_{11} & \overline{\Omega}_{12} & \overline{P}\overline{G} & \overline{\Omega}_{14} & 0 & 0 & 0 & \overline{\Omega}_{18} & \overline{\Omega}_{19} \\ * & \overline{\Omega}_{22} & 0 & 0 & 0 & \overline{\Omega}_{26} & \overline{\Omega}_{27} & 0 & 0 \\ * & * & \overline{\Omega}_{33} & 0 & 0 & 0 & 0 & 0 & 0 \\ * & * & * & \overline{\Omega}_{44} & 0 & 0 & 0 & 0 & 0 \\ * & * & * & * & \overline{\Omega}_{55} & 0 & 0 & 0 & 0 \\ * & * & * & * & * & \overline{\Omega}_{66} & 0 & 0 & 0 \\ * & * & * & * & * & * & \overline{\Omega}_{77} & 0 & 0 \\ * & * & * & * & * & * & * & \overline{\Omega}_{88} & 0 \\ * & * & * & * & * & * & * & * & \overline{\Omega}_{99} \end{bmatrix}$$

$\overline{\Omega}_{11}, \overline{\Omega}_{12}, \overline{\Omega}_{14}, \overline{\Omega}_{18}, \overline{\Omega}_{19}, \overline{\Omega}_{22}, \overline{\Omega}_{26}, \overline{\Omega}_{27}, \overline{\Omega}_{33}, \overline{\Omega}_{44}, \overline{\Omega}_{55}, \overline{\Omega}_{66}, \overline{\Omega}_{77}, \overline{\Omega}_{88}, \overline{\Omega}_{99}$ 和式(7-11)定义的一样。

由引理7.2.1和引理7.2.2,有式(7-11)。因此,若 $\Omega < 0$,也即 $\dot{V}(y(t)) < 0$,有

$$\lambda_1 \| y_1 \|^2 - V(y(0)) \leq y_1^{\mathrm{T}}(t) \overline{P}_{11} y_1(t) - V(y(0))$$

$$\leq y^{\mathrm{T}}(t) \overline{E}^{\mathrm{T}} \overline{P} y(t) - V(y(0))$$

$$\leq V(y(t)) - V(y(0))$$

$$= \int_0^t \dot{V}(y(s)) \, \mathrm{d}s$$

$$\leq -\lambda_2 \int_0^t \| y(s) \|^2 \mathrm{d}s$$

$$\leq -\lambda_2 \int_0^t \| y_1(s) \|^2 \mathrm{d}s$$

$$< 0 \qquad (7\text{-}15)$$

其中

$$\lambda_1 = \lambda_{\min}(E^{\mathrm{T}} P) > 0, \lambda_2 = -\lambda_{\max}(\Xi) > 0$$

考虑式(7-15),得 $\lambda_1 \| y_1(t) \|^2 + \lambda_2 \int_0^t \| y_1(s) \|^2 \mathrm{d}s \leq V(y(0))$。因此 $0 < \| y_1(t) \|^2 \leq$

$\frac{1}{\lambda_1}V(y(0))$，$0<\int_0^t \|y_1(s)\|^2 ds \leqslant \frac{1}{\lambda_2}V(y(0))$。因此 $\|y_1(t)\|$ 和 $\int_0^t \|y_1(s)\|^2 ds$ 是有界的。

考虑式(7-2)，可推断

$$\|\bar{E}_{02}f(\eta(t))\|^2 \leqslant \|\bar{E}_{02}\bar{K}\bar{C}x(t)\|^2 \Rightarrow$$

$$\|\bar{E}_{02}f(\eta(t))\| \leqslant \sqrt{\lambda_3}(\|y_1(t)\| + \|y_2(t)\|) \tag{7-16}$$

其中

$$\lambda_3 = \lambda_{\max}[\bar{C}^T \quad \bar{K}^T \quad \bar{E}_{02}^T \quad \bar{E}_{02} \quad \bar{K}\bar{C}]$$

考虑式(7-14)和式(7-16)，有

$$\|y_2(t)\| - \|\bar{B}_{21}y_1(t-d(t))\| - \|\bar{B}_{22}y_2(t-d(t))\| - \|\bar{G}_{21}\dot{y}_1(t-d(t))\| - \\ \|\bar{G}_{22}\dot{y}_2(t-d(t))\| - \|\bar{E}_{02}f(\eta(t))\| \leqslant 0 \tag{7-17}$$

所以可知 $\|y_2(t)\|$ 是有界的。同理，由式(7-13)和式(7-16)，有 $\|\dot{y}_1(t)\|$ 是有界的。由引理 7.2.4，得 $\lim_{t\to\infty} y_1(t) = 0$。

由式(7-15)有 $\int_0^t \|y_2(s)\|^2 ds$ 和 $\|\dot{y}_2(t)\|^2$ 时有界的，则 $\lim_{t\to\infty} y_2(t) = 0$。所以，系统(7-12)是渐近稳定的，证毕。

根据定理 7.3.1 和引理 7.2.2，可推广到其不确定的 Lurie 中立型广义系统中，有以下定理：

定理 7.3.2 给定正数 $0 \leqslant d_1 \leqslant d_2, h>0, 0 \leqslant u<1, 0 \leqslant v<1$，如果存在正定矩阵 $P, Q_1, Q_2, Q_3, Q_4, r_1, r_2, S_1, S_2, S_3, S_4, Z_1, Z_2$，有

$$P^T E = E^T P \geqslant 0 \tag{7-18}$$

$$\begin{bmatrix} \Omega & \theta_1 & \theta_2^T \\ * & -\varepsilon_0 I & 0 \\ * & * & -\varepsilon_0^{-1} I \end{bmatrix} < 0 \tag{7-19}$$

其中

$$\theta_1 = [L^T P \quad 0 \quad 0 \quad 0 \quad 0 \quad 0 \quad 0]^T$$
$$\theta_2 = [N_a \quad N_b \quad N_c \quad N_d \quad 0 \quad 0 \quad 0]$$

则系统(7-1)是鲁棒稳定的。

证明 首先，不确定中立广义 Lurie 系统(7-1)是正则无脉冲的。

把式(7-7)中的 A,B,G,E_0 用 $A+\Delta A,B+\Delta B,G+\Delta G,E_0+\Delta E_0$ 代替,有

$$\Omega+\theta_1 F\theta_2^\mathrm{T}+\theta_2 F^\mathrm{T}\theta_1^\mathrm{T}<0 \tag{7-20}$$

利用引理 7.2.3,∃$\varepsilon_0>0$,有

$$\Omega+\varepsilon_0^{-1}\theta_1\theta_1^\mathrm{T}+\varepsilon_0\theta_2^\mathrm{T}\theta_2<0 \tag{7-21}$$

应用 Schur 引理,式(7-21)等价于式(7-18)。证明完成。

注 7.3.1 当 $E=I,G+\Delta G=0,d(t)=d$,系统(7-1)简化成如下系统:

$$\begin{cases} \dot{x}(t)=(A+\Delta A)x(t)+(B+\Delta B)x(t-d)+(E_0+\Delta E_0)f(\sigma(t)) \\ \sigma(t)=Cx(t) \\ x(t)=\varphi(t),t\in[-d,0] \end{cases} \tag{7-22}$$

推论 7.3.1 给定常数 d,如果存在正定矩阵 $P,Q_1,Q_3,r_2,S_1,S_2,S_3,S_4,Z_2$ 满足下面的线性矩阵不等式:

$$\begin{bmatrix} X_{11} & X_{12} & P^\mathrm{T}E_0+\beta CK & E^\mathrm{T}Z_2E & A^\mathrm{T}X & P^\mathrm{T}L & N_a^\mathrm{T} \\ * & X_{22} & 0 & 0 & B^\mathrm{T}X & 0 & N_b^\mathrm{T} \\ * & * & -2\beta I & 0 & 0 & 0 & N_d^\mathrm{T} \\ * & * & * & X_{44} & 0 & 0 & 0 \\ * & * & * & * & -X & X^\mathrm{T}L & 0 \\ * & * & * & * & * & -\varepsilon I & 0 \\ * & * & * & * & * & * & -\varepsilon^{-1}I \end{bmatrix}<0$$

其中

$$X_{11}=PA+A^\mathrm{T}P+Q_1-Q_3+r_2+d^2S_1-dS_3-S_4-d^2Z_2$$

$$X_{12}=PB+Q_3+dS_3+S_4,X_{44}=-dr_1-Z_2$$

$$X_{22}=-Q_1-Q_3-dS_3-S_4-r_2,X=d^3S_3+d^2S_4+d^3Q_3$$

则系统(7-22)是绝对稳定的。

注 7.3.2 当 $E=I,\Delta A=\Delta B=\Delta G=\Delta E_0=0$,系统(7-1)变成中立混合时变时滞 Lurie 控制系统[81]:

$$\begin{cases} \dot{x}(t)-G\dot{x}(t-h(t))=Ax(t)+Bx(t-d(t))+E_0f(\sigma(t)) \\ \sigma(t)=Cx(t) \\ x(t)=\varphi(t),t\in[-\max\{h,d\},0] \end{cases} \tag{7-23}$$

根据定理 7.3.1,易得

推论 7.3.2 给定常数 $0 \leq d_1 \leq d_2, h>0, 0 \leq u<1, 0 \leq v<1$, 若存在正定矩阵 $P, Q_1, Q_2,$ $Q_3, Q_4, r_1, r_2, S_1, S_2, S_3, S_4, Z_1, Z_2$, 有以下不等式成立

$$\begin{bmatrix} \Lambda_{11} & \Lambda_{12} & PG & \Lambda_{14} & 0 & 0 & 0 & \Lambda_{18} & \Lambda_{19} & A^TW \\ * & \Lambda_{22} & 0 & 0 & 0 & \Lambda_{26} & \Lambda_{27} & 0 & 0 & B^TW \\ * & * & \Lambda_{33} & 0 & 0 & 0 & 0 & 0 & 0 & G^TW \\ * & * & * & \Lambda_{44} & 0 & 0 & 0 & 0 & 0 & E_0^TW \\ * & * & * & * & \Lambda_{55} & 0 & 0 & 0 & 0 & 0 \\ * & * & * & * & * & \Lambda_{66} & 0 & 0 & 0 & 0 \\ * & * & * & * & * & * & \Lambda_{77} & 0 & 0 & 0 \\ * & * & * & * & * & * & * & \Lambda_{88} & 0 & 0 \\ * & * & * & * & * & * & * & * & \Lambda_{99} & 0 \\ * & * & * & * & * & * & * & * & * & -W \end{bmatrix} < 0$$

其中

$$\Lambda_{11} = PA + A^TP + Q_1 - (1-u)Q_3 + hQ_4 + r_1 + r_2 + d_1^2 S_1 + d_{12}^2 S_2 -$$
$$d_{12} S_3 - S_4 - d_1^2 Z_1 - d_{12}^2 Z_2$$

$$\Lambda_{12} = PB + (1-u)Q_3 + d_{12} S_3, \Lambda_{14} = PE_0 + \beta CK^T \quad \Lambda_{18} = d_1 Z_1$$

$$\Lambda_{19} = -d_{12} \overline{Z}_2, \Lambda_{22} = -(1-u)Q_1 - (1-u)Q_3 - (d_{12} + d_1) S_3 - 2S_4$$

$$\Lambda_{26} = S_4, \Lambda_{27} = d_2 S_3 + S_4, \Lambda_{33} = -(1-v)(1+1+2mI+m^2 Q_2)$$

$$\Lambda_{44} = -2\beta I, \Lambda_{55} = -h(1-v)Q_4, \Lambda_{66} = -r_1 - S_4$$

$$\Lambda_{77} = -d_2 S_3 - S_4 - r_2, \Lambda_{88} = -d_1 S_1 - Z_1, \Lambda_{99} = -d_{12} S_2 - Z_2$$

$$W = Q_2 + d_2^2 Q_3 + d_{12} d_2 S_3 + d_{12} S_4 + \frac{d_1^4}{4} Z_1 + \frac{(d_2^2 - d_1^2)^2}{4} Z_2$$

则系统(7-23)是绝对稳定的。

注 7.3.2 当 $G + \Delta G = 0, B + \Delta B = 0, \Delta A = \Delta E_0 = 0$, 系统(7-1)退化成以下的 Lurie 广义系统[83]：

$$\begin{cases} E\dot{x}(t) = Ax(t) + E_0 f(\sigma(t)) \\ \sigma(t) = Cx(t) \end{cases} \quad (7-24)$$

根据定理 7.3.1, 很容易得到以下结论：

推论 7.3.3 给定常数 β, 若存在正定矩阵 P, 有以下的不等式存在：

$$\begin{bmatrix} P^{\mathrm{T}}A+A^{\mathrm{T}}P & P^{\mathrm{T}}E_0+\beta CK \\ * & -2\beta I \end{bmatrix}<0$$

则系统(7-24)是绝对稳定的。

7.4 数值算例

例7.4.1 考虑下面的系统：当 $E=I, \Delta A=\Delta B=0, \Delta G=\Delta E_0=0$，中立 Lurie 系统[119]：

$$\begin{cases} \dot{x}(t)-G\dot{x}(t-h(t))=Ax(t)+Bx(t-d(t))+E_0f(\sigma(t)) \\ \sigma(t)=Cx(t) \\ x(t)=\varphi(t) \, t\in[-\max\{h,d\},0] \end{cases}$$

其中

$$A=\begin{bmatrix} -0.9 & 0.2 \\ 0.1 & -0.9 \end{bmatrix}, B=\begin{bmatrix} -1.1 & -0.2 \\ -0.1 & -1.1 \end{bmatrix}$$

$$G=\begin{bmatrix} -0.2 & 0 \\ 0.2 & -0.1 \end{bmatrix}, E_0=\begin{bmatrix} -0.2 & 0.1 \\ -0.45 & -0.3 \end{bmatrix}, C=\begin{bmatrix} 0.3 & -0.2 \\ 0.3 & 0.1 \end{bmatrix}$$

通过仿真，得到时滞上界如表 7-1 所示，较之前结果具有一定的优越性。

表7-1 当 $d=h$ 和 $v=0.1$ 时系统所允许的最大时滞

u	0.1	0.2	0.3	0.4	0.5	0.6	0.7
[119]	1.1481	0.8937	0.8178	0.7929	0.7854	0.7662	0.7566
定理7.3.1 ($(f\in K[0,0.5])$)	2.7529	2.4319	2.1476	1.8959	1.6745	1.4820	1.3192

例7.4.2 考虑系统(7-1)如下描述：

$$A=\begin{bmatrix} -2 & 0.2 \\ 0.1 & -0.9 \end{bmatrix}, B=\begin{bmatrix} -0.5 & 0.2 \\ 0.1 & -0.2 \end{bmatrix}$$

$$G=\begin{bmatrix} 2 & 0 \\ 0 & 2 \end{bmatrix}, E_0=\begin{bmatrix} 2 & 0 \\ 1 & 2 \end{bmatrix}$$

$$N_a=\begin{bmatrix} 0.01 & 0 \\ 0 & 0.01 \end{bmatrix}, N_b=\begin{bmatrix} 0.01 & 0.01 \\ 0 & 0.01 \end{bmatrix}$$

$$N_c=\begin{bmatrix} 0.01 & 0 \\ 0 & 0.01 \end{bmatrix}, N_d=\begin{bmatrix} 0.01 & 0 \\ 0.01 & 0.01 \end{bmatrix}$$

$$E = \begin{bmatrix} 1 & 0 \\ 0 & 0 \end{bmatrix}, K = \begin{bmatrix} 1 & 0 \\ 0 & 3 \end{bmatrix}, L = \begin{bmatrix} 1 & 0 \\ 0 & 1 \end{bmatrix}$$

$$v = 0.2, u = 0.5, \varepsilon_0 = 2, \beta = 0.03, h = 4, d_2 = 3$$

根据定理 7.4.1，用 Matlab 中的工具箱解(7-19)可得

$$P = \begin{bmatrix} 0.138\,1 & -0.028\,8 \\ -0.028\,8 & 0.280\,8 \end{bmatrix}, Q_1 = \begin{bmatrix} 0.112\,3 & -0.072\,5 \\ -0.072\,5 & 0.105\,2 \end{bmatrix} Q_2 = \begin{bmatrix} 0.004\,2 & -0.001\,1 \\ -0.001\,1 & 0.004\,7 \end{bmatrix},$$

$$Q_3 = \begin{bmatrix} 0.001\,7 & -0.000\,1 \\ -0.000\,1 & 0.001\,7 \end{bmatrix}, Q_4 = \begin{bmatrix} 0.005\,7 & 0 \\ 0 & 0.005\,8 \end{bmatrix}, S_1 = \begin{bmatrix} 0.019\,6 & 0 \\ 0 & 0.021\,0 \end{bmatrix}$$

$$S_2 = \begin{bmatrix} 0.006\,1 & -0.000\,8 \\ -0.000\,8 & 0.008\,4 \end{bmatrix}, S_3 = \begin{bmatrix} 0.002\,1 & -0.000\,4 \\ -0.000\,4 & 0.002\,0 \end{bmatrix}, S_4 = \begin{bmatrix} 0.003\,7 & -0.000\,8 \\ -0.000\,8 & 0.003\,1 \end{bmatrix},$$

$$r_1 = \begin{bmatrix} 0.020\,1 & -0.000\,1 \\ -0.000\,1 & 0.021\,0 \end{bmatrix}, r_2 = \begin{bmatrix} 0.023\,4 & -0.000\,1 \\ -0.000\,1 & 0.021\,0 \end{bmatrix}, Z_1 = \begin{bmatrix} 0.021\,5 & -0.007\,5 \\ -0.007\,5 & 0.015\,5 \end{bmatrix},$$

$$Z_2 = \begin{bmatrix} 0.001\,6 & -0.000\,1 \\ -0.000\,1 & 0.001\,6 \end{bmatrix}$$

对上述系统，通过利用定理 7.3.2 和 Matlab 中的工具箱的使用，得到满足条件的解，说明我们的方法具有一定的可行性。

7.5 本章小结

本章通过考虑延迟的上下界及建立合适的函数，得到了可保证该系统正则、无脉冲和鲁棒绝对稳定性的条件。最后，根据数值例子证明了该算法可以得到更小的保守结果。

第8章 中立型广义神经网络系统的全局指数稳定

8.1 引言

人工神经网络是一种应用类似于大脑神经突触连接的结构进行信息处理的数学模型。它是对人脑或自然神经网络若干特性的抽象和模拟。神经网络已经在诸如信号处理、网络通信、人工智能等领域内取得了广泛的应用。实际上,由于神经元之间的信息传输速率有限,以及电路系统中的放大器开关速率有限,在生物神经网络与人工神经网络中必然存在时滞现象。近年来,研究人员将时滞引入神经网络模型,得到了相应的时滞神经网络模型。时滞神经网络的稳定性问题受到了广泛的关注,取得了丰富的成果[71,126-128]。

与时滞系统的稳定性类似,时滞神经网络的稳定性条件也可分为时滞无关稳定性条件和时滞相关稳定性条件[129-131]。由于时滞相关条件比时滞无关条件具有更小的保守性,因此目前的研究多集中在时滞相关稳定性条件,文献[132]应用广义系统模型变换方法得到了时滞神经网络的时滞相关指数稳定的条件。应用自由权矩阵方法,文献[133]进一步降低了稳定性判据的保守性。在上述研究中,在估计Lyapunov泛函导数的上界时,往往忽略一些重要的项,从而导致一些保守性。文献[134]和文献[135]考虑了这些项的影响,得到了保守性更小的稳定性判据。

本章在前人对神经网络研究的基础上,提出了一种新型的网络模型,并采用全新的Lyapunov泛函构造方法,即在Lyapunov泛函中引入三重积分项。在此基础上又应用了自由权矩阵和积分不等式的方法给出了中立型广义神经网络系统在平衡点全局指数稳定的判据。最后,通过数值仿真实例验证了本章提出方法的正确性和有效性。

8.2 系统的描述与准备

考虑下面的广义中立型细胞神经网络:

$$\begin{cases} E\dot{x}(t) = -Ax(t) + B\dot{x}(t-\tau(t)) + Cf(x(t)) + Df(x(t-\tau(t))) + J \\ x(t) = \varphi(t), t \in [-\tau, 0] \end{cases} \quad (8\text{-}1)$$

其中,$x(t) = [x_1(t) \quad x_2(t) \quad \cdots \quad x_n(t)]^T$ 是神经元状态向量,$n \geq 2$ 是网络系统中神经元的个数;$J = [J_1 \quad J_2 \quad \cdots \quad J_n]^T$ 是恒定输入向量;$\text{rank}(E) = r \leq n$;中立项为

$$\dot{x}(t-\tau(t)) = [\dot{x}_1(t-\tau(t)) \quad \dot{x}_2(t-\tau(t)) \quad \cdots \quad \dot{x}_n(t-\tau(t))]^T$$

$A = \text{diag}\{a_1, a_2, \cdots, a_n\}$ 且 $a_i > 0 (i=1,2,\cdots,n)$ 为自反馈项;C 为连接权重矩阵;D 为时滞连接权重矩阵且 $A, B, C, D \in \mathbf{R}^{n \times n}$ 均是已知定常矩阵;$\varphi(\cdot)$ 是 $[-\tau, 0]$ 上的连续可微向量;$\tau(t)$ 是时变可微函数且满足 $0 \leq \tau(t) \leq \tau, 0 < \dot{\tau}(t) \leq \bar{\tau}, \tau, \bar{\tau}$ 为常数。

此外,$f(x(\cdot)) = [f_1(x_1(\cdot)) \quad f_2(x_2(\cdot)) \quad \cdots \quad f_n(x_n(\cdot))]^T$ 为神经元的激活函数。

假设每个神经元的激活函数 $f_i(\cdot)(i=1,2,\cdots,n)$ 满足以下条件:

(1) $f_i(\cdot)$ 在 $\mathbf{R}$ 上单调非降且有界;

(2) $f_i(\cdot)$ 在 $\mathbf{R}$ 上满足全局 Lipschitz 条件,即存在正常数 $\sigma_i > 0$,对所有的 $x_1, x_2 \in \mathbf{R}$ 有 $|f(x_1) - f(x_2)| < \sigma_i |x_1 - x_2|, i=1,2,\cdots,n$。

假设 $\tilde{x} = [\tilde{x}_1 \quad \tilde{x}_2 \quad \cdots \quad \tilde{x}_n]^T \in \mathbf{R}^n$ 是系统(1)的平衡点。应用模型变换

$$z(t) = x(t) - \tilde{x} = [z_1(t) \quad z_2(t) \quad \cdots \quad z_n(t)]^T$$

则系统(8-1)可转化为

$$\begin{cases} E\dot{z}(t) = -Az(t) + B\dot{z}(t-\tau(t)) + Cg(z(t)) + Dg(z(t-\tau(t))) \\ z(t) = \varphi(t) - \tilde{x}, t \in [-\tau, 0] \end{cases} \quad (8\text{-}2)$$

其中

$$z(t) = [z_1(t) \quad z_2(t) \quad \cdots \quad z_n(t)]^T$$

$$g(z(t)) = [g_1(z_1(t)) \quad g_2(z_2(t)) \quad \cdots \quad g_n(z_n(t))]^T$$

$$\dot{z}(t-\tau(t)) = [\dot{z}_1(t-\tau(t)) \quad \dot{z}_2(t-\tau(t)) \quad \cdots \quad \dot{z}_n(t-\tau(t))]^T = \dot{x}(t-\tau(t)) - \tilde{x}$$

$$g(z(t-\tau(t))) = [g_1(z_1(t-\tau(t))) \quad g_2(z_2(t-\tau(t))) \quad \cdots \quad g_n(z_n(t-\tau(t)))]^T$$

$$g_i(z_i(t)) = f_i(x_i(t)) - f_i(\tilde{x}) = f_i(z_i(t) - \tilde{x}_i) - f_i(\tilde{x}_i), g_i(0) = 0$$

$$g_i(z_i(t-\tau(t))) = f_i(x(t-\tau(t))) - f_i(\tilde{x}_i) = f_i(z_i(t-\tau(t)) - \tilde{x}_i) - f_i(\tilde{x}_i)$$

由 Lipschitz 条件可得

$$g^T(z(t))g(z(t)) = \|g(z(t))\|^2 \leqslant z^T(t)g(z(t)) \tag{8-3}$$

$$g^T(z(t-T(t)))g(z(t-T(t)))$$
$$= \|g(z(t-T(t)))\|^2$$
$$\leqslant z^T(t-\tau(t))g(z(t-\tau(t))) \tag{8-4}$$

引理 8.2.1[136]　对于任意适当维数矩阵 $Z > 0$ 及标量 $T_2 > T_1 > 0$，下面的积分不等式成立：

$$-\int_{-\tau_2}^{-\tau_1}\int_{t+\theta}^{t}\xi^T(t)Z\xi(t)\mathrm{d}s\mathrm{d}\theta \leqslant -\frac{1}{\tau_s}\int_{-\tau_2}^{-\tau_1}\int_{t+\theta}^{t}\xi^T(t)\mathrm{d}s\mathrm{d}\theta Z\int_{-\tau_2}^{-\tau_1}\int_{t+\theta}^{t}\xi(t)\mathrm{d}s\mathrm{d}\theta$$

其中，$\tau_s = (\tau_2^2 - \tau_1^2)/2$。

8.3　主要结果

定理 8.3.1　考虑中立型广义网络系统(8-2)，对于给定的标量 $\alpha > 0$，非负常数 μ 和 υ，不妨令 $\tau_i(t) = \tau(t)$，$i = 1, 2, \cdots, n$，如果存在正定矩阵 P, Q_1, Q_2, Q_3, Q_4, R 和 H，对于任意的固定维数矩阵 U，使得如下线性矩阵不等式（LMI）成立，则系统(8-2)是全局渐近指数稳定的。

$$E^T P = P^T E < 0 \tag{8-5}$$

$$\Pi = \begin{bmatrix} \Pi_{11} & A^T UE & \mathrm{e}^{-2\alpha\tau}R & 0 & P^T B & P^T C + \dfrac{\mu}{2}I & P^T D & \tau H \\ * & \Pi_{22} & 0 & 0 & \Pi_{25} & \Pi_{26} & \Pi_{27} & 0 \\ * & * & \Pi_{33} & 0 & 0 & 0 & 0 & 0 \\ * & * & * & \Pi_{44} & 0 & 0 & \dfrac{\upsilon}{2}I & 0 \\ * & * & * & * & \Pi_{55} & 0 & 0 & 0 \\ * & * & * & * & * & \Pi_{66} & 0 & 0 \\ * & * & * & * & * & * & * & -H \end{bmatrix} < 0 \tag{8-6}$$

其中

$$\Pi_{11} = 2\alpha E^T P - P^T A - A^T P + Q_1 + Q_2 - \mathrm{e}^{-2\alpha\tau}R - \tau^2 H$$

$$\Pi_{22} = Q_3 + \tau^2 R - E^T(U^T + U)E + \frac{\tau^2}{4}H$$

$$\Pi_{25} = E^T U^T B, \quad \Pi_{26} = E^T U^T C$$

$$\Pi_{27} = E^{\mathrm{T}}U^{\mathrm{T}}D, \ \Pi_{33} = -\mathrm{e}^{-2\alpha\tau}Q_2 - \mathrm{e}^{-2\alpha\tau}R$$

$$\Pi_{44} = -\mathrm{e}^{-2\alpha\tau}(1-\bar{\tau})Q_1, \ \Pi_{55} = -\mathrm{e}^{-2\alpha\tau}(1-\bar{\tau})Q_3$$

$$\Pi_{66} = Q_4 - \mu I, \ \Pi_{77} = -\mathrm{e}^{-2\alpha\tau}(1-\bar{\tau})Q_4 - \upsilon I$$

证明 先证明系统(8-2)是正则、无脉冲的。

根据式(8-6),我们可以得到 $\Pi_{11}<0$,那也就是说 $-P^{\mathrm{T}}A - A^{\mathrm{T}}P<0$,因此,结合式(8-5)可知,矩阵对 (E,A) 是正则、无脉冲的,即系统(8-2)是正则无脉冲的。下面我们证明系统(8-2)是全局指数稳定的。选择 Lyapunov-Krasovskii 泛函为

$$V(z_t) = V_1(z_t) + V_2(z_t) + V_3(z_t) + V_4(z_t) + V_5(z_t) + V_6(z_t) + V_7(z_t) \tag{8-7}$$

其中

$$V_1(z_t) = \mathrm{e}^{2\alpha t} z^{\mathrm{T}}(t) E^{\mathrm{T}} P z(t)$$

$$V_2(z_t) = \int_{t-\tau(t)}^{t} \mathrm{e}^{2\alpha s} z^{\mathrm{T}}(s) Q_1 z(s) \mathrm{d}s$$

$$V_3(z_t) = \int_{t-\tau(t)}^{t} \mathrm{e}^{2\alpha s} z^{\mathrm{T}}(s) Q_2 z(s) \mathrm{d}s$$

$$V_4(z_t) = \int_{t-\tau(t)}^{t} \mathrm{e}^{2\alpha s} \dot{z}^{\mathrm{T}}(s) Q_3 \dot{z}(s) \mathrm{d}s$$

$$V_5(z_t) = \int_{t-\tau(t)}^{t} \mathrm{e}^{2\alpha s} g^{\mathrm{T}}(z(s)) Q_4 g(z(s)) \mathrm{d}s$$

$$V_6(z_t) = \int_{-\tau}^{0} \int_{t+\beta}^{t} \mathrm{e}^{2\alpha s} \dot{z}^{\mathrm{T}}(s) R \dot{z}(s) \mathrm{d}s \mathrm{d}\beta$$

$$V_7(z_t) = \frac{\tau^2}{2} \int_{-\tau}^{0} \int_{\theta}^{0} \int_{t+\beta}^{t} \mathrm{e}^{2\alpha s} \dot{z}^{\mathrm{T}}(s) H \dot{z}(s) \mathrm{d}s \mathrm{d}\beta$$

对 $V(z_t)$ 沿着系统(8-2)的轨迹求导得

$$\dot{V}(z_t) = \dot{V}_1(z_t) + \dot{V}_2(z_t) + \dot{V}_3(z_t) + \dot{V}_4(z_t) + \dot{V}_5(z_t) + \dot{V}_6(z_t) + \dot{V}_7(z_t) \tag{8-8}$$

$$\dot{V}(z_t) = 2\alpha \mathrm{e}^{2\alpha t} z^{\mathrm{T}}(t) E^{\mathrm{T}} P z(t) + 2\mathrm{e}^{2\alpha t} z^{\mathrm{T}}(t) P^{\mathrm{T}} E \dot{z}(t)$$

$$= \mathrm{e}^{2\alpha t}(z^{\mathrm{T}}(t)(2\alpha E^{\mathrm{T}}P - P^{\mathrm{T}}A - A^{\mathrm{T}}P)z(t) + 2z^{\mathrm{T}}(t)P^{\mathrm{T}}B\dot{z}(t-\tau(t)) +$$

$$2z^{\mathrm{T}}(t)P^{\mathrm{T}}Cg(z(t)) + 2z^{\mathrm{T}}(t)P^{\mathrm{T}}g(z(t-\tau(t))))$$

$$\dot{V}_2(z_t) \leq \mathrm{e}^{2\alpha t}[z^{\mathrm{T}}(t)Q_1 z(t) - \mathrm{e}^{2\alpha\tau} z^{\mathrm{T}}(t-\tau(t))Q_1 z(t-\tau(t))(1-\bar{\tau})]$$

$$\dot{V}_3(z_t) \leq \mathrm{e}^{2\alpha t}[z^{\mathrm{T}}(t)Q_2 z(t) - \mathrm{e}^{2\alpha\tau} z^{\mathrm{T}}(t-\tau)Q_2 z(t-\tau)]$$

$$\dot{V}_4(z_t) \leq \mathrm{e}^{2\alpha t}[\dot{z}^{\mathrm{T}}(t)Q_3 \dot{z}(t) - \mathrm{e}^{2\alpha\tau} \dot{z}^{\mathrm{T}}(t-\tau(t))Q_3 \dot{z}(t-\tau(t))(1-\bar{\tau})]$$

$$\dot{V}_5(z_t) \leq \mathrm{e}^{2\alpha t}[g^{\mathrm{T}}(z(t))Q_4 g(z(t)) - \mathrm{e}^{2\alpha\tau} g^{\mathrm{T}}(z(t-\tau(t)))Q_4 g(z(t-\tau(t)))(1-\bar{\tau})]$$

$$\dot{V}_6(z_t) \leqslant \mathrm{e}^{2\alpha t}\left[\tau^2 \dot{z}^{\mathrm{T}}(t)R\dot{z}(t) - \mathrm{e}^{2\alpha \tau}\tau\int_{t-\tau}^{t}\dot{z}^{\mathrm{T}}(s)R\dot{z}(s)\mathrm{d}s\right]$$

$$\dot{V}_7(z_t) \leqslant \mathrm{e}^{2\alpha t}\left[\frac{\tau^4}{4}\dot{z}^{\mathrm{T}}(t)H\dot{z}(t) - \frac{\tau^2}{2}\int_{-\tau}^{0}\int_{t+\theta}^{t}\dot{z}^{\mathrm{T}}(s)R\dot{z}(s)\mathrm{d}s\mathrm{d}\theta\right]$$

我们可以得到

$$\dot{V}_6(z_t) \leqslant \mathrm{e}^{2\alpha t}\left(\tau^2 \dot{z}^{\mathrm{T}}(t)R\dot{z}(t) + \mathrm{e}^{2\alpha \tau}\begin{bmatrix}z(t)\\z(t-\tau)\end{bmatrix}^{\mathrm{T}}\begin{bmatrix}R\\R\end{bmatrix}\begin{bmatrix}z(t)\\z(t-\tau)\end{bmatrix}\right)$$

$$\leqslant \mathrm{e}^{2\alpha t}(\tau^2 \dot{z}^{\mathrm{T}}(t)R\dot{z}(t) - \mathrm{e}^{2\alpha \tau}z^{\mathrm{T}}(t)Rz(t) + \mathrm{e}^{2\alpha \tau}z^{\mathrm{T}}(t)Rz(t-\tau) +$$
$$\mathrm{e}^{2\alpha \tau}z^{\mathrm{T}}(t-\tau)Rz(t) - \mathrm{e}^{2\alpha \tau}z^{\mathrm{T}}(t-\tau)Rz(t-\tau))$$

根据引理 8.2.1，我们可以得到

$$-\frac{\tau^2}{2}\int_{-\tau}^{0}\int_{t+\theta}^{t}\dot{z}^{\mathrm{T}}(s)H\dot{z}(s)\mathrm{d}s\mathrm{d}\theta \leqslant -\left[z^{\mathrm{T}}(t)\tau^2 Hz(t) - z^{\mathrm{T}}(t)\tau H\int_{t-\tau}^{t}z(s)\mathrm{d}s - \int_{t-\tau}^{t}z^{\mathrm{T}}(s)\mathrm{d}s(\tau H)z^{\mathrm{T}}(t) + \int_{t-\tau}^{t}z^{\mathrm{T}}(s)\mathrm{d}sH\int_{t-\tau}^{t}z(s)\mathrm{d}s\right]$$

又由式(8-3)和式(8-4)可知

$$\mu\mathrm{e}^{2\alpha t}[z^{\mathrm{T}}(t)g(z(t)) - g^{\mathrm{T}}(z(t))g(z(t))] \geqslant 0$$
$$v\mathrm{e}^{2\alpha t}[z^{\mathrm{T}}(t-\tau(t))g(z(t-\tau(t))) - g^{\mathrm{T}}(z(t-\tau(t)))g(z(t-\tau(t)))] \geqslant 0$$

$$(8\text{-}9)$$

再根据系统(8-2)可以得到下面的等式：

$$\dot{z}^{\mathrm{T}}(t)E^{\mathrm{T}}U^{\mathrm{T}}(Az(t) + B\dot{z}(t-\tau(t)) + Cg(z(t)) + Dg(z(t-\tau(t)))) + (Az(t) + B\dot{z}(t-\tau(t)) + Cg(z(t)) + Dg(z(t-\tau(t))))^{\mathrm{T}}UE\dot{z}(t)\dot{z}^{\mathrm{T}}(t)E^{\mathrm{T}}(U^{\mathrm{T}} + U)E\dot{z}(t) = 0$$

$$(8\text{-}10)$$

从式(8-8)、式(8-9)和式(8-10)，我们可以得到

$$\dot{V}(z_t) + v\mathrm{e}^{2\alpha t}[z^{\mathrm{T}}(t-\tau(t))g(z(t-\tau(t))) - g^{\mathrm{T}}(z(t-\tau(t)))g(z(t-\tau(t)))]$$
$$\mu\mathrm{e}^{2\alpha t}[z^{\mathrm{T}}(t)g(z(t)) - g^{\mathrm{T}}(z(t))g(z(t))] \leqslant \mathrm{e}^{2\alpha t}Z_1^{\mathrm{T}}\Pi Z_1$$

其中

$$Z^{\mathrm{T}} = [z^{\mathrm{T}}(t)\dot{z}^{\mathrm{T}}(t)z^{\mathrm{T}}(t-\tau)z^{\mathrm{T}}(t-\tau(t))\dot{Z}^{\mathrm{T}}(t-\tau(t))g^{\mathrm{T}}(z(t))$$
$$g^{\mathrm{T}}(z(t-\tau(t)))\int_{t-\tau}^{t}z^{\mathrm{T}}(s)\mathrm{d}s]$$

由式(8-6)$\Pi<0$ 等价于 $\dot{V}(z_t)<0$，下证系统(8-2)是指数稳定的。根据 $\dot{V}(z_t)<0$ 有 V

$(z_t) \leq V(z_0)$，其中

$$V(z_0) = z^T(0)Pz(0) + \int_{-\tau(0)}^{0} e^{2\alpha s} z^T(s)Q_1 z(s) \mathrm{d}s +$$

$$\int_{-\tau(0)}^{0} e^{2\alpha s} \dot{z}^T(s)Q_3 \dot{z}(s) \mathrm{d}s + \int_{-\tau(0)}^{0} e^{2\alpha s} \dot{z}^T(s)Q_3 \dot{z}(s) \mathrm{d}s +$$

$$\int_{-\tau}^{0} e^{2\alpha s} g^T(z(s))Q_4 g(z(s)) \mathrm{d}s + \tau \int_{-\tau}^{0} \int_{\beta}^{0} e^{2\alpha s} \dot{z}^T(s) R \dot{z}(s) \mathrm{d}s \mathrm{d}\beta +$$

$$\frac{\tau^2}{2} \int_{-\tau}^{0} \int_{\theta}^{0} \int_{\beta}^{0} e^{2\alpha s} \dot{z}^T(s) H \dot{z}(s) \mathrm{d}s \mathrm{d}\beta \mathrm{d}\theta$$

$$\leq (\lambda_M(P) + 4\tau\lambda_M(Q_i) + \tau^3 \lambda_M(R) + \tau^5 \lambda_M(H)) \cdot \|z_0\|_s^2, i = 1,2,3,4$$

不妨令 $\delta_0 = \lambda_M(P) + \tau\lambda_M(Q_1) + \tau\lambda_M(Q_2) + \tau\lambda_M(Q_3) + \tau^3 \lambda_M(R)$，又由于 $V(z_t) \geq e^{2\alpha t} z^T(t) Pz(t) \geq \lambda_m(P) e^{2\alpha t} \|z(t)\|^2$，综上所述，我们有

$$\|z(t)\| \leq \sqrt{\frac{\delta_0}{\lambda_m(P)}} \|z_0\|_s e^{-\alpha t}, t \geq 0$$

可知，系统(8-2)是全局渐近指数稳定的，即系统(8-1)在平衡点处是全局指数稳定的。定理得证。

8.4 数值算例

例 8.4.1 考虑系统(8-2)：

$$E\dot{z}(t) = -Az(t) + B\dot{z}(t-\tau(t)) + Cg(z(t)) + Dg(z(t-\tau(t)))$$

其中

$$E = \begin{bmatrix} 1 & 0 \\ 0 & 0 \end{bmatrix}, A = \begin{bmatrix} 1 & 2 \\ 3 & 1 \end{bmatrix}, B = \begin{bmatrix} -1 & 0.5 \\ 0.5 & -1 \end{bmatrix}, C = \begin{bmatrix} -0.5 & 0.5 \\ 0.5 & 0.5 \end{bmatrix}$$

$$D = \begin{bmatrix} -2 & 0.1 \\ 0.1 & -0.4 \end{bmatrix}, \dot{\tau}(t) = 0.1, \alpha = \mu = \nu = 0.1$$

对于上述系统，我们通过定理 8.3.1，利用 Matlab 工具箱可以得到系统时滞的最大上界是 $\tau(t) \leq 6.2286$，并有

$$P = \begin{bmatrix} 0.0764 & -0.0230 \\ -0.0230 & 0.2065 \end{bmatrix}, Q_1 = \begin{bmatrix} 4.3650 & -0.3970 \\ -0.3970 & 4.0064 \end{bmatrix}, Q_2 = \begin{bmatrix} 1.3143 & 0.0100 \\ 0.0100 & 1.3292 \end{bmatrix}$$

$$Q_3 = \begin{bmatrix} 2.6147 & -0.0511 \\ -0.0511 & 2.7125 \end{bmatrix}, Q_4 = \begin{bmatrix} 0.0033 & -0.0003 \\ -0.0003 & 0.0076 \end{bmatrix}, R = \begin{bmatrix} 0.1324 & -0.0013 \\ -0.0013 & 0.1346 \end{bmatrix}$$

$$H = \begin{bmatrix} 0.069\ 7 & -0.000\ 7 \\ -0.000\ 7 & 0.070\ 0 \end{bmatrix}, U = 10^{-3} \times \begin{bmatrix} -0.011\ 7 & -0.209\ 1 \\ -0.209\ 1 & 0 \end{bmatrix}$$

例 8.4.2 考虑系统(8-2)：

$$E\dot{z}(t) = -Az(t) + B\dot{z}(t-\tau(t)) + Cg(z(t)) + Dg(z(t-\tau(t)))$$

其中

$$E = \begin{bmatrix} 1 & 0 \\ 0 & 1 \end{bmatrix}, A = \begin{bmatrix} 2 & 0 \\ 0 & 3.5 \end{bmatrix}, C = \begin{bmatrix} -1 & 0.5 \\ 0.5 & -1 \end{bmatrix}, D = \begin{bmatrix} -0.5 & 0.5 \\ 0.5 & 0.5 \end{bmatrix}$$

$$B = 0, \alpha = 0.25$$

对于上述系统,我们通过定理 8.3.1,利用 Matlab 的工具箱可以得到允许的最大时滞 τ(见表 8-1)。表 8-1 表明我们的结果有较小的保守性。

表 8-1 系统允许的最大时滞 $\tau(t)$

	常时滞	变时滞
	$\dot{\tau}(t) = 0$	$\dot{\tau}(t) = 0.8$
文献[137]	$\tau(t) \leq 1$	$\tau(t) \leq 0.07$
文献[138]	$\tau(t) \leq 5.9$	$\tau(t) \leq 2.8$
定理 8.3.1	$\tau(t) \leq 7.1$	$\tau(t) \leq 3.9$

8.5 本章小结

本章考虑了一类中立型广义神经网络全局渐近稳定的问题。对于时滞变化率下界为 0 的情况,通过构造包含三重积分的新的 Lyapunov 函数,应用自由权矩阵方法,并且运用一个积分不等式,得到了保守性较小的时滞变化率范围相关的指数稳定的充分条件,并通过仿真实例验证了本章提出方法的正确性与有效性。

第9章 中立型广义系统的时滞相关非脆弱鲁棒 H_∞ 控制

9.1 引言

现有的鲁棒控制设计方法只考虑系统参数的不确定性,很少考虑控制器增益的不确定性。而这种不确定性经常出现,使得传统的鲁棒控制方法表现出高度的脆弱性,造成闭环系统的性能下降或稳定性的破坏,因此研究系统的非脆弱控制问题成为人们感兴趣的课题。王武研究了不确定时滞系统的鲁棒非脆弱 H_∞ 状态反馈控制器的设计问题,给出了 LMI 形式的控制器存在的充分条件[139]。付兴建考虑不确定时滞中立型系统,研究了非脆弱鲁棒性能控制器的设计问题,给出了不确定时滞中立型系统二次稳定的充分条件,得到了非脆弱鲁棒性能控制器,并且保证性能指标函数不超过一个固定的上界值[140]。Xu 研究了具有范数有界的不确定中立型时滞系统的非脆弱控制器的设计问题,给出了控制器的设计方法[141]。

本章对具有结构不确定且满足范数有界条件的时变时滞中立型广义系统的非脆弱鲁棒 H_∞ 控制进行研究,利用 Lyapunov-Krasovskii 泛函方法和模型转换技术,给出了非脆弱鲁棒 H_∞ 控制律存在的条件和控制器的设计方法,使得闭环系统不仅内部渐近稳定且在满足零初始条件下具有给定的 H_∞ 扰动抑制水平 γ,同时非脆弱鲁棒 H_∞ 控制器设计可通过求解一组线性矩阵不等式得到。

9.2 系统的描述与准备

考虑如下形式的不确定中立型广义系统:

$$\begin{cases} E\dot{x}(t) = \bar{A}x(t) + \bar{A}_{1}x(t-d(t)) + \bar{G}\dot{x}(t-h(t)) + \bar{B}u(t) + \bar{B}_{1w}w(t) \\ z(t) = \bar{C}x(t) + \bar{C}_{1}x(t-d(t)) + \bar{D}u(t) + \bar{D}_{1w}w(t) \\ x(t) = \phi(t), t \in [-T, 0] \end{cases} \quad (9\text{-}1)$$

其中，$x(t) \in \mathbf{R}^n$ 为状态向量；$u(t) \in \mathbf{R}^m$ 为系统的控制输入；$z(t) \in \mathbf{R}^q$ 为系统受控输出；$w(t) \in \mathbf{R}^l$ 为系统扰动输入，且 $w(t) \in L_2[0, +\infty)$；$\phi(t)$ 是 $[-h, 0]$ 上连续可微的初值函数；$d(t), h(t)$ 分别是状态时滞和中立型时滞，且满足 $0 \leq d(t) \leq d, \dot{d}(t) \leq \tau < 1, 0 \leq h(t) \leq h, \dot{h}(t) \leq \mu \leq 1, T = \max\{d, h\}$，$\mathrm{rank}(E) = r \leq n$。$\bar{A}, \bar{A}_1, \bar{G}, \bar{B}, \bar{B}_1, \bar{C}, \bar{C}_1, \bar{D}, \bar{D}_1$ 为具有适当维数的常数矩阵和时变参数不确定性，具有如下形式：

$$\begin{cases} [\bar{A} \quad \bar{A}_1 \quad \bar{G} \quad \bar{B} \quad \bar{B}_1] = [A \quad A_1 \quad G \quad B \quad B_1] + H_1 F_1(t) [E_1 \quad E_2 \quad E_3 \quad E_4 \quad E_5] \\ [\bar{C} \quad \bar{C}_1 \quad \bar{D} \quad \bar{D}_1] = [C \quad C_1 \quad D \quad D_1] + H_2 F_2(t) [E_1 \quad E_2 \quad E_4 \quad E_5] \end{cases} \quad (9\text{-}2)$$

其中，$H_1, H_2, E_1, E_2, E_3, E_4, E_5$ 是已知的具有适当维数的常数矩阵；$F(t)$ 是时变的未知矩阵，且 $F^\mathrm{T}(t) F(t) \leq I, \forall t, I$ 为适当维数的单位矩阵。

对给定的中立型广义系统，设计如下形式的状态反馈控制器：

$$u(t) = \bar{K} x(t), \bar{K} = K + \Delta K \quad (9\text{-}3)$$

其中，K 为控制器增益；ΔK 为增益的扰动。

考虑具有加法不确定性的扰动增益：

$$\Delta K = H_a F_a(t) E_a, F_a^\mathrm{T}(t) F_a(t) \leq I \quad (9\text{-}4)$$

具有乘法不确定性的扰动增益：

$$\Delta K = H_a F_a(t) E_a K, F_a^\mathrm{T}(t) F_a(t) \leq I \quad (9\text{-}5)$$

系统在控制器的作用下得到的闭环系统为

$$\begin{cases} E \dot{x}(t) = (\bar{A} + \bar{B} K) x(t) + \bar{A}_1 x(t - d(t)) + \bar{G} \dot{x}(t - h(t)) + \bar{B}_1 w(t) \\ z(t) = (\bar{C} + \bar{D} K) x(t) + \bar{C}_1 x(t - d(t)) + \bar{D}_1 w(t) \\ x(t) = \phi(t), t \in [-T, 0] \end{cases} \quad (9\text{-}6)$$

系统(9-6)可转化为下面的等价系统：

$$\begin{cases} \dot{x}(t) = y(t) \\ E y(t) = (\bar{A} + \bar{B} K) x(t) + \bar{A}_1 x(t - d(t)) + \bar{G} y(t - h(t)) + \bar{B}_1 w(t) \\ z(t) = (\bar{C} + \bar{D} K) x(t) + \bar{C}_1 x(t - d(t)) + \bar{D}_1 w(t) \\ x(t) = \phi(t), t \in [-T, 0] \end{cases} \quad (9\text{-}7)$$

下面设计形如(9-3)的控制器，使得闭环系统(9-7)不仅内部渐近稳定且在满足零初始条件下具有给定的 H_∞ 扰动抑制水平 γ，即 $\|z(t)\|_2 \leq \gamma \|w(t)\|_2, w(t) \in L_2[0, +\infty)$。

9.3 主要结果

9.3.1 鲁棒 H_∞ 性能分析

定理9.3.1 给定 $\gamma>0$，若存在 $n\times n$ 可逆矩阵 $P=\begin{bmatrix}1&0\\0&1\end{bmatrix}$，且 $P_1=P_1^T$，$P_3=P_3^T$，对称正定矩阵 Q,S,X_{11},X_{22},X_{33} 和适当维数的矩阵 X_{12},X_{13},X_{23}，使得以下的 LMI 成立：

$$\begin{bmatrix} \Omega_{11} & \Omega_{12} & \Omega_{13} & P_2^T\bar{G} & P_2^T\bar{B} & \Omega_{16}^T \\ * & \Omega_{22} & P_3^T\bar{A}_1 & P_3^T\bar{G}_1 & P_3^T\bar{B}_1 & 0 \\ * & * & \Omega_{33} & 0 & 0 & \bar{C}_1^T \\ * & * & * & \Omega_{44} & 0 & 0 \\ * & * & * & * & -\gamma^2 I & \bar{D}_1^T \\ * & * & * & * & * & -I \end{bmatrix} < 0 \quad (9\text{-}8)$$

$$\begin{bmatrix} X_{11} & X_{12} & X_{13} \\ * & X_{22} & X_{23} \\ * & * & X_{33} \end{bmatrix} \geq 0 \quad (9\text{-}9)$$

其中

$$\Omega_{11} = P_2^T(\bar{A}+\bar{B}K)+(\bar{A}+\bar{B}K)^T P_2+Q+dX_{11}+X_{13}+X_{13}^T$$

$$\Omega_{12} = P_1+P_2^T E+(\bar{A}+\bar{B}K)P_3, \Omega_{13}=P_2^T\bar{A}+dX_{12}-X_{13}+X_{23}^T$$

$$\Omega_{16} = \bar{C}+\bar{D}K, \Omega_{22}=-E^T P_3-P_3^T E+S+dX_{33}$$

$$\Omega_{33} = -(1-\tau)Q+dX_{22}-X_{23}-X_{23}^T, \Omega_{44}=-(1-\mu)S$$

则闭环系统(9-7)不仅内部渐近稳定且在满足零初始条件下具有给定的 H_∞ 扰动抑制水平 γ。

证明 构造如下形式的 Lyapunov-Krasovskii 泛函：

$$V(t,x_t) = V_1+V_2+V_3+V_4+V_5 \quad (9\text{-}10)$$

其中

$$V_1 = \begin{bmatrix} x(t) \\ y(t) \end{bmatrix}^T \begin{bmatrix} I & 0 \\ 0 & 0 \end{bmatrix} \begin{bmatrix} P_1 & 0 \\ P_2 & P_3 \end{bmatrix} \begin{bmatrix} x(t) \\ y(t) \end{bmatrix}$$

$$V_2 = \int_{t-d(t)}^{t} x^{\mathrm{T}}(s) Q x(s) \mathrm{d}s, V_4 = \int_{t-d(t)}^{t} (s - t + d(t)) y^{\mathrm{T}}(s) X_{33} y(s) \mathrm{d}s$$

$$V_3 = \int_{t-h(t)}^{t} y^{\mathrm{T}}(s) S y(s) \mathrm{d}s, V_5 = \int_{0}^{t} \int_{u-d(t)}^{u} \xi^{\mathrm{T}}(u,s) X \xi(u,s) \mathrm{d}s \mathrm{d}u$$

从而 $V(x,x_t)$ 沿式(9-7)求导得

$$\dot{V}_1 = 2 \begin{bmatrix} x(t) \\ y(t) \end{bmatrix}^{\mathrm{T}} \begin{bmatrix} P_1 & 0 \\ P_2 & P_3 \end{bmatrix}^{\mathrm{T}} \begin{bmatrix} y(t) \\ -Ey(t) + (\bar{A}+\overline{BK})x(t) + \bar{A}_{1}x(t-d(t)) + \\ \bar{G}y(t-h(t)) + \bar{B}_{1}w(t) \end{bmatrix}$$

$$\dot{V}_2 = x^{\mathrm{T}}(t) Q x(t) - (1-\tau) x^{\mathrm{T}}(t-d(t)) Q x(t-d(t))$$

$$\dot{V}_3 = y^{\mathrm{T}}(t) S x(t) - (1-\tau) y^{\mathrm{T}}(t-h(t)) S x(t-h(t))$$

$$\dot{V}_4 = y^{\mathrm{T}}(t)(d(t)X_{33})y(t) - \int_{t-d(t)}^{t} y^{\mathrm{T}}(s) X_{33} y(s) \mathrm{d}s$$

$$\leq y^{\mathrm{T}}(t) s X_{33} y(t) - \int_{t-d(t)}^{t} y^{\mathrm{T}}(s) X_{33} y(s) \mathrm{d}s$$

$$\dot{V}_5 = \int_{t-d(t)}^{t} \xi^{\mathrm{T}}(t,s) X \xi(t,s) \mathrm{d}s$$

$$= \int_{t-d(t)}^{t} \begin{bmatrix} x(t) \\ x(t-d(t)) \\ y(s) \end{bmatrix}^{\mathrm{T}} \begin{bmatrix} X_{11} & X_{12} & X_{13} \\ * & X_{22} & X_{23} \\ * & * & X_{33} \end{bmatrix} \begin{bmatrix} x(t) \\ x(t-d(t)) \\ y(s) \end{bmatrix} \mathrm{d}s$$

$$\leq x^{\mathrm{T}}(t)(dX_{11} + X_{13} + X_{13}^{\mathrm{T}})x(t) + 2x^{\mathrm{T}}(t)(dX_{12} - X_{13} + X_{23}^{\mathrm{T}})x(t-d(t)) +$$

$$x^{\mathrm{T}}(t-d(t))(dX_{22} - X_{23} - X_{23}^{\mathrm{T}})x(t-d(t)) + \int_{t-d(t)}^{t} y^{\mathrm{T}}(s) X_{33} y(s) \mathrm{d}s$$

综上可得

$$\dot{V} \leq 2 \begin{bmatrix} x(t) \\ y(t) \end{bmatrix}^{\mathrm{T}} \begin{bmatrix} P_1 & 0 \\ P_2 & P_3 \end{bmatrix}^{\mathrm{T}} \begin{bmatrix} y(t) \\ -Ey(t) + (\bar{A}+\overline{BK})x(t) + \bar{A}_{1}x(t-d(t)) + \\ \bar{G}y(t-h(t)) + \bar{B}_{1}w(t) \end{bmatrix} +$$

$$x^{\mathrm{T}}(t) Q x(t) - (1-\tau) x^{\mathrm{T}}(t-d(t)) Q x(t-d(t)) + y^{\mathrm{T}}(t) S y(t) -$$

$$(1-\mu) y^{\mathrm{T}}(t-h(t)) S y(t-h(t)) + x^{\mathrm{T}}(t)(dX_{11} + X_{13} + X_{13}^{\mathrm{T}})x(t) +$$

$$2x^{\mathrm{T}}(t)(dX_{12} - X_{13} + X_{23}^{\mathrm{T}})x^{\mathrm{T}}(t-d(t)) + x^{\mathrm{T}}(t-d(t))(dX_{22} - X_{23} - X_{23}^{\mathrm{T}})x(t-d(t))$$

$$= \xi^{\mathrm{T}}(t) Q \xi(t) + \gamma^2 w^{\mathrm{T}}(t) w(t)$$

其中

$$\xi^{\mathrm{T}}(t) = [x^{\mathrm{T}}(t) \quad y^{\mathrm{T}}(t) \quad x^{\mathrm{T}}(t-d(t)) \quad x^{\mathrm{T}}(t-h(t)) \quad w^{\mathrm{T}}(t)]$$

$$\Omega = \begin{bmatrix} \Omega_{11} & \Omega_{12} & \Omega_{13} & P_2^{\mathrm{T}}\overline{G} & P_2^{\mathrm{T}}\overline{B}_1 \\ * & \Omega_{22} & P_3^{\mathrm{T}}\overline{G} & P_3^{\mathrm{T}}\overline{G} & P_3^{\mathrm{T}}\overline{B}_1 \\ * & * & \Omega_{33} & 0 & 0 \\ * & * & * & \Omega_{44} & 0 \\ * & * & * & * & -\gamma^2 I \end{bmatrix}$$

注意到如果 $\Omega<0$，则 $\dot{V}(t,x_t)<0$，知闭环系统(9-7)是内部稳定的。下面寻找使闭环系统(9-7)在零初始条件下具有给定的 H_∞ 扰动抑制水平 γ 的条件，由式(9-8)对任意 $w(t)\in L_2[0,+\infty)\ne 0$，有

$$\dot{V}(t,x_t) + z^{\mathrm{T}}(t)z(t) - \gamma^2 w^{\mathrm{T}}(t)w(t) = \xi^{\mathrm{T}}(t)(\Omega + \Gamma_1^{\mathrm{T}}\Gamma_1)\xi(t) < 0 \quad (9\text{-}11)$$

其中

$$\Gamma_1 = [\Omega_{16} \quad 0 \quad \overline{C}_1 \quad 0 \quad \overline{D}_1]$$

由 Schur 补引理得式(9-8)。在式(9-8)和式(9-9)条件下，有

$$\dot{V}(t,x_t) + z^{\mathrm{T}}(t)z(t) - \gamma^2 w^{\mathrm{T}}(t)w(t) \le 0$$

对两边从 0 到 ∞ 积分，在零初始条件下即 $V(t,x_t)|_{t=0}=0$，则有

$$\int_0^\infty [z^{\mathrm{T}}(t)z(t) - \gamma^2 w^{\mathrm{T}}(t)w(t)]\mathrm{d}t \le -V(t,x_t)|_{t=\infty} + V(t,x_t)|_{t=0} < 0$$

即 $\|z(t)\|_2 \le \gamma \|w(t)\|_2$。

另一方面，由式(9-8)和式(9-9)成立，可知

$$\begin{bmatrix} \Omega_{11} & \Omega_{12} & \Omega_{13} & P_2^{\mathrm{T}}G \\ * & \Omega_{22} & P_2^{\mathrm{T}}\overline{A}_1 & P_3^{\mathrm{T}}\overline{G} \\ * & * & \Omega_{33} & 0 \\ * & * & * & \Omega_{44} \end{bmatrix} < 0 \quad (9\text{-}12)$$

当 $w(t)=0$ 时，由式(9-12)可知，对充分小的 $\alpha>0$，闭环系统(9-7)是渐近稳定的。综上所知，闭环系统(9-7)不仅内部稳定而且在零初始条件下具有给定的 H_∞ 扰动抑制水平 γ。定理得证。

9.3.2 H_∞ 控制器设计

定理 9.3.2 对具有不确定性的中立型广义系统(9-1)在具有加法不确定性非脆弱控

制器(9-4)作用下,若存在 $n \times n$ 可逆矩阵 $Y = \begin{bmatrix} Y_1 & 0 \\ Y_2 & Y_3 \end{bmatrix}$ 且 $Y_1 = Y_1^T, Y_3 = Y_3^T$,对称正定矩阵 $\overline{Q}$, $\overline{S}, M_{11}, M_{22}, M_{33}$ 和适当维数的矩阵 M_{12}, M_{13}, M_{23},使得以下的 LMI 成立:

$$\begin{bmatrix} \Sigma_1 & \Sigma_2 & \Sigma_3 \\ * & \Sigma_4 & \Sigma_5 \\ * & * & \Sigma_6 \end{bmatrix} < 0 \tag{9-13}$$

$$\begin{bmatrix} M_{11} & M_{12} & M_{13} \\ * & M_{22} & M_{23} \\ * & * & M_{33} \end{bmatrix} \geq 0 \tag{9-14}$$

则系统(9-1)在非脆弱控制器(9-3)的作用下不仅渐近稳定且在满足零初始条件下具有给定 H_∞ 的扰动抑制水平 γ,且控制增益 $K = UY_1^{-1}$,其中

$$\Sigma_1 = \begin{bmatrix} \Sigma_{11} & \Sigma_{12} & \Sigma_{13} & 0 & 0 & \Sigma_{16}^T \\ * & \Sigma_{22} & A_1 Y_1 & G\overline{S} & B_1 & 0 \\ * & * & \Sigma_{33} & 0 & 0 & Y_1^T C_1^T \\ * & * & * & \Sigma_{44} & 0 & 0 \\ * & * & * & * & -\gamma^2 I & D_1^T \\ * & * & * & * & * & -I \end{bmatrix}$$

$$\Sigma_2 = \begin{bmatrix} 0 & 0 & \Sigma_{23}^T & \Sigma_{24}^T \\ \varepsilon_1 H_1 & 0 & 0 & 0 \\ 0 & 0 & Y_1^T E_2^T & Y_1^T E_2^T \\ 0 & 0 & E_3^T & 0 \\ 0 & 0 & E_5^T & E_5^T \\ 0 & \varepsilon_1 H_2 & 0 & 0 \end{bmatrix}$$

$$\Sigma_3 = \begin{bmatrix} 0 & \varepsilon_2 Y_1^T E_a^T & dY_2^T & Y_2^T \\ BH_a & 0 & dY_3^T & Y_3^T \\ 0 & 0 & 0 & 0 \\ 0 & 0 & 0 & 0 \\ 0 & 0 & 0 & 0 \\ DH_a & 0 & 0 & 0 \end{bmatrix}$$

$$\Sigma_5 = \begin{bmatrix} 0 & 0 & 0 & 0 \\ 0 & 0 & 0 & 0 \\ E_4 H_a & 0 & 0 & 0 \\ E_4 H_a & 0 & 0 & 0 \end{bmatrix}$$

$\Sigma_{11} = Y_2 + Y_2^T + \overline{Q} + dM_{11} + M_{13} + M_{13}^T, \Sigma_{12} = Y_3 - Y_2^T E + (AY_1 + BU)^T$

$\Sigma_{13} = dM_{12} - M_{13} + M_{23}^T, \Sigma_{16} = CY_1 + DU, \Sigma_{22} = -EY_3 - Y_3^T E^T$

$\Sigma_{23} = \Sigma_{24} = E_1 Y_1 + E_4 U, \Sigma_{33} = -(1-\tau)\overline{Q} + dM_{22} - M_{23} - M_{23}^T, \Sigma_{44} = -(1-\mu)\overline{S}$

$\Sigma_4 = \mathrm{diag}\{-\varepsilon_1 I \quad -\varepsilon_1 I \quad -\varepsilon_1 I \quad -\varepsilon_1 I\}, \Sigma_6 = \mathrm{diag}\{-\varepsilon_2 I \quad -\varepsilon_2 I \quad -dM_{33} \quad -\overline{S}\}$

证明 式(9-8)可写成

$$\overline{\Omega} + \Theta_1 F(t)\Theta_2 + \Theta_2^T F^T(t)\Theta_1^T < 0$$

其中

$$\overline{\Omega} = \begin{bmatrix} \overline{\Omega}_{11} & \overline{\Omega}_{12} & \overline{\Omega}_{13} & P_2^T G & P_2^T B_1 & \overline{\Omega}_{16} \\ * & \overline{\Omega}_{22} & P_3^T A_1 & P_3^T G & P_3^T B_1 & 0 \\ * & * & \overline{\Omega}_{33} & 0 & 0 & C_1^T \\ * & * & * & \overline{\Omega}_{44} & 0 & 0 \\ * & * & * & * & -\gamma^2 I & D_1^T \\ * & * & * & * & * & -I \end{bmatrix}$$

$\overline{\Omega}_{11} = P_2^T(A + B\overline{K}) + (A + B\overline{K})^T P_2 + dX_{11} + X_{13} + X_{13}^T + Q$

$\overline{\Omega}_{12} = P_1 + P_2^T E + (A + B\overline{K})^T P_3, \overline{\Omega}_{16} = C + D\overline{K}, \overline{E}_{1k} = E_1 + E_4 \overline{K}$

$\overline{\Omega}_{13} = P_2^T A_1 + dX_{12} - X_{13} + X_{23}^T, F(t) = \mathrm{diag}\{F_1(t) \quad F_2(t)\}$

$$\Theta_1 = \begin{bmatrix} P_2^T H_1 & 0 \\ P_3^T H_1 & 0 \\ 0 & 0 \\ 0 & 0 \\ 0 & 0 \\ 0 & H_2 \end{bmatrix}, \Theta_2^T = \begin{bmatrix} \bar{E}_{1k}^T & \bar{E}_{1k}^T \\ 0 & 0 \\ \bar{E}_2^T & \bar{E}_2^T \\ \bar{E}_3^T & 0 \\ \bar{E}_5^T & \bar{E}_5^T \\ 0 & 0 \end{bmatrix}$$

由 Schur 补引理得

$$\begin{bmatrix} \bar{\Omega} & \varepsilon_1 \Theta_1 & \Theta_2^T \\ * & -\varepsilon_1 I & 0 \\ * & * & -\varepsilon_1 I \end{bmatrix} < 0$$

上式可重写为

$$\begin{bmatrix} \bar{\bar{\Omega}} & \varepsilon_1 \Theta_1 & \bar{\Theta}_2^T \\ * & -\varepsilon_1 I & 0 \\ * & * & -\varepsilon_1 I \end{bmatrix} + \begin{bmatrix} \theta_1 \\ 0 \\ \theta_2^T \end{bmatrix} F_a(t) \begin{bmatrix} \theta_4 & 0 & 0 \end{bmatrix} + \begin{bmatrix} \theta_4^T \\ 0 \\ 0 \end{bmatrix} F_a^T(t) \begin{bmatrix} \theta_1 \\ 0 \\ \theta_2^T \end{bmatrix}^T < 0$$

其中

$$\bar{\bar{\Omega}} = \begin{bmatrix} \bar{\bar{\Omega}}_{11} & \bar{\bar{\Omega}}_{12} & \bar{\Omega}_{13} & P_2^T G & P_2^T B_1 & \bar{\bar{\Omega}}_{16}^T \\ * & \Omega_{22} & P_3^T A_1 & P_3^T G & P_3^T B_1 & 0 \\ * & * & \Omega_{33} & 0 & 0 & C_1^T \\ * & * & * & \Omega_{44} & 0 & 0 \\ * & * & * & * & -\gamma^2 I & D_1^T \\ * & * & * & * & * & -I \end{bmatrix}$$

$$\bar{\bar{\Theta}}_2^T = \begin{bmatrix} \bar{\bar{E}}_{1k}^T & \bar{\bar{E}}_{1k}^T \\ 0 & 0 \\ E_2^T & E_2^T \\ E_3^T & 0 \\ E_5^T & E_5^T \\ 0 & 0 \end{bmatrix}, \theta_1 = \begin{bmatrix} P_1^T B H_a \\ P_3^T B H_a \\ 0 \\ 0 \\ 0 \\ D H_a \end{bmatrix}$$

$$\overline{\overline{\Omega}}_{11} = P_2^T(A+BK) + (A+BK)^T P_2 + dX_{11} + X_{13} + X_{13}^T + Q, \overline{\overline{\Omega}}_{16} = C + DK$$

$$\overline{\overline{\Omega}}_{12} = P_1 + P_2^T E + (A+BK)^T P_3, \overline{\overline{\Omega}}_{13} = P_2^T A_1 + dX_{12} - X_{13} + X_{23}^T$$

$$\overline{\overline{E}}_{1k} = E_1 + E_4 K, \theta_2 = [H_a^T E_4^T \quad H_a^T E_a^T], \theta_4 = [E_4 \quad 0 \quad 0 \quad 0 \quad 0]$$

由 Schur 补引理得

$$\begin{bmatrix} \overline{\Omega} & \varepsilon_1 \Theta_1 & \overline{\Theta}_2^T & \theta_2 & \varepsilon_2 \Theta_4^T \\ * & -\varepsilon_1 I & 0 & 0 & 0 \\ * & * & -\varepsilon_1 I & \theta_2^T & 0 \\ * & * & * & -\varepsilon_2 I & 0 \\ * & * & * & * & -\varepsilon_2 I \end{bmatrix} < 0$$

定义

$$Y = \begin{bmatrix} Y_1 & 0 \\ Y_2 & Y_3 \end{bmatrix} \stackrel{\triangle}{=\!=} \begin{bmatrix} P_1 & 0 \\ P_2 & P_3 \end{bmatrix}, \overline{S} = S^{-1}, \overline{Q} = Y_1^T Q Y_1, M = \mathrm{diag}\{Y, Y_1 \overline{S}, I, I\}, U = KY_1, X_{33} = Y_1^{-1}$$

在上式的左右两边分别乘以 $\mathrm{diag}\{M^T, I, I, I, I\}$ 和其转置,由 Schur 补引理得式(9-13)。同样在式(9-9)左右两边分别乘以 $\mathrm{diag}\{Y_1^T, Y_1^T, Y_1^T\}$ 和其转置,可得式(9-14)。定理得证。

对于控制器具有乘法不确定性时,类似于定理 9.3.2 的证明,可以得到如下结论:

定理 9.3.3 对具有不确定性的中立型广义系统(9-1)在具有乘法不确定性非脆弱控制器(9-5)作用下,给定 $Y>0$,若存在可逆矩阵 $Y = \begin{bmatrix} Y_1 & 0 \\ Y_2 & Y_3 \end{bmatrix}$ 且 $Y_1 = Y_1^T, Y_3 = Y_3^T$,对称正定矩阵 $\overline{Q}, \overline{S}, M_{11}, M_{11}, M_{22}, M_{33}$ 和适当维数的矩阵 M_{12}, M_{13}, M_{23},使得以下的 LMI 成立:

$$\begin{bmatrix} \Sigma_1 & \Sigma_2 & \Sigma_3 \\ * & \Sigma_4 & \Sigma_5 \\ * & * & \Sigma_6 \end{bmatrix} < 0 \tag{9-15}$$

$$\begin{bmatrix} M_{11} & M_{12} & M_{13} \\ * & M_{22} & M_{23} \\ * & * & M_{33} \end{bmatrix} \geqslant 0 \tag{9-16}$$

则系统(9-1)在非脆弱控制器(9-3)的作用下不仅渐近稳定而且在满足零初始条件下具有给定 H_∞ 的扰动抑制水平 γ,且控制增益 $K = UY_1^{-1}$。

其中

$$\Sigma = \begin{bmatrix} 0 & \varepsilon_2 U^T E_a^T & dY_2^T & Y_2^T \\ BH_a & 0 & dY_3^T & Y_3^T \\ 0 & 0 & 0 & 0 \\ 0 & 0 & 0 & 0 \\ 0 & 0 & 0 & 0 \\ DH_a & 0 & 0 & 0 \end{bmatrix}$$

证明过程类似于定理 9.3.2,故略。

定理 9.3.2 及定理 9.3.3 给出了非脆弱控制器的设计方法,只要给定的线性矩阵不等式有解,则可以找到形如(9-3)的非脆弱控制器,使得系统(9-1)在其作用下所得的闭环系统具有给定的 H_∞ 扰动抑制水平 γ。此方法直接利用 Matlab 中的线性矩阵不等式工具箱求解,简单方便,易于实现。

9.4 数值算例

考虑系统(9-1),其中

$$A = \begin{bmatrix} 1 & 1 \\ -1 & 1 \end{bmatrix}, A_1 = \begin{bmatrix} 0.2 & 0 \\ 0.5 & 0.3 \end{bmatrix}, C = \begin{bmatrix} 1 & 0 \\ 0 & 1 \end{bmatrix}, B = \begin{bmatrix} 0.1 \\ 0.3 \end{bmatrix}$$

$$B_1 = \begin{bmatrix} 0.2 \\ 0.1 \end{bmatrix}, C = \begin{bmatrix} 1 & 0 \\ 0 & 1 \end{bmatrix}, C_1 = \begin{bmatrix} 0.3 & -0.1 \\ 0.1 & 0.2 \end{bmatrix}, E = \begin{bmatrix} 1 & 0 \\ 0.2 & 0.3 \end{bmatrix}, D = \begin{bmatrix} 0.1 \\ 0.2 \end{bmatrix}$$

$$D_1 = \begin{bmatrix} 0.1 \\ 0.2 \end{bmatrix}, H_1 = \begin{bmatrix} 0.1 & 0.5 \\ 0 & 0.2 \end{bmatrix}, H_2 = \begin{bmatrix} -0.3 & 0.1 \\ 0.1 & 0.2 \end{bmatrix}, E_1 = \begin{bmatrix} 0.1 & 0.3 \\ -0.1 & 0.5 \end{bmatrix}$$

$$E_2 = \begin{bmatrix} 0.5 & 0.3 \\ 0.1 & 0.2 \end{bmatrix}, E_3 = \begin{bmatrix} 0.2 & 0.3 \\ -0.1 & 0.1 \end{bmatrix}, E_4 = \begin{bmatrix} 0.2 \\ 0.1 \end{bmatrix}, E_5 = \begin{bmatrix} 0.1 \\ 0.2 \end{bmatrix}$$

$$d = 2.5, \gamma = 0.6, \tau = 0.3, \mu = 0.6, \varepsilon_1 = 0.01, \varepsilon_2 = 0.02$$

(1) 当控制器增益具有加法不确定性时,取 $H_a = \begin{bmatrix} -0.1 & 0.3 \end{bmatrix}, E_a = \begin{bmatrix} -0.1 & 0.2 \\ 0.1 & 0.3 \end{bmatrix}$,得

$$U = \begin{bmatrix} -0.080\ 3 & 0.248\ 5 \end{bmatrix}, Y_1 = \begin{bmatrix} -0.048\ 0 & 0.075\ 0 \\ 0.075\ 0 & -0.432\ 0 \end{bmatrix}$$

$$K = \begin{bmatrix} -5.666\ 0 & -4.699\ 9 \end{bmatrix}, \Delta K = H_a F_a(t) E_a$$

(2) 当控制器增益具有乘法不确定性时,取 $H_a = 0.01, E_a = 0.02$,可得

$$U = [-0.009\ 8 \quad 0.094\ 1], Y_1 = \begin{bmatrix} 0.000\ 5 & 0.006\ 1 \\ 0.006\ 1 & -0.002\ 3\ 8 \end{bmatrix}$$

$$K = [7.083\ 4 \quad -2.149\ 3], \Delta K = H_a F_a(t) E_a K$$

9.5 本章小结

本章研究了不确定中立型时滞广义系统的时滞相关非脆弱鲁棒 H_∞ 控制问题。针对非脆弱控制器的乘性与加性两种不确定形式，利用 Lyapunov-Krasovskii 泛函方法和模型转换技术给出了非脆弱控制器的设计方法。其中，系统状态含有时滞，中立导数项含有不确定性，不确定参数要求是范数有界的，但不需要满足严格的匹配条件。目前，对中立型广义时滞系统非脆弱鲁棒 H_∞ 控制的研究还未见到，本章填补了这一领域的空白。

第10章 中立型广义时滞 Markov 跳变系统的 H_∞ 输出反馈控制

10.1 引言

由于系统的状态是内部变量,很难直接测量得到,在实际应用上具有一定的局限性。有时即使可以直接测量到系统的状态,但考虑到系统的可靠性和实施控制的成本等因素,如果能用系统的输出反馈来达到闭环系统的性能要求,则可选择输出反馈来控制。因此,许多学者研究了基于输出反馈的 H_∞ 控制问题[142-144]。Suplin 分别考虑了具有多面体不确定离散线性系统和时滞系统的鲁棒 H_∞ 动态输出反馈控制器的设计问题,结合线性矩阵不等式方法,得到了使得系统稳定且具有所期望的 H_∞ 性能控制器的充分条件[145-146]。Boukas 利用 LMI 方法研究了随机系统的静态输出反馈控制问题[142]。但对中立型广义 Markov 跳变系统的稳定性和 H_∞ 控制问题的研究还很少见。

本章利用线性矩阵不等式方法和 Lyapunov-Krasovskii 泛函理论采用动态输出反馈控制器,得到使得闭环系统满足 H_∞ 性能的动态输出反馈控制器存在的充分条件,以 LMI 形式给出了动态反馈 H_∞ 控制器的设计方法,最后通过数值算例证明方法的有效性。

10.2 系统的描述与准备

给定一组概率空间 $(\Omega_\eta, F_\eta, \mathrm{Pr})$,$r_t$ 表示系统的模态,为在有限集合 $M=\{1,2,\cdots,N\}$ 中随时间取值的 Markov 随机过程,其跳变转移概率矩阵为 $\Pi=(\pi_{ij})(i,j\in M)$;从时间 t 的模态 i 到时间 $t+\Delta t$ 的模态 j 的状态转移概率为

$$P_{ij}=P(r_{t+\Delta t}=j|r_t=i)=\begin{cases}\pi_{ij}\Delta t+o(\Delta t),&\text{if}\quad i\neq j\\ 1+\pi_{ii}\Delta t+o(\Delta t),&\text{if}\quad i=j\end{cases} \tag{10-1}$$

其中,$\Delta t\to 0$ 时,$o(\Delta t)/\Delta t\to 0$;$\pi_{ij}$ 表示从模态 i 跳变到模态 j 的转移概率,当 $i\neq j$ 时,$\pi_{ij}\geq 0$,并且有 $\sum_{j=1,j\neq i}^N \pi_{ij}=-\pi_{ii}$ 成立。

考虑如下形式的不确定中立型广义时滞 Markov 跳变系统：

$$\begin{cases} E\dot{x}(t) = (A(r_t) + \Delta A(r_t))x(t) + (A_1(r_t) + \Delta A_1(r_t))x(t-d(t)) + (G(r_t) + \\ \quad \Delta G(r_t))\dot{x}(t-h(t)) + (B(r_t) + \Delta B(r_t))u(t) + (B_1(r_t) + \Delta B_1(r_t))u(t-d(t)) + \\ \quad (D + (r_t) + \Delta D(r_t))w(t) \\ z(t) = (C_1(r_t) + \Delta C_1(r_t))x(t) + (C_2(r_t)) + \Delta C_2(r_t))x(t-d(t)) + (B_2(r_t) + \\ \quad \Delta B_2(r_t))u(t) + (B_3(r_t) + \Delta B_3(r_t))u(t-d(t)) + (D_1(r_t) + \Delta D_1(r_t))w(t) \\ y(t) = C(r_t)x(t) \\ x(t) = \varphi(t), r_t = r_0, t = 0 \end{cases}$$

(10-2)

其中,$x(t) \in \mathbf{R}^n$ 是系统状态向量；$u(t) \in \mathbf{R}^m$ 是控制输入；$y(t) \in \mathbf{R}^p$ 是测量输出；$z(t) \in \mathbf{R}^q$ 为受控输出；$w(t) \in \mathbf{R}^l$ 为系统扰动输入，且 $w(t) \in L_2[0,+\infty)$；$\varphi(t)$ 是 $[-h,0]$ 上连续可微的初值函数。$d(t), h(t)$ 分别是状态时滞和中立时滞，且满足 $0 \le d(t) \le d, \dot{d}(t) \le \tau < 1, 0 \le h(t) \le h, \dot{h}(t) \le \mu < 1$, $\mathrm{rank}(E) = r \le n$。为方便起见，当 $r_t = i$ 时，分别用 $A_i, \Delta A_i, A_{1i}, \Delta A_{1i}, G_i, \Delta G_i, B_i, \Delta B_i, B_{1i}, \Delta B_{1i}, D_i, \Delta D_i, C_{1i}, \Delta C_{1i}, C_{2i}, \Delta C_{2i}, B_{2i}, \Delta B_{2i}, B_{3i}, \Delta B_{3i}, D_{1i}, \Delta D_{1i}, C_i$ 代表 $A(r_t)$，编 $A(r_t), A_1(r_t), \Delta A_1(r_t), G(r_t), \Delta G(r_t), B(r_t), \Delta B(r_t), B_1(Rt), \Delta B_1(r_t), D(r_t), \Delta D(r_t), C_1(r_t), \Delta C_1(r_t), C_2(r_t), \Delta C_2(r_t), B_2(r_t), \Delta B_2(r_t), B_3(r_t), \Delta B_3(r_t), D_1(r_t), \Delta D_1(r_t), C(r_t)$。其中 $\Delta A_i, \Delta A_{1i}, \Delta G_i, \Delta B_i, \Delta B_{1i}, \Delta D_i, \Delta C_{1i}, \Delta C_{2i}, \Delta B_{2i}, \Delta B_{3i}, \Delta D_{1i}$ 为具有适当维数的常数矩阵和时变参数不确定性，具有如下形式：

$$\begin{cases} \Delta A_i = H_{1i} f_{1i}(t) E_{1i}, \Delta A_{1i} = H_{2i} F_{2i}(t) E_{2i}, \Delta G_i = H_{3i} F_{3i}(t) E_{3i} \Delta B_i = H_{4i} F_{4i}(t) E_{4i} \\ \Delta B_{1i} = H_{5i} F_{5i}(t) E_{5i}, \Delta D_i = H_{6i} F_{6i}(t) E_{6i} \Delta C_{1i} = H_{7i} F_{7i}(t) E_{7i}, \Delta G_{2i} = H_{8i} F_{8i}(t) E_{8i} \\ \Delta B_{2i} = H_{9i} F_{9i}(t) E_{9i}, \Delta B_{3i} = H_{10i} F_{10i}(t) E_{10i}, \Delta D_{1i} = H_{11i} F_{11i}(t) E_{11i} \end{cases}$$

(10-3)

其中,$H_{li}, E_{li} (l = 1, 2, \cdots, 11)$ 是已知的具有适当维数的常数矩阵，$F_{li}(t)$ 是时变的未知矩阵，且 $F_{li}^\mathrm{T}(t) F_{li}(t) \le I, \forall t, I$ 为适当维数的单位矩阵。

对于跳变系统(10-2)，构造如下形式的动态输出反馈控制律：

$$\begin{cases} E\dot{\xi}(t) = A_{ki}\xi(t) + B_{ki} y(t) + A_{ki}\xi(t-d(t)) \\ u(t) = C_{ki}\xi(t) + D_{ki} y(t) \end{cases}$$

(10-4)

系统在控制器的作用下得到的闭环系统为

$$\begin{cases} \begin{bmatrix} E & 0 \\ 0 & E \end{bmatrix} \begin{bmatrix} \dot{x}(t) \\ \dot{\xi}(t) \end{bmatrix} = \begin{bmatrix} A_i + \Delta A_i + (B_i + \Delta B_i)D_{ki}C_i & (B_i + \Delta B_i)C_{ki} \\ B_{ki}C_i & A_{ki} \end{bmatrix} \begin{bmatrix} x(t) \\ \xi(t) \end{bmatrix} + \begin{bmatrix} G_i + \Delta G_i & 0 \\ 0 & 0 \end{bmatrix} \begin{bmatrix} \dot{x}(t - h(t)) \\ \dot{\xi}(t - h(t)) \end{bmatrix} + \\ \begin{bmatrix} A_{1i} + \Delta A_{1i} + (B_i + \Delta B_i)D_{ki}C_i & (B_i + \Delta B_i)C_{ki} \\ 0 & A_{1ki} \end{bmatrix} \begin{bmatrix} x(t - d(t)) \\ \xi(t - d(t)) \end{bmatrix} + \begin{bmatrix} D_i + \Delta D_i \\ 0 \end{bmatrix} w(t) \\ z(t) = (C_{1i} + \Delta C_{1i} + (B_{2i} + \Delta B_{2i})D_{ki}C_i)x(t) + (C_{2i} + \Delta C_{2i} + (B_{3i} + \Delta B_{3i})D_{ki}C_i)x(t - d(t)) + \\ \qquad (B_{2i} + \Delta B_{2i})C_{ki}\xi(t) + (B_{3i} + \Delta B_{3i})C_{ki}\xi(t - d(t)) + (D_{1i} + \Delta D_{1i})w(t) \\ x(t) = \varphi(t), r_t = r_0, t \leqslant 0 \end{cases}$$

(10-5)

10.3 主要结果

10.3.1 H_∞ 性能分析

首先考虑标称的中立型广义时滞 Markov 跳变系统，即所有的不确定项都为零。

定理 10.3.1 标称的中立型广义时滞 Markov 跳变系统在动态输出反馈控制律(10-4)的条件下，对于给定的标量 $\gamma>0$，若存在可逆对称矩阵 $P_i = \mathrm{diag}\{P_{1i}, P_{2i}\}$，$Q>0, R>0, S>0$，使得以下的 LMI 成立：

$$E^T P_{1i} = P_{1i}^T E \tag{10-6}$$

$$E^T P_{2i} = P_{2i}^T E \tag{10-7}$$

$$\overline{\Omega} = \begin{bmatrix} \Omega & \Gamma^T & \Gamma_1^T \\ * & -(R^{-1} + dS^{-1}) & 0 \\ * & * & -I \end{bmatrix} < 0 \tag{10-8}$$

其中

$$\Omega = \begin{bmatrix} \Omega_{11} & \Omega_{12} & \Omega_{13} & P_{1i}^{\mathrm{T}}B_{1i}C_{ki} & P_{1i}^{\mathrm{T}}G_i & P_{1i}^{\mathrm{T}}D_i & 0 \\ * & \Omega_{22} & 0 & P_{2i}^{\mathrm{T}}A_{1ki} & 0 & 0 & 0 \\ * & * & -(1-\tau)Q_1 & 0 & 0 & 0 & 0 \\ * & * & * & -(1-\tau)Q_2 & 0 & 0 & 0 \\ * & * & * & * & -(1-\mu)E^{\mathrm{T}}RE & 0 & 0 \\ * & * & * & * & * & -\gamma^2 I & 0 \\ * & * & * & * & * & * & -\dfrac{(1-\mu)}{d}S \end{bmatrix}$$

$$\Gamma = [A_i + B_i D_{ki} C_i \quad B_i C_{ki} \quad A_{1i} + B_{1i} D_{ki} C_i \quad B_{1i} C_{ki} \quad G_i \quad D_i \quad 0]$$

$$\Gamma_1 = [C_{1i} + B_{2i} D_{ki} C_i \quad B_{2i} C_{ki} \quad C_{2i} + B_{3i} D_{ki} C_i \quad B_{3i} C_{ki} \quad 0 \quad G_i \quad 0]$$

$$\Omega_{11} = P_{1i}^{\mathrm{T}}(A_i + B_i D_{ki} C_i) + (A_i + B_i D_{ki} C_i)^{\mathrm{T}} P_{1i} + Q_1 + \sum_{j=1}^{N} \pi_{ij} E^{\mathrm{T}} O_{1j}, \Omega_{12} = P_{1i}^{\mathrm{T}} B_i C_{ki} + C_i^{\mathrm{T}} B_{ki}^{\mathrm{T}} P_{2i}$$

$$\Omega_{22} = P_{2i}^{\mathrm{T}} A_{ki} + A_{ki}^{\mathrm{T}} P_{2i} + \sum_{j=1}^{N} \pi_{ij} E^{\mathrm{T}} P_{2j} + Q_2, \Omega_{13} = P_{1i}^{\mathrm{T}}(A_{1i} + B_{1i} D_{ki} C_i)$$

则标称的闭环系统不仅随机渐近稳定且在满足零初始条件下具有给定的 H_∞ 扰动抑制水平 γ。

证明 构造如下形式的 Lyapunov-Krasovskii 泛函：

$$V(t,x(t),i) = V_1 + V_2 + V_3 + V_4 \tag{10-9}$$

其中

$$V_1 = \begin{bmatrix} x(t) \\ \xi(t) \end{bmatrix}^{\mathrm{T}} \begin{bmatrix} E & 0 \\ 0 & E \end{bmatrix}^{\mathrm{T}} \begin{bmatrix} P_{1i} & 0 \\ 0 & P_{2i} \end{bmatrix} \begin{bmatrix} x(t) \\ \xi(t) \end{bmatrix}$$

$$V_2 = \int_{t-d(t)}^{t} \begin{bmatrix} x(s) \\ \xi(s) \end{bmatrix}^{\mathrm{T}} \begin{bmatrix} Q_1 & 0 \\ 0 & Q_2 \end{bmatrix} \begin{bmatrix} x(t) \\ \xi(t) \end{bmatrix} \mathrm{d}s$$

$$V_3 = \int_{t-h(t)}^{t} \dot{x}^{\mathrm{T}}(s) E^{\mathrm{T}} RE \dot{x}(s) \mathrm{d}s$$

$$V_4 = \int_{t-d(t)}^{t} (s - t + d(t)) \dot{x}^{\mathrm{T}}(s) E^{\mathrm{T}} SE \dot{x}(s) \mathrm{d}s$$

从而 $V(x,x(t),i)$ 求导得

$$\Im V_1 = 2 \begin{bmatrix} x(t) \\ \xi(t) \end{bmatrix}^{\mathrm{T}} \begin{bmatrix} P_{1i} & 0 \\ 0 & P_{2i} \end{bmatrix} \begin{bmatrix} E\dot{x}(t) \\ E\dot{\xi}(t) \end{bmatrix} + \sum_{j=1}^{N} \pi_{ij} \begin{bmatrix} x(t) \\ \xi(t) \end{bmatrix}^{\mathrm{T}} \begin{bmatrix} E & 0 \\ 0 & E \end{bmatrix}^{\mathrm{T}} \begin{bmatrix} P_{1i} & 0 \\ 0 & P_{2i} \end{bmatrix} \begin{bmatrix} x(t) \\ \xi(t) \end{bmatrix}$$

$$\Im V_2 = x^{\mathrm{T}}(t) Q_1 x(t) - (1-\tau) x^{\mathrm{T}}(t-d(t)) Q_1 x(t-d(t)) + \xi^{\mathrm{T}}(t) Q_2 \xi(t) -$$

$$(1-\tau)\xi^{\mathrm{T}}(t-d(t))Q_2\xi(t-d(t))$$

$$\mathfrak{I}V_3 = \dot{x}^{\mathrm{T}}(t)E^{\mathrm{T}}RE\dot{x}(t) - (1-\mu)\dot{x}^{\mathrm{T}}(t-h(t))E^{\mathrm{T}}RE\dot{x}(t-h(t))$$

$$\mathfrak{I}V_4 = d(t)\dot{x}^{\mathrm{T}}(t)E^{\mathrm{T}}SE\dot{x}(t) - \int_{t-d(t)}^{t}\dot{x}^{\mathrm{T}}(s)E^{\mathrm{T}}RE\dot{x}(s)\,\mathrm{d}s$$

可得

$$\mathfrak{I}V_4 \leq d\dot{x}^{\mathrm{T}}(t)E^{\mathrm{T}}SE\dot{x}(t) - \left(\frac{1-\tau}{d}\right)\left(\int_{t-d(t)}^{t}E\dot{x}(s)\,\mathrm{d}s\right)^{\mathrm{T}}S\int_{t-d(t)}^{t}E\dot{x}(s)\,\mathrm{d}s$$

$$\begin{aligned}\mathfrak{I}V < {}& 2\begin{bmatrix}x(t)\\\xi(t)\end{bmatrix}^{\mathrm{T}}\begin{bmatrix}P_{1i} & 0\\0 & P_{2i}\end{bmatrix}\begin{bmatrix}E\dot{x}(t)\\E\dot{\xi}(t)\end{bmatrix} - (1-\tau)x^{\mathrm{T}}(t-d(t))Q_1x(t-d(t)) + \\&x^{\mathrm{T}}(t)Q_1x(t) + \xi^{\mathrm{T}}(t)Q_2\xi(t) - (1-\tau)\xi^{\mathrm{T}}(t-d(t))Q_2\xi(t-d(t)) + \\&\sum_{j=1}^{N}\pi_{ij}\begin{bmatrix}x(t)\\\xi(t)\end{bmatrix}^{\mathrm{T}}\begin{bmatrix}E & 0\\0 & E\end{bmatrix}^{\mathrm{T}}\begin{bmatrix}P_{1i} & 0\\0 & P_{2i}\end{bmatrix}\begin{bmatrix}x(t)\\\xi(t)\end{bmatrix} + \dot{x}^{\mathrm{T}}(t)E^{\mathrm{T}}RE\dot{x}(t) - \\&(1-\mu)\dot{x}^{\mathrm{T}}(t-h(t))E^{\mathrm{T}}RE\dot{x}(t-h(t)) + d\dot{x}^{\mathrm{T}}(t)E^{\mathrm{T}}RE\dot{x}(t) - \\&\left(\frac{1-\tau}{d}\right)\left(\int_{t-d(t)}^{t}E\dot{x}(s)\,\mathrm{d}s\right)^{\mathrm{T}}S\int_{t-d(t)}^{t}E\dot{x}(s)\,\mathrm{d}s\end{aligned}$$

根据 Lyapunov-Krasovskii 泛函,可得

$$\begin{aligned}J &= \xi\left\{\int_0^T(z^{\mathrm{T}}(t)z(t) - \gamma^2 w^{\mathrm{T}}(t)w(t))\,\mathrm{d}t\right\}\\&= \xi\left\{\int_0^T(z^{\mathrm{T}}(t)z(t) - \gamma^2 w^{\mathrm{T}}(t)w(t) + \mathfrak{I}V)\,\mathrm{d}t\right\} - \xi\{V(x,\infty,i)\}\\&\leq \xi\left\{\int_0^T(z^{\mathrm{T}}(t)z(t) - \gamma^2 w^{\mathrm{T}}(t)w(t) + \mathfrak{I}V)\,\mathrm{d}t\right\}\\&= \xi\int_0^T\eta^{\mathrm{T}}(t)(\Omega + \Gamma^{\mathrm{T}}(R+dS)\Gamma + \Gamma_1^{\mathrm{T}}\Gamma_1)\eta(t)\,\mathrm{d}t\end{aligned}$$

其中

$$\begin{aligned}\eta^{\mathrm{T}}(t) = {}& \begin{bmatrix}x^{\mathrm{T}}(t) & \xi^{\mathrm{T}}(t) & x^{\mathrm{T}}(t-d(t)) & \xi^{\mathrm{T}}(t-d(t))\\\end{bmatrix}\\&\begin{bmatrix}\dot{x}^{\mathrm{T}}(t-h(t)) & w^{\mathrm{T}}(t) & \left(\int_{t-d(t)}^{t}E\dot{x}(s)\,\mathrm{d}s\right)^{\mathrm{T}}\end{bmatrix}\end{aligned}$$

由式(10-8)应用 Schur 补引理可得

$$\Omega + \Gamma^{\mathrm{T}}(R+dS)\Gamma + \Gamma_1^{\mathrm{T}}\Gamma_1 < 0$$

由此可得 $J<0$,则标称的闭环系统不仅随机渐近稳定且在满足零初始条件下具有给定的 H_∞ 扰动抑制水平 γ。定理得证。

定理 10.3.2 不确定中立型广义时滞 Markov 跳变系统(10-5)在动态输出反馈控制律(10-4)的条件下，对给定的标量 $\gamma>0$，若存在可逆对称矩阵 $P_i = \text{diag}\{P_{1i}, P_{2i}\}$，$Q>0, R>0, S>0$，使得以下的 LMI 成立：

$$E^{\mathrm{T}}P_{1i} = P_{1i}^{\mathrm{T}}E \tag{10-10}$$

$$E^{\mathrm{T}}P_{2i} = P_{2i}^{\mathrm{T}}E \tag{10-11}$$

$$\begin{bmatrix} \bar{\Omega} & \varepsilon\Theta_1^{\mathrm{T}} & \Theta_3^{\mathrm{T}} \\ * & -\varepsilon I & 0 \\ * & * & -\varepsilon I \end{bmatrix} < 0 \tag{10-12}$$

则闭环系统(10-5)不仅随机渐近稳定且在满足零初始条件下具有给定的 H_∞ 扰动抑制水平 γ。

证明 用 $A_i+\Delta A_i, A_{1i}+\Delta A_{1i}, G_i+\Delta G_i, B_i+\Delta B_i, B_{1i}+\Delta B_{1i}, D_i+\Delta D_i, C_{1i}+\Delta C_{1i}, C_{2i}+\Delta C_{2i}, B_{2i}+\Delta B_{2i}, B_{3i}+\Delta B_{3i}, D_{1i}+\Delta D_{1i}$ 代替 $A_i, A_{1i}, G_i, B_i, B_{1i}, D_i, C_{1i}, C_{2i}, B_{2i}, B_{3i}, D_{1i}$，式(10-8)可写为

$$\bar{\Omega} + \Theta_1\Theta_2\Theta_3 + \Theta_3^{\mathrm{T}}\Theta_2^{\mathrm{T}}\Theta_1^{\mathrm{T}} < 0$$

其中

$$\Theta_1 = \begin{bmatrix} P_{1i}^{\mathrm{T}}H_{1i} & P_{1i}^{\mathrm{T}}H_{4i} & P_{1i}^{\mathrm{T}}H_{2i} & P_{1i}^{\mathrm{T}}H_{5i} & P_{1i}^{\mathrm{T}}H_{3i} & P_{1i}^{\mathrm{T}}H_{6i} & 0 & 0 & 0 & 0 & 0 & 0 & 0 & 0 & 0 & 0 & 0 \\ 0 & 0 & 0 & 0 & 0 & 0 & 0 & 0 & 0 & 0 & 0 & 0 & 0 & 0 & 0 & 0 & 0 \\ 0 & 0 & 0 & 0 & 0 & 0 & 0 & 0 & 0 & 0 & 0 & 0 & 0 & 0 & 0 & 0 & 0 \\ 0 & 0 & 0 & 0 & 0 & 0 & 0 & 0 & 0 & 0 & 0 & 0 & 0 & 0 & 0 & 0 & 0 \\ 0 & 0 & 0 & 0 & 0 & 0 & 0 & 0 & 0 & 0 & 0 & 0 & 0 & 0 & 0 & 0 & 0 \\ 0 & 0 & 0 & 0 & 0 & 0 & 0 & 0 & 0 & 0 & 0 & 0 & 0 & 0 & 0 & 0 & 0 \\ H_{1i} & H_{4i} & H_{2i} & H_{5i} & H_{3i} & H_{6i} & 0 & 0 & 0 & 0 & 0 & 0 & 0 & 0 & 0 & 0 & 0 \\ 0 & 0 & 0 & 0 & 0 & 0 & 0 & 0 & 0 & H_{7i} & H_{9i} & H_{8i} & H_{10i} & H_{11i} & 0 & 0 & 0 \end{bmatrix}$$

$$\Theta_2 = \text{diag}\{F_{1i}(t) \quad F_{4i}(t) \quad F_{2i}(t) \quad F_{5i}(t) \quad F_{3i}(t) \quad F_{6i}(t) \quad 0 \quad 0$$
$$\quad 0 \quad F_{7i}(t) \quad F_{9i}(t) \quad F_{8i}(t) \quad F_{10i}(t) \quad 0 \quad F_{11i}(t) \quad 0 \quad 0 \quad 0\}$$

$$\Theta_3 = \begin{bmatrix} E_{1i} & 0 & 0 & 0 & 0 & 0 & 0 & 0 & 0 \\ E_{4i}D_{ki}C_i & E_{4i}D_{ki}C_i & 0 & 0 & 0 & 0 & 0 & 0 & 0 \\ 0 & 0 & E_{2i} & 0 & 0 & 0 & 0 & 0 & 0 \\ 0 & 0 & E_{5i}D_{ki}C_i & E_{5i}D_{ki}C_i & 0 & 0 & 0 & 0 & 0 \\ 0 & 0 & 0 & 0 & E_{3i} & 0 & 0 & 0 & 0 \\ 0 & 0 & 0 & 0 & 0 & E_{6i} & 0 & 0 & 0 \\ 0 & 0 & 0 & 0 & 0 & 0 & 0 & 0 & 0 \\ 0 & 0 & 0 & 0 & 0 & 0 & 0 & 0 & 0 \\ E_{7i} & 0 & 0 & 0 & 0 & 0 & 0 & 0 & 0 \\ E_{8i}D_{ki}C_i & E_{8i}D_{ki}C_i & 0 & 0 & 0 & 0 & 0 & 0 & 0 \\ 0 & 0 & E_{9i} & 0 & 0 & 0 & 0 & 0 & 0 \\ 0 & 0 & E_{10i}D_{ki}C_i & E_{10i}D_{ki}C_i & 0 & 0 & 0 & 0 & 0 \\ 0 & 0 & 0 & 0 & 0 & 0 & 0 & 0 & 0 \\ 0 & 0 & 0 & 0 & 0 & E_{11i} & 0 & 0 & 0 \\ 0 & 0 & 0 & 0 & 0 & 0 & 0 & 0 & 0 \\ 0 & 0 & 0 & 0 & 0 & 0 & 0 & 0 & 0 \end{bmatrix}$$

由 Schur 补引理可得式(10-12),可知闭环系统(10-5)不仅随机渐近稳定且在满足零初始条件下具有给定的 H_∞ 扰动抑制水平 γ。定理得证。

10.3.2 输出反馈控制器的设计

定理 10.3.3 不确定中立型广义时滞 Markov 跳变系统(10-5)在动态输出反馈控制律(10-4)的条件下,对于给定的标量 $\gamma>0$,若存在对称矩阵 $X_i,\overline{Q}>0,R>0,S>0$,使得以下的 LMI 成立:

$$E^T X_i = X_i^T E \tag{10-13}$$

$$\begin{bmatrix} \overline{\Sigma} & \varepsilon\Sigma_4 & \Sigma_5^T \\ * & -\varepsilon I & 0 \\ * & * & -\varepsilon I \end{bmatrix} < 0 \tag{10-14}$$

其中

$$\overline{\Sigma} = \begin{bmatrix} \Sigma_1 & \Sigma_2^{\mathrm{T}} & \Sigma_3^{\mathrm{T}} \\ * & -(R^{-1}+dS^{-1}) & 0 \\ * & * & -I \end{bmatrix} < 0$$

$$\Sigma_1 = \begin{bmatrix} \Sigma_{11} & \Sigma_{12} & \Sigma_{13} & B_{1i}Y_{Ci} & G_i & D_i & 0 \\ * & \Sigma_{22} & 0 & Y_{1ki} & 0 & 0 & 0 \\ * & * & -(1-\tau)\overline{Q}_1 & 0 & 0 & 0 & 0 \\ * & * & * & -(1-\tau)\overline{Q}_2 & 0 & 0 & 0 \\ * & * & * & * & -(1-\mu)E^{\mathrm{T}}RE & 0 & 0 \\ * & * & * & * & * & -\gamma^2 I & 0 \\ * & * & * & * & * & * & -\dfrac{(1-\tau)}{d}S \end{bmatrix}$$

$$\Sigma_4 = \begin{bmatrix} H_{1i} & H_{4i} & H_{2i} & H_{5i} & H_{3i} & H_{6i} & 0 & 0 & 0 & 0 & 0 & 0 & 0 & 0 & 0 & 0 \\ 0 & 0 & 0 & 0 & 0 & 0 & 0 & 0 & 0 & 0 & 0 & 0 & 0 & 0 & 0 & 0 \\ 0 & 0 & 0 & 0 & 0 & 0 & 0 & 0 & 0 & 0 & 0 & 0 & 0 & 0 & 0 & 0 \\ 0 & 0 & 0 & 0 & 0 & 0 & 0 & 0 & 0 & 0 & 0 & 0 & 0 & 0 & 0 & 0 \\ 0 & 0 & 0 & 0 & 0 & 0 & 0 & 0 & 0 & 0 & 0 & 0 & 0 & 0 & 0 & 0 \\ 0 & 0 & 0 & 0 & 0 & 0 & 0 & 0 & 0 & 0 & 0 & 0 & 0 & 0 & 0 & 0 \\ 0 & 0 & 0 & 0 & 0 & 0 & 0 & 0 & 0 & 0 & 0 & 0 & 0 & 0 & 0 & 0 \\ H_{1i} & H_{4i} & H_{2i} & H_{5i} & H_{3i} & H_{6i} & 0 & 0 & 0 & 0 & 0 & 0 & 0 & 0 & 0 & 0 \\ 0 & 0 & 0 & 0 & 0 & 0 & 0 & 0 & 0 & H_{7i} & H_{9i} & H_{8i} & H_{10i} & 0 & H_{11i} & 0 & 0 & 0 \end{bmatrix}$$

$$\Sigma_{11} = A_i X_i + B_i Y_{Di} + (A_i X_i + B_i Y_{Di})^{\mathrm{T}} + \overline{Q}_1 + \sum_{j=1}^{N} \pi_{ij} X_i E^{\mathrm{T}}$$

$$\Sigma_{22} = \alpha Y_{1ki} + \alpha Y_{1ki}^{\mathrm{T}} + \alpha \sum_{j=1}^{N} \pi_{ij} X_i E^{\mathrm{T}} + \alpha \overline{Q}_2, \quad \Sigma_{12} = B_i Y_{Ci} + Y_{Bi}^{\mathrm{T}}, \quad \Sigma_{13} = A_{1i} X_i + B_{1i} Y_{Di}$$

$$\Sigma_2 = [A_i X_i + B_i Y_{Di} \quad B_i Y_{Ci} \quad A_{1i} X_i + B_{1i} Y_{Di} \quad B_{1i} Y_{Ci} \quad G_i \quad D_i \quad 0]$$

$$\Sigma_3 = [C_{1i} X_i + B_{2i} Y_{Di} \quad B_{2i} Y_{Ci} \quad C_{2i} X_i + B_{3i} Y_{Di} \quad B_{3i} Y_{Ci} \quad 0 \quad D_{1i} \quad 0]$$

$$\Sigma_3 = \begin{bmatrix} E_{1i}X_i & 0 & 0 & 0 & 0 & 0 & 0 & 0 \\ E_{4i}Y_{Di} & E_{4i}Y_{Di} & 0 & 0 & 0 & 0 & 0 & 0 \\ 0 & 0 & E_{2i}X_i & 0 & 0 & 0 & 0 & 0 \\ 0 & 0 & E_{5i}Y_{Di} & E_{5i}Y_{Di} & 0 & 0 & 0 & 0 \\ 0 & 0 & 0 & 0 & E_{3i} & 0 & 0 & 0 \\ 0 & 0 & 0 & 0 & 0 & E_{6i} & 0 & 0 \\ 0 & 0 & 0 & 0 & 0 & 0 & 0 & 0 \\ 0 & 0 & 0 & 0 & 0 & 0 & 0 & 0 \\ 0 & 0 & 0 & 0 & 0 & 0 & 0 & 0 \\ E_{7i}X_i & 0 & 0 & 0 & 0 & 0 & 0 & 0 \\ E_{8i}Y_{Di} & E_{8i}Y_{Di} & 0 & 0 & 0 & 0 & 0 & 0 \\ 0 & 0 & E_{9i}X_i & 0 & 0 & 0 & 0 & 0 \\ 0 & 0 & E_{10i}Y_{Di} & E_{10i}Y_{Di} & 0 & 0 & 0 & 0 \\ 0 & 0 & 0 & 0 & 0 & 0 & 0 & 0 \\ 0 & 0 & 0 & 0 & 0 & E_{11i} & 0 & 0 \\ 0 & 0 & 0 & 0 & 0 & 0 & 0 & 0 \\ 0 & 0 & 0 & 0 & 0 & 0 & 0 & 0 \\ 0 & 0 & 0 & 0 & 0 & 0 & 0 & 0 \end{bmatrix}$$

则闭环系统(10-5)不仅随机渐近稳定且在满足零初始条件下具有给定的 H_∞ 扰动抑制水平 γ，且控制增益为

$$A_{ki} = Y_{Ai}X_i^{-1}, C_{ki} = Y_{Ci}X_i^{-1}, B_{ki} = Y_{Bi}X_i^{-1}C_i^{-1},$$
$$D_{ki} = Y_{Di}X_i^{-1}C_i^{-1}, A_{1ki} = Y_{1ki}X_i^{-1}$$

证明 令 $P_{2i} = \alpha P_{1i}(\alpha \neq 0)$，$X_i = P_{1i}^{-1}$，$\bar{X} = \mathrm{diag}\{X_i \quad X_i \quad X_i \quad X_i \quad I \quad I \quad I \quad I\}$，$\bar{Q}_1 = X_i^T Q_1 X_i$，$\bar{Q}_2 = X_i^T Q_2 X_i$，在式(10-10)、式(10-11)左右两边分别乘以 X_i 和它的转置，可得式(10-13)。在式(10-12)两边左右分别乘以 $\mathrm{diag}\{\bar{X}, I, \cdots, I\}$ 和它的转置，可得式(10-14)。定理得证。

10.4 数值算例

考虑系统(10-2)：

模态 1

$$A = \begin{bmatrix} 1 & 2 \\ 3 & 1 \end{bmatrix}, A_1 = \begin{bmatrix} 0.3 & 0.1 \\ 0.1 & 0.2 \end{bmatrix}, G = \begin{bmatrix} 0.3 & 0 \\ 0.2 & 0.6 \end{bmatrix}, B = \begin{bmatrix} 0.1 \\ 0.3 \end{bmatrix}$$

$$E = \begin{bmatrix} 1 & 0 \\ -0.2 & 0.1 \end{bmatrix}, B_1 = \begin{bmatrix} 0.2 \\ 0.1 \end{bmatrix}, D = \begin{bmatrix} 0.1 \\ 0.3 \end{bmatrix}, C = \begin{bmatrix} -0.1 & 0.2 \\ 0.3 & -0.2 \end{bmatrix}$$

$$C_1 = [-0.1 \quad 0.5], C_2 = [-0.2 \quad 0.1], B_2 = 0.2, B_3 = 0.3, D_1 = 0.1$$

模态 2

$$A = \begin{bmatrix} 0.5 & 2 \\ 2 & 1 \end{bmatrix}, A_1 = \begin{bmatrix} 0.1 & 0.2 \\ 0.1 & 0.3 \end{bmatrix}, G = \begin{bmatrix} 0.1 & 0 \\ 0.3 & 0.8 \end{bmatrix}, B = \begin{bmatrix} 0.2 \\ 0.1 \end{bmatrix}$$

$$E = \begin{bmatrix} 1 & 0 \\ -0.1 & 0.1 \end{bmatrix}, B_1 = \begin{bmatrix} 0.1 \\ 0.1 \end{bmatrix}, D = \begin{bmatrix} 0.3 \\ 0.1 \end{bmatrix}, C = \begin{bmatrix} 0.1 & 0.3 \\ 0.2 & -0.1 \end{bmatrix}$$

$$C_1 = [-0.1 \quad 0.3], C_2 = [0.1 \quad 0.2], B_2 = 0.2, B_3 = 0.1, D_1 = 0.3$$

不确定项

$$H_1 = \begin{bmatrix} 0.2 & -0.3 \\ 0.1 & 0.5 \end{bmatrix}, H_2 = \begin{bmatrix} -0.1 & 0.2 \\ 0.2 & 0.3 \end{bmatrix}, H_3 = \begin{bmatrix} -0.5 & 0.3 \\ -0.1 & 0.6 \end{bmatrix}$$

$$H_4 = \begin{bmatrix} -0.8 & 0.6 \\ 0.3 & 0.9 \end{bmatrix}, H_5 = \begin{bmatrix} -0.1 & 0.4 \\ 0.6 & -0.3 \end{bmatrix}, H_6 = \begin{bmatrix} 0.2 & 0.5 \\ 0.6 & -0.3 \end{bmatrix}$$

$$E_1 = \begin{bmatrix} 0.1 & -0.2 \\ 0 & 0.3 \end{bmatrix}, E_2 = \begin{bmatrix} 0.1 & 0.2 \\ 0.3 & 0.2 \end{bmatrix}, E_3 = \begin{bmatrix} 0.2 & 0.3 \\ 0 & -0.15 \end{bmatrix}$$

$$H_7 = [-0.3 \quad 0.2], H_8 = [0.2 \quad -0.1], E_9 = [-0.5 \quad -0.3]$$

$$H_{10} = [-0.1 \quad 0.5], H_{11} = [-0.3 \quad 0.2], E_4 = \begin{bmatrix} 0.2 \\ -0.15 \end{bmatrix}$$

$$E_5 = \begin{bmatrix} 0.1 \\ -0.5 \end{bmatrix}, E_6 = \begin{bmatrix} -0.4 \\ 0.3 \end{bmatrix}, E_7 = \begin{bmatrix} 0.1 & 0.3 \\ 0.2 & 0.1 \end{bmatrix}, E_8 = \begin{bmatrix} 0.1 & 0.15 \\ 0.1 & 0.3 \end{bmatrix}$$

$$E_9 = \begin{bmatrix} 0.2 \\ -0.1 \end{bmatrix}, E_{10} = \begin{bmatrix} 0.2 \\ -0.1 \end{bmatrix}, E_{11} = \begin{bmatrix} -0.3 \\ 0.1 \end{bmatrix}, \alpha = 0.2$$

转移概率矩阵 $\pi_{ij} = \begin{bmatrix} -2 & 2 \\ 1 & -1 \end{bmatrix}, \tau = 0.5, \mu = 0.8, \gamma = 0.8, d = 1.2, \varepsilon = 0.01$。

解得

（模态 1） $A_{k1} = 10^4 \begin{bmatrix} -2.4885 & 2.9406 \\ 2.9406 & 1.6035 \end{bmatrix}, C_{k1} = \begin{bmatrix} 0.0059 & 0.0024 \\ 0.0258 & 0.0190 \end{bmatrix}$

$$B_{k1}=[-0.005\ 5\quad 1.603\ 5], D_{k1}=[-0.319\ 8\quad -0.251\ 1]$$

$$A_{1kl}=\begin{bmatrix} 7.673\ 9 & -9.068\ 2 \\ -9.068\ 2 & -4.944\ 7 \end{bmatrix}$$

（模态2） $A_{k2}=\begin{bmatrix} -192.774\ 9 & 835.150\ 6 \\ 834.719\ 2 & 752.005\ 1 \end{bmatrix}, C_{k2}=\begin{bmatrix} 0.039\ 6 & -0.012\ 4 \\ -0.013\ 8 & 0.003\ 6 \end{bmatrix}$

$$B_{k2}=[0.009\ 3\quad -0.012\ 2], D_{k2}=[0.099\ 0\quad -0.282\ 0]$$

$$A_{1k2}=\begin{bmatrix} 2.186\ 8 & -9.473\ 9 \\ -9.473\ 9 & -8.535\ 1 \end{bmatrix}$$

10.5　本章小结

本章研究了不确定中立型广义时滞 Markov 跳变系统的 H_∞ 动态输出反馈控制问题，利用 Lyapunov-Krasovskii 稳定性理论和积分不等式方法，给出了使得闭环系统随机稳定且满足 H_∞ 性能的动态输出反馈控制器存在的充分条件，然后给出了 LMI 形式的动态输出反馈 H_∞ 控制器的设计方法。其中的时变不确定性是范数有界的，但不需要满足匹配条件，应用范围更加广泛，本章对输出反馈控制问题做了进一步的延伸。最后给出了数值例子，表明所采用方法的有效性。

第 11 章 基于观测器的非线性不确定中立型系统的非脆弱控制

11.1 引言

自 Luenberger 创立观测器理论以来,由于它的实际应用性和与状态反馈等的联系性,观测器的设计问题一直受到人们的广泛关注,且当系统中含有非线性时,设计则变得很困难[147-149]。Wu 等给出了一类中立系统基于观测器的滑模控制器的设计方法[150]。董亚丽等研究了一类非线性系统的观测器设计问题及输出反馈控制设计问题[151]。目前,对于中立型时滞系统,基于观测器形式的时滞相关非脆弱 H_∞ 控制问题的研究并不多见。

本章研究了非线性中立型系统基于观测器形式的非脆弱控制问题。通过构造 Lyapunov-Krasovskii 泛函,结合积分不等式以及矩阵奇异值理论等方法,讨论了闭环系统的鲁棒稳定性问题,并构造出期望的观测器和控制器,给出了闭环系统具有 H_∞ 扰动抑制水平 γ 的时滞相关的充分条件,最后的数值例子说明了所得结论的有效性。

11.2 系统的描述与准备

考虑如下形式下的非线性不确定中立型系统:

$$\begin{cases} \dot{x}(t) - (J + \Delta J)\dot{x}(t-\tau) = (A + \Delta A)x(t) + (A_d + \Delta A_d)x(t-d(t)) + \\ \qquad (B + \Delta B)u(t) + (B_d + \Delta B_d)u(t-d(t)) + B_1 f(t,x(t),x(t-d(t))) \\ y(t) = Cx(t) + Du(t) \\ x(t) = \phi(t), t \in [-h, 0] \end{cases} \quad (11\text{-}1)$$

其中,$x(t) \in \mathbf{R}^n$ 为系统的状态;$u(t) \in \mathbf{R}^m$ 为控制输入;$w(t) \in \mathbf{R}^q$ 为受控输出;$y(t) \in \mathbf{R}^r$ 为测量输出,且 $\phi(t)$ 为 $[-h, 0]$ 上的连续可微初始函数,$0 < d(t) \leq \delta < \infty$,$\dot{d}(t) \leq d < 1$,$h = \max(\tau, \delta)$;$J, A, A_d, B, B_d, C, D$ 为具有适当维数的常系数矩阵;$\Delta J, \Delta A, \Delta A_d, \Delta B, \Delta B_d$ 为具有适当维数的不确定实值矩阵。

假设 11.2.1 $[\Delta A \quad \Delta A_d \quad \Delta B \quad \Delta B_d \quad \Delta J] = [H]F(t)[E_0 \quad E_1 \quad E_2 \quad E_3 \quad E_4]$ (11-2)

假设 11.2.2 $\|f(t,x(t),x(t-d(t)))\| \leq \|G_1 x(t)\| + \|G_2 x(t-d(t))\|$ (11-3)

考虑基于观测器的非脆弱控制器

$$\begin{cases} \dot{\xi}(t) = A_C \xi(t) + A_D \xi(t-d(t)) + B_C u(t) + B_D u(t-d(t)) + J_C \xi(t-\tau) + L(y(t) - \hat{y}(t)) \\ u(t) = (K + \Delta K)\xi(t) \\ y(t) = C\xi(t) + Du(t) \end{cases} \quad (11\text{-}4)$$

其中,K 为控制器增益矩阵;ΔK 为扰动增益矩阵。

乘性不确定性,满足 $\Delta K = H_a F_a(t) E_a K, F_a^T(t) F_a(t) \leq I$。 (11-5)

加性不确定性,满足 $\Delta K = H_b F_b(t) E_b, F_b^T(t) F_b(t) \leq I$。 (11-6)

其中,H_a, H_b, E_a, E_b 为具有适当维数的常值矩阵;$F_a(t), F_b(t)$ 为未知的连续实矩阵。

定义 $e(t) = x(t) - \xi(t)$,则由系统(11-1)与状态误差方程组成的增广系统为

$$\begin{bmatrix} \dot{x}(t) \\ \dot{e}(t) \end{bmatrix} = \begin{bmatrix} \bar{A}_0 + \Delta \bar{A}_0 & \bar{B}_0 + \Delta \bar{B}_0 \\ \bar{A}_1 + \Delta \bar{A}_1 & \bar{B}_1 + \Delta \bar{B}_1 \end{bmatrix} \begin{bmatrix} x(t) \\ e(t) \end{bmatrix} + \begin{bmatrix} \bar{A}_2 + \Delta \bar{A}_2 & \bar{B}_2 + \Delta \bar{B}_2 \\ \bar{A}_3 + \Delta \bar{A}_3 & \bar{B}_3 + \Delta \bar{B}_3 \end{bmatrix} \begin{bmatrix} x(t-d(t)) \\ e(t-d(t)) \end{bmatrix} +$$

$$\begin{bmatrix} J + \Delta J & 0 \\ J - J_C + \Delta J & J_C \end{bmatrix} \begin{bmatrix} \dot{x}(t-\tau) \\ \dot{e}(t-\tau) \end{bmatrix} + \begin{bmatrix} B_1 \\ B_1 \end{bmatrix} f \quad (11\text{-}7)$$

其中

$$\bar{A}_0 = A + BK, \Delta \bar{A}_0 = \Delta A + B\Delta K + \Delta BK + \Delta B\Delta K, \bar{B}_0 = -BK$$

$$\Delta \bar{B}_0 = -B\Delta K - \Delta BK - \Delta B\Delta K, \bar{A}_1 = A + BK - A_C - B_C K$$

$$\Delta \bar{A}_1 = \Delta A + B\Delta K + \Delta BK + \Delta B\Delta K - B_C \Delta K, B_1 = -BK + A_C + B_C K - LC$$

$$\Delta B_1 = -B\Delta K - \Delta BK - \Delta B\Delta K + B_C \Delta K, A_2 = A_d + B_d K$$

$$\Delta \bar{A}_2 = \Delta A_d + B_d \Delta K + \Delta B_d K + \Delta B_d \Delta K, \bar{B}_2 = -B_d K, \Delta \bar{B}_2 = -B_d \Delta K - \Delta B_d K - \Delta B_d \Delta K$$

$$\bar{A}_3 = A_d + B_d K - A_D - B_D K, \Delta \bar{A}_3 = \Delta A_d + B_d \Delta K, + \Delta B_d K + \Delta B_d \Delta K - B_D \Delta K$$

$$\bar{B}_3 = -B_d K + A_D + B_D K, \Delta \bar{B}_3 = -B_d \Delta K - \Delta B_d K - \Delta B_d \Delta K + B_D \Delta K$$

11.3 主要结果

11.3.1 稳定性判据

定理 11.3.1 给定标量 $h \geq 0$,若存在矩阵 $P_i = P_i^T > 0, r_j = R_j^T > 0, Q_j = Q_j^T > 0 (i=1,2, j=1,$

2,3,4)以及任意适当维数实数矩阵 M_1,M_2,M_3,M_4 满足以下 LMI 成立,则系统(11-7)在非脆弱控制器(11-4)的作用下渐近稳定:

$$T = \begin{bmatrix} T_1 & T_2 \\ * & T_3 \end{bmatrix} < 0 \tag{11-8}$$

其中

$$T_1 = \begin{bmatrix} \xi_{11} & \xi_{12} & \xi_{13} & \xi_{14} & h^{-1}R_3^T & 0 & 0 & 0 \\ * & \xi_{22} & \xi_{23} & \xi_{24} & 0 & h^{-1}R_4^T & 0 & 0 \\ * & * & \xi_{33} & 0 & 0 & 0 & 0 & 0 \\ * & * & * & -(1-d)R_2 & 0 & 0 & 0 & 0 \\ * & * & * & * & -h^{-1}R_3^T & 0 & 0 & 0 \\ * & * & * & * & * & -h^{-1}R_4^T & 0 & 0 \\ * & * & * & * & * & * & -Q_3 & 0 \\ * & * & * & * & * & * & * & -Q_4 \end{bmatrix}$$

$$T_2 = \begin{bmatrix} -M_1 + (\bar{A}_0 + \Delta\bar{A}_0)^T M_3^T & (\bar{A}_0 + \Delta\bar{A}_0)^T M_4^T & \xi_{1,11} & 0 & (P_1 + M_1)B_1 \\ -M_2 + (\bar{B}_0 + \Delta\bar{B}_0)^T M_3^T & (\bar{B}_0 + \Delta\bar{B}_0)^T M_4^T & \xi_{2,11} & P_2 J_C & (P_2 + M_2)B_1 \\ (\bar{A}_2 + \Delta\bar{A}_2)^T M_3^T & (\bar{A}_2 + \Delta\bar{A}_2)^T M_4^T & 0 & 0 & 0 \\ (\bar{B}_2 + \Delta\bar{B}_2)^T M_3^T & (\bar{B}_2 + \Delta\bar{B}_2)^T M_4^T & 0 & 0 & 0 \\ 0 & 0 & 0 & 0 & 0 \\ 0 & 0 & 0 & 0 & 0 \\ 0 & 0 & 0 & 0 & 0 \\ 0 & 0 & 0 & 0 & 0 \end{bmatrix}$$

$$T_3 = \begin{bmatrix} \xi_{99} & -M_4^T & M_3(J+\Delta J) & 0 & M_3 B_1 \\ * & hR_4 + Q_4 & M_4(J+\Delta J) & 0 & M_4 B_1 \\ * & * & -Q_3 & 0 & 0 \\ * & * & * & -Q_4 & 0 \\ * & * & * & * & -\varepsilon I \end{bmatrix}$$

$\xi_{11} = P_1(\bar{A}_0 + \Delta\bar{A}_0) + (\bar{A}_0 + \Delta\bar{A}_0)^T P_1 + R_1 - h^{-1}R_3 + Q_1 + M_1(\bar{A}_0 + \Delta\bar{A}_0) + (\bar{A}_0 + \Delta\bar{A}_0)^T M_1^T + 2\varepsilon G_1^T G_1$

$\xi_{12} = P_1(\bar{B}_0 + \Delta\bar{B}_0) + (\bar{A}_1 + \Delta\bar{A}_1)^T P_2 + (\bar{A}_0 + \Delta\bar{A}_0)^T M_2^T + M_1(\bar{B}_0 + \Delta\bar{B}_0)$

$$\xi_{13} = P_1(\bar{A}_2 + \Delta\bar{A}_2) + M_1(\bar{A}_2 + \Delta\bar{A}_2), \xi_{14} = P_1(\bar{B}_2 + \Delta\bar{B}_2) + M_1(\bar{B}_2 + \Delta\bar{B}_2)$$

$$\xi_{1,11} = P_1(J + \Delta J) + M_1(J + \Delta J), \xi_{23} = P_2(\bar{A}_3 + \Delta\bar{A}_3) + M_2(\bar{A}_2 + \Delta\bar{A}_2)$$

$$\xi_{22} = P_2(\bar{B}_1 + \Delta\bar{B}_1) + (\bar{B}_1 + \Delta\bar{B}_1)^T P_2 + R_2 - h^{-1}r_4 + Q_2 + M_2(\bar{B}_0 + \Delta\bar{B}_0) + (\bar{B}_0 + \Delta\bar{B}_0)^T M_2^T$$

$$\xi_{24} = P_2(\bar{B}_3 + \Delta\bar{B}_3) + M_2(\bar{B}_2 + \Delta\bar{B}_2), \xi_{2,11} = P_2(J - J_C + \Delta J) + M_2(J + \Delta J)$$

$$\xi_{33} = -(1-d)r_1 + 2\varepsilon G_2^T G_2, \xi_{99} = hr_3 + Q_3 - M_3$$

$$\Pi_1 = [\bar{A}_0 + \Delta\bar{A}_0 \quad \bar{B}_0 + \Delta\bar{B}_0 \quad \bar{A}_2 + \Delta\bar{A}_2 \quad \bar{B}_2 + \Delta\bar{B}_2 \quad 0\ 0\ 0\ 0\ 0\ 0 \quad J + \Delta J \quad 0 \quad B_1]$$

$$\Pi_2 = [\bar{A}_1 + \Delta\bar{A}_1 \quad \bar{B}_1 + \Delta\bar{B}_1 \quad \bar{A}_3 + \Delta\bar{A}_3 \quad \bar{B}_3 + \Delta\bar{B}_3 \quad 0\ 0\ 0\ 0\ 0\ 0 \quad J - J_C + \Delta J \quad J_C \quad B_1]$$

证明 构造如下形式的 Lyapunov-Krasovskii 泛函：

$$V(x(t), e(t)) = V_1(x(t), e(t)) + V_2(x(t), e(t)) + V_3(x(t), e(t)) + V_4(x(t), e(t))$$

其中

$$V_1(x(t), e(t)) = \begin{bmatrix} x(t) \\ e(t) \end{bmatrix}^T \begin{bmatrix} P_1 & 0 \\ 0 & P_2 \end{bmatrix} \begin{bmatrix} x(t) \\ e(t) \end{bmatrix}$$

$$V_2(x(t), e(t)) = \int_{t-d(t)}^{t} \begin{bmatrix} x(s) \\ e(s) \end{bmatrix}^T \begin{bmatrix} r_1 & 0 \\ 0 & R_2 \end{bmatrix} \begin{bmatrix} x(s) \\ e(s) \end{bmatrix} ds$$

$$V_3(x(t), e(t)) = \int_{-h}^{0} \int_{t+\theta}^{t} \begin{bmatrix} \dot{x}(s) \\ \dot{e}(s) \end{bmatrix}^T \begin{bmatrix} r_3 & 0 \\ 0 & R_4 \end{bmatrix} \begin{bmatrix} \dot{x}(s) \\ \dot{e}(s) \end{bmatrix} ds d\theta$$

$$V_4(x(t), e(t)) = \int_{t-\tau}^{t} \begin{bmatrix} x(s) \\ e(s) \end{bmatrix}^T \begin{bmatrix} Q_1 & 0 \\ 0 & Q_2 \end{bmatrix} \begin{bmatrix} x(s) \\ e(s) \end{bmatrix} ds + \int_{t-\tau}^{t} \begin{bmatrix} \dot{x}(s) \\ \dot{e}(s) \end{bmatrix}^T \begin{bmatrix} Q_3 & 0 \\ 0 & Q_4 \end{bmatrix} \begin{bmatrix} \dot{x}(s) \\ \dot{e}(s) \end{bmatrix} ds$$

将 $V(x(t), e(t))$ 沿系统(11-7)求导可得

$$\dot{V}_1(x(t), e(t)) = 2 \begin{bmatrix} x(s) \\ e(s) \end{bmatrix}^T \begin{bmatrix} P_1 & 0 \\ 0 & P_2 \end{bmatrix} \begin{bmatrix} \dot{x}(t) \\ \dot{e}(t) \end{bmatrix}$$

$$\dot{V}_2(x(t), e(t)) = \begin{bmatrix} x(t) \\ e(t) \end{bmatrix}^T \begin{bmatrix} R_1 & 0 \\ 0 & R_2 \end{bmatrix} \begin{bmatrix} x(t) \\ e(t) \end{bmatrix} - (1-\dot{d}(t)) \begin{bmatrix} x(t-d(t)) \\ e(t-d(t)) \end{bmatrix}^T \begin{bmatrix} R_1 & 0 \\ 0 & R_2 \end{bmatrix} \begin{bmatrix} x(t-d(t)) \\ e(t-d(t)) \end{bmatrix}$$

$$\leqslant \begin{bmatrix} x(s) \\ e(s) \end{bmatrix}^T \begin{bmatrix} R_1 & 0 \\ 0 & R_2 \end{bmatrix} \begin{bmatrix} x(s) \\ e(s) \end{bmatrix} - (1-d) \begin{bmatrix} x(t-d(t)) \\ e(t-d(t)) \end{bmatrix}^T \begin{bmatrix} R_1 & 0 \\ 0 & R_2 \end{bmatrix} \begin{bmatrix} x(t-d(t)) \\ e(t-d(t)) \end{bmatrix}$$

$$\dot{V}_3(x(t), e(t)) = h \begin{bmatrix} \dot{x}(t) \\ \dot{e}(t) \end{bmatrix} \begin{bmatrix} R_3 & 0 \\ 0 & R_4 \end{bmatrix} \begin{bmatrix} \dot{x}(t) \\ \dot{e}(t) \end{bmatrix} - \int_{-h}^{0} \dot{x}^T(t+\theta) R_3 \dot{x}(t+\theta) ds - \int_{-h}^{0} \dot{e}^T(t+\theta) R_4 \dot{e}(t+\theta) ds$$

$$\leq h\begin{bmatrix}\dot{x}(t)\\ \dot{e}(t)\end{bmatrix}^{\mathrm{T}}\begin{bmatrix}R_3 & 0\\ 0 & R_4\end{bmatrix}\begin{bmatrix}\dot{x}(t)\\ \dot{e}(t)\end{bmatrix}+\frac{1}{h}\begin{bmatrix}x(t-h)\\ x(t)\end{bmatrix}^{\mathrm{T}}\begin{bmatrix}-R_3 & R_3\\ * & -R_3\end{bmatrix}\begin{bmatrix}x(t-h)\\ x(t)\end{bmatrix}+$$

$$\frac{1}{h}\begin{bmatrix}e(t-h)\\ e(t)\end{bmatrix}^{\mathrm{T}}\begin{bmatrix}-R_3 & R_3\\ * & -R_3\end{bmatrix}\begin{bmatrix}e(t-h)\\ e(t)\end{bmatrix}$$

$$\dot{V}_4(x(t),e(t))=\begin{bmatrix}x(t)\\ e(t)\end{bmatrix}^{\mathrm{T}}\begin{bmatrix}Q_1 & 0\\ 0 & Q_2\end{bmatrix}\begin{bmatrix}x(t)\\ e(t)\end{bmatrix}+\begin{bmatrix}\dot{x}(t)\\ \dot{e}(t)\end{bmatrix}^{\mathrm{T}}\begin{bmatrix}Q_3 & 0\\ 0 & Q_4\end{bmatrix}\begin{bmatrix}\dot{x}(t)\\ \dot{e}(t)\end{bmatrix}-$$

$$\begin{bmatrix}x(t-\tau)\\ e(t-\tau)\end{bmatrix}^{\mathrm{T}}\begin{bmatrix}Q_3 & 0\\ 0 & Q_4\end{bmatrix}\begin{bmatrix}x(t-\tau)\\ e(t-\tau)\end{bmatrix}-$$

$$\begin{bmatrix}\dot{x}(t-\tau)\\ \dot{e}(t-\tau)\end{bmatrix}^{\mathrm{T}}\begin{bmatrix}Q_3 & 0\\ 0 & Q_4\end{bmatrix}\begin{bmatrix}\dot{x}(t-\tau)\\ \dot{e}(t-\tau)\end{bmatrix}$$

存在适当维数的矩阵 M_1,M_2,M_3,M_4,使得

$$2[x^{\mathrm{T}}(t)M_1+e^{\mathrm{T}}(t)M_2+\dot{x}^{\mathrm{T}}(t)M_3+\dot{e}^{\mathrm{T}}(t)M_4][-\dot{x}(t)+(J+\Delta J)\dot{x}(t-\tau)+(\bar{A}_0+\Delta\bar{A}_0)x(t)+$$
$$(\bar{A}_2+\Delta\bar{A}_2)x(t-d(t))+(\bar{B}_0+\Delta\bar{B}_0)e(t)+(\bar{B}_2+\Delta\bar{B}_2)e(t-d(t))+B_1f]=0 \quad (11\text{-}9)$$

由于

$$\|f(t,x(t),x(t-d(t)))\|^2\leq 2\|G_1x(t)\|^2+2\|G_2x(t-d(t))\|^2$$

从而存在标量 $\varepsilon>0$,使得下式成立:

$$2\varepsilon x^{\mathrm{T}}(t)G_1^{\mathrm{T}}G_1x(t)+2\varepsilon x^{\mathrm{T}}(t-d(t))G_2^{\mathrm{T}}G_2x(t-d(t))-\varepsilon f^{\mathrm{T}}(t)f(t)\geq 0 \quad (11\text{-}10)$$

定义向量

$$\tau(t)=[x^{\mathrm{T}}(t) \quad e^{\mathrm{T}}(t) \quad x^{\mathrm{T}}(t-d(t)) \quad e^{\mathrm{T}}(t-d(t)) \quad x^{\mathrm{T}}(t-h) \quad e^{\mathrm{T}}(t-h)$$
$$x^{\mathrm{T}}(t-\tau) \quad e^{\mathrm{T}}(t-\tau) \quad \dot{x}^{\mathrm{T}}(t) \quad \dot{e}^{\mathrm{T}}(t) \quad \dot{x}^{\mathrm{T}}(t-\tau) \quad \dot{e}^{\mathrm{T}}(t-\tau) \quad f^{\mathrm{T}}]$$

于是 $\dot{x}(t)=\Pi_1\tau(t),\dot{e}(t)=\Pi_2\tau(t)$。结合式(11-9)、式(11-10)有

$$\dot{V}(x(t),e(t))\leq 2x^{\mathrm{T}}(t)P_1\Pi_1\tau(t)+2e^{\mathrm{T}}(t)P_2\Pi_2\tau(t)+x^{\mathrm{T}}(t)R_1x(t)+e^{\mathrm{T}}(t)R_2e(t)-$$
$$(1-d)x^{\mathrm{T}}(t-d(t))R_1x(t-d(t))-(1-d)e^{\mathrm{T}}(t-d(t))R_2e(t-d(t))+h\dot{x}^{\mathrm{T}}(t)R_3\dot{x}(t)+$$
$$h\dot{e}^{\mathrm{T}}(t)R_4\dot{e}(t)+2[x^{\mathrm{T}}(t)M_1+e^{\mathrm{T}}(t)M_2+\dot{x}^{\mathrm{T}}(t)M_3+\dot{e}^{\mathrm{T}}(t)M_4][-\dot{x}(t)+(J+\Delta J)\dot{x}(t-\tau)+$$
$$(\bar{A}_0+\Delta\bar{A}_0)x(t)+(\bar{A}_2+\Delta\bar{A}_2)x(t-d(t))+(\bar{B}_0+\Delta\bar{B}_0)e(t)+(\bar{B}_2+\Delta\bar{B}_2)e(t-d(t))+B_1f]+$$
$$\frac{1}{h}\begin{bmatrix}x(t-h)\\ x(t)\end{bmatrix}^{\mathrm{T}}\begin{bmatrix}-R_3 & R_3\\ * & -R_3\end{bmatrix}\begin{bmatrix}x(t-h)\\ x(t)\end{bmatrix}+\frac{1}{h}\begin{bmatrix}e(t-h)\\ e(t)\end{bmatrix}^{\mathrm{T}}\begin{bmatrix}-R_4 & R_4\\ * & -R_4\end{bmatrix}\begin{bmatrix}e(t-h)\\ e(t)\end{bmatrix}+$$

$$\begin{bmatrix}x(t)\\e(t)\end{bmatrix}^{\mathrm{T}}\begin{bmatrix}Q_1&0\\0&Q_2\end{bmatrix}\begin{bmatrix}x(t)\\e(t)\end{bmatrix}-\begin{bmatrix}x(t-\tau)\\e(t-\tau)\end{bmatrix}^{\mathrm{T}}\begin{bmatrix}Q_3&0\\0&Q_4\end{bmatrix}\begin{bmatrix}x(t-\tau)\\e(t-\tau)\end{bmatrix}+$$

$$\begin{bmatrix}\dot{x}(t-\tau)\\\dot{e}(t-\tau)\end{bmatrix}^{\mathrm{T}}\begin{bmatrix}Q_3&0\\0&Q_4\end{bmatrix}\begin{bmatrix}\dot{x}(t-\tau)\\\dot{e}(t-\tau)\end{bmatrix}=\tau^{\mathrm{T}}(t)T\tau(t)$$

由 Schur 补引理和式(11-8)可以得到 $\dot{V}(x(t),e(t))<0$,从而闭环系统(11-7)渐近稳定。

11.3.2 非脆弱控制器设计

定理 11.3.2 系统(11-7)在具有乘性不确定性的非脆弱控制器(11-5)作用下,如果存在 $n\times n$ 实矩阵 $\tilde{P}>0,\tilde{R}_i>0,\tilde{Q}_i>0$ 与 $\tilde{M}_i$,以及 $m\times n$ 实矩阵 Y,S,标量 $\varepsilon_i>0(i=1,2,3,4)$,使得以下线性矩阵不等式成立

$$\Psi=\begin{bmatrix}\Phi&\varepsilon_4\Gamma_1&\Gamma_2^{\mathrm{T}}\\ *&-\varepsilon_4 I&0\\ *&*&-\varepsilon_4 I\end{bmatrix}<0 \tag{11-11}$$

则系统(11-7)渐近稳定,且控制器增益矩阵为 $K=Y\tilde{P}^{-1}$,观测器增益矩阵为 $L=S\tilde{P}^{-1}C^{-1}$。
其中

$$\Phi=\begin{bmatrix}\begin{bmatrix}\Phi_{11}&\Phi_{12}\\ *&\Phi_{13}\end{bmatrix}&\Phi_2\\ *&\Phi_3\end{bmatrix}$$

$$\Phi_{11}=\begin{bmatrix}\eta_{11}&\eta_{12}&\eta_{13}&-B_dY&1/h\tilde{R}_5^{\mathrm{T}}&0&0&0\\ *&\eta_{22}&\eta_{23}&\eta_{24}&0&1/h\tilde{R}_4^{\mathrm{T}}&0&0\\ *&*&-(1-d)\tilde{R}_1&0&0&0&0&0\\ *&*&*&-(1-d)\tilde{R}_2&0&0&0&0\\ *&*&*&*&-h^{-1}\tilde{R}_3^{\mathrm{T}}&0&0&0\\ *&*&*&*&*&-h^{-1}\tilde{R}_4^{\mathrm{T}}&0&0\\ *&*&*&*&*&*&-\tilde{Q}_3&0\\ *&*&*&*&*&*&*&-\tilde{Q}_4\end{bmatrix}$$

$$\Phi_{12} = \begin{bmatrix} 0 & 0 & J\tilde{P} & 0 & B_1 \\ 0 & 0 & J\tilde{P} - J_C J\tilde{P} & J_C J\tilde{P} & B_1 \\ 0 & 0 & 0 & 0 & 0 \\ \vdots & \vdots & \vdots & \vdots & \vdots \\ 0 & 0 & 0 & 0 & 0 \end{bmatrix}_{8\times 5}$$

$$\Phi_{13} = \text{diag}\{\ h\tilde{R}_3 + \tilde{Q}_3, h\tilde{R}_4 + \tilde{Q}_4, -\tilde{Q}_3, -\tilde{Q}_4, -\varepsilon I\ \}$$

$$\Phi_2 = \begin{bmatrix} \varepsilon_1 H & \tilde{P}E_0^T + Y^T E_2^T & \varepsilon_2 BH_a & \varepsilon_2 B_d H_a & Y^T E_a^T & 0 & \sigma\varepsilon_3 H & \sigma\varepsilon_3 H & Y^T E_a^T & 0 \\ \varepsilon_1 H & -Y^T E_2^T & \varepsilon_2 BH_a - \varepsilon_2 B_C H_a & \varepsilon_2 B_d H_a - \varepsilon_2 B_D H_a & -Y^T E_a^T & 0 & \sigma\varepsilon_3 H & \sigma\varepsilon_3 H & -Y^T E_a^T & 0 \\ 0 & \tilde{P}E_1^T + Y^T E_3^T & 0 & 0 & 0 & Y^T E_a^T & 0 & 0 & 0 & Y^T E_a^T \\ 0 & -Y^T E_3^T & 0 & 0 & 0 & -Y^T E_a^T & 0 & 0 & 0 & -Y^T E_a^T \\ 0 & 0 & 0 & 0 & 0 & 0 & 0 & 0 & 0 & 0 \\ \vdots & \vdots & \vdots & \vdots & \vdots & \vdots & \vdots & \vdots & \vdots & \vdots \\ 0 & 0 & 0 & 0 & 0 & 0 & 0 & 0 & 0 & 0 \end{bmatrix}$$

$$\Phi_3 = \text{diag}\{-\varepsilon_1 I, -\varepsilon_1 I, -\varepsilon_2 I, -\varepsilon_2 I, -\varepsilon_2 I, \varepsilon_2 I, -\varepsilon_3 I, -\varepsilon_3 I, -\varepsilon_3 I, \varepsilon_3 I\}$$

$$\eta_{11} = A\tilde{P} + BY + \tilde{P}^T A^T + Y^T B^T + \tilde{R}_1 - h^{-1}\tilde{R}_3 + \tilde{Q}_1$$

$$\eta_{12} = -BY + \tilde{P}^T A^T + Y^T B^T - \tilde{P}^T A_C^T - Y^T B_C^T, \eta_{13} = A_d \tilde{P} + B_d Y$$

$$\eta_{22} = -BY + A_C \tilde{P} - LC\tilde{P} + B_C Y - Y^T B^T + \tilde{P}^T A_C^T - \tilde{P}^T C^T L^T + Y^T B_C^T + \tilde{R}_2 - h^{-1}\tilde{R}_4 + \tilde{Q}_2$$

$$\eta_{23} = A_d \tilde{P} + B_d Y - A_D \tilde{P} - B_D Y, \eta_{24} = -B_d Y + A_D \tilde{P} + B_D Y$$

$$\Gamma_1 = \begin{bmatrix} M_1^T P^{-1} & M_2^T P^{-1} & 0 & 0 & 0 & 0 & 0 & 0 & M_3^T P^{-1} & M_4^T P^{-1} & 0 & \cdots & 0 \\ 0 & 0 & 0 & 0 & 0 & 0 & 0 & 0 & M_4^T P^{-1} & 0 & 0 & \cdots & 0 \\ G_1 P^{-1} & 0 & 0 & 0 & 0 & 0 & 0 & 0 & 0 & 0 & 0 & \cdots & 0 \\ 0 & G_1 P^{-1} & 0 & 0 & 0 & 0 & 0 & 0 & 0 & 0 & 0 & \cdots & 0 \end{bmatrix}_{4\times 23}^T$$

$$\Gamma_2 = \begin{bmatrix} AP^{-1} + BKP^{-1} & -BKP^{-1} & A_d P^{-1} + B_d KP^{-1} & -B_d KP^{-1} & 0 & 0 & 0 & 0 & -P^{-1} \\ 0 & 0 & 0 & 0 & 0 & 0 & 0 & 0 & 0 \\ \varepsilon G_1 P^{-1} & 0 & 0 & 0 & 0 & 0 & 0 & 0 & 0 \\ 0 & \varepsilon G_2 P^{-1} & 0 & 0 & 0 & 0 & 0 & 0 & 0 \end{bmatrix}$$

$$\begin{bmatrix} 0 & JP^{-1} & 0 & B_1 & 0 & 0 & \varepsilon_2 BH_a & \varepsilon_2 B_d H_a & 0 & 0 & \sigma\varepsilon_3 H & \sigma\varepsilon_3 H & 0 & 0 \\ -P^{-1} & 0 & 0 & 0 & 0 & 0 & 0 & 0 & 0 & 0 & 0 & 0 & 0 & 0 \\ 0 & 0 & 0 & 0 & 0 & 0 & 0 & 0 & 0 & 0 & 0 & 0 & 0 & 0 \\ 0 & 0 & 0 & 0 & 0 & 0 & 0 & 0 & 0 & 0 & 0 & 0 & 0 & 0 \end{bmatrix}$$

证明 式(11-8)可以写成

$$\Sigma + \Pi_3 F(t)\Pi_4 + \Pi_4^T F^T(t)\Pi_3^T + \Pi_5 F_a(t)\Pi_6 + \Pi_6^T F_a^T(t)\Pi_5^T +$$
$$\Pi_7 F(t)\Pi_8 F_a(t)\Pi_9 + \Pi_9^T F_a^T(t)\Pi_8^T F_a^T(t)\Pi_7^T < 0$$

由矩阵奇异值理论,有

$$\Pi_8 \Pi_8^T \leqslant \sigma^2 I$$

其中 σ 为 Π 的最大奇异值。根据 Schur 补引理,可以得到

$$\begin{bmatrix} \Sigma & \varepsilon_1 \Pi_3 & \Pi_4^T & \varepsilon_2 \Pi_5 & \Pi_6^T & \sigma\varepsilon_3 \Pi_7 & \Pi_9^T \\ * & -\varepsilon_1 I & 0 & 0 & 0 & 0 & 0 \\ * & * & -\varepsilon_1 I & 0 & 0 & 0 & 0 \\ * & * & * & -\varepsilon_2 I & 0 & 0 & 0 \\ * & * & * & * & -\varepsilon_2 I & 0 & 0 \\ * & * & * & * & * & -\varepsilon_3 I & 0 \\ * & * & * & * & * & * & -\varepsilon_3 I \end{bmatrix} < 0 \quad (11\text{-}12)$$

其中

$$\Sigma = \begin{bmatrix} \Sigma_{11} & \Sigma_{12} \\ * & \Sigma_{13} \end{bmatrix}$$

$$\Sigma_{11} = \begin{bmatrix} \zeta_{11} & \zeta_{12} & P_1 \bar{A}_2 + M_1 \bar{A}_2 & P_1 \bar{B}_2 + M_1 \bar{B}_2 & h^{-1} R_3^T & 0 & 0 & 0 \\ * & \zeta_{22} & P_2 \bar{A}_3 + M_2 \bar{A}_2 & P_2 \bar{B}_3 + M_2 \bar{B}_2 & 0 & h^{-1} R_4^T & 0 & 0 \\ * & * & \zeta_{33} & 0 & 0 & 0 & 0 & 0 \\ * & * & * & -(1-d)r_2 & 0 & 0 & 0 & 0 \\ * & * & * & * & -h^{-1} R_3^T & 0 & 0 & 0 \\ * & * & * & * & * & -h^{-1} R_4^T & 0 & 0 \\ * & * & * & * & * & * & -Q_3 & 0 \\ * & * & * & * & * & * & * & -Q_4 \end{bmatrix}$$

$$\Sigma_{12} = \begin{bmatrix} -M_1 + \overline{A}_0^T M_3^T & \overline{A}_0^T M_4^T & (P_1 + M_1)J & 0 & (P_1 + M_1)B_1 \\ -M_2 + \overline{B}_0^T M_3^T & \overline{B}_0^T M_4^T & \zeta_{2,11} & P_2 J_C & (P_2 + M_2)B_1 \\ \overline{A}_2^T M_3^T & \overline{A}_2^T M_4^T & 0 & 0 & 0 \\ \overline{B}_2^T M_3^T & \overline{B}_2^T M_4^T & 0 & 0 & 0 \\ 0 & 0 & 0 & 0 & 0 \\ 0 & 0 & 0 & 0 & 0 \\ 0 & 0 & 0 & 0 & 0 \\ 0 & 0 & 0 & 0 & 0 \end{bmatrix}$$

$$\Sigma_{13} = \begin{bmatrix} \zeta_{99} & -M_4^T & M_3 J & 0 & M_3 B_1 \\ * & hr_4 + Q_4 & M_4 J & 0 & M_4 B_1 \\ * & * & -Q_3 & 0 & 0 \\ * & * & * & -Q_4 & 0 \\ * & * & * & * & -\varepsilon I \end{bmatrix}$$

$$\zeta_{11} = P_1 \overline{A}_0 + \overline{A}_0^T P_1 + r_1 - h^{-1} r_3 + Q_1 + M_1 \overline{A}_0 + \overline{A}_0^T M_1^T + 2\varepsilon G_1^T G_1$$

$$\zeta_{12} = P_1 \overline{B}_0 + \overline{A}_1^T P_2 + \overline{A}_0^T M_2^T + M_1 \overline{B}_0$$

$$\zeta_{22} = P_2 \overline{B}_1 + \overline{B}_1^T P_2 + r_2 - h^{-1} r_4 + Q_2 + M_2 \overline{B}_0 + \overline{B}_0^T M_2^T, \zeta_{2,11} = P_2(J - J_C) + M_2 J$$

$$\zeta_{33} = -(1-d)r_1 + 2\varepsilon G_2^T G_2, \zeta_{99} = hr_3 + Q_3 - M_3$$

$$\Pi_3 = [H^T(P_1+M_1)^T \quad H^T(P_2+M_2)^T \quad 0\ 0\ 0\ 0\ 0\ 0 \quad H^T M_3^T \quad H^T M_4 \quad 0\ 0]^T$$

$$\Pi_4 = [E_0 + E_2 K \quad -E_2 K \quad E_1 + E_3 K \quad -E_3 K \quad 0\ 0\ 0\ 0\ 0\ 0 \quad E_4 \quad 0\ 0]$$

$$\Pi_5 = \begin{bmatrix} H_a^T B^T (P_1+M_1)^T & H_a^T B^T (P_2+M_2)^T & -H_a^T B_C^T P_2 & 0\ 0\ 0\ 0\ 0\ 0 & H_a^T B^T M_3^T & H_a^T B^T M_4^T & 0\ 0 \\ H_a^T B_d^T (P_1+M_1)^T & H_a^T B_d^T (P_2+M_2)^T & -H_a^T B_D^T P_2 & 0\ 0\ 0\ 0\ 0\ 0 & H_a^T B_d^T M_3^T & H_a^T B_d^T M_4^T & 0\ 0 \end{bmatrix}^T$$

$$\Pi_6 = \begin{bmatrix} E_a K & -E_a K & 0 & 0 & 0\ 0\ 0\ 0\ 0\ 0\ 0\ 0 \\ 0 & 0 & E_a K & -E_a K & 0\ 0\ 0\ 0\ 0\ 0\ 0\ 0 \end{bmatrix}$$

$$\Pi_7 = \begin{bmatrix} H^T(P_1+M_1)^T & H^T(P_2+M_2)^T & 0\ 0\ 0\ 0\ 0\ 0 & H^T M_3^T & H^T M_4^T & 0\ 0\ 0 \\ H^T(P_1+M_1)^T & H^T(P_2+M_2)^T & 0\ 0\ 0\ 0\ 0\ 0 & H^T M_3^T & H^T M_4^T & 0\ 0\ 0 \end{bmatrix}^T$$

$$\Pi_8 = \begin{bmatrix} E_2 H_a & 0 \\ 0 & E_3 H_a \end{bmatrix}, \Pi_9 = \Pi_6$$

取 $P_1 = P_2 = P$, $Y = KP^{-1}$, $L = S\tilde{P}^{-1}C^{-1}$, $J = \text{diag}\{J_1, I, \cdots, I\}_{23 \times 23}$, $J_1 = \text{diag}\{P^{-1}, \cdots,$

$P^{-1}\}_{12\times12}$, $\tilde{P}=P^{-1}$, $\tilde{Q}_i=P^{-T}Q_iP^{-1}$, $\tilde{R}_i=P^{-T}R_iP^{-1}(i=1,2,3,4)$, $\tilde{M}_i=P^{-T}M_i(i=1,2,3,4)$, $\bar{M}_4=P^{-T}M_4^T$, 使式(11-12)左乘 J^T 右乘 J, 结合引理 2.2.3, 存在标量 ε_4, 使得

$$\Phi+\Gamma_1\Gamma_2+\Gamma_2^T\Gamma_1^T \leq \Phi+\varepsilon_4\Gamma_1\Gamma_1^T+\varepsilon_4^{-1}\Gamma_2^T\Gamma_2$$

再次应用 Schur 补引理, 可以得到式(11-11)。

定理 11.3.3 系统(11-7)在具有加性不确定性的非脆弱控制器(11-6)作用下, 如果存在 $n\times n$ 实矩阵 $\tilde{P}>0$, $\tilde{R}_i>0$, $\tilde{Q}_i>0$ 与 $\tilde{M}_i$, 以及 $m\times n$ 实矩阵 Y,S, 标量 $\varepsilon_i>0(i=1,2,3,4)$, 使得以下线性矩阵不等式成立:

$$\begin{bmatrix} \Lambda & \varepsilon_4\Gamma_1 & \tilde{\Gamma}_2^T \\ * & -\varepsilon_4 I & 0 \\ * & * & -\varepsilon_4 I \end{bmatrix} < 0 \tag{11-13}$$

则系统(11-7)渐近稳定, 且控制器增益为 $K=Y\tilde{P}^{-1}$, 观测器增益为 $L=S\tilde{P}^{-1}C^{-1}$。

其中

$$\Lambda = \begin{bmatrix} \Lambda_{11} & \Lambda_{12} & & \Lambda_2 \\ * & \Lambda_{13} & & \\ & * & & \Lambda_3 \end{bmatrix}$$

$$\Lambda_{11}=\Phi_{11}, \Lambda_{12}=\Phi_{12}, \Lambda_{13}=\Phi_{13}, \Lambda_3=\Phi_3$$

$$\tilde{\Gamma}_2 = \begin{bmatrix} AP^{-1}+BKP^{-1} & -BKP^{-1} & A_dP^{-1}+B_dKP^{-1} & -B_dKP^{-1} & 0 & 0 & 0 & 0 & -P^{-1} \\ 0 & 0 & 0 & 0 & 0 & 0 & 0 & 0 & 0 \\ \varepsilon G_1 P^{-1} & 0 & 0 & 0 & 0 & 0 & 0 & 0 & 0 \\ 0 & \varepsilon G_2 P^{-1} & 0 & 0 & 0 & 0 & 0 & 0 & 0 \\ 0 & JP^{-1} & 0 & B_1 & 0 & 0 & \varepsilon_2 BH_b & \varepsilon_2 B_d H_b & 0 & 0 & \sigma\varepsilon_3 H & \sigma\varepsilon_3 H & 0 & 0 \\ -P^{-1} & 0 & 0 & 0 & 0 & 0 & 0 & 0 & 0 & 0 & 0 & 0 & 0 & 0 \\ 0 & 0 & 0 & 0 & 0 & 0 & 0 & 0 & 0 & 0 & 0 & 0 & 0 & 0 \\ 0 & 0 & 0 & 0 & 0 & 0 & 0 & 0 & 0 & 0 & 0 & 0 & 0 & 0 \end{bmatrix}_{4\times 23}$$

$$\Lambda_2 = \begin{bmatrix} \varepsilon_1 H & \tilde{P}^T E_0^T + Y^T E_2^T & \varepsilon_2 B H_b & \varepsilon_2 B_d H_b & \tilde{P} E_b^T & 0 & \sigma\varepsilon_3 H & \sigma\varepsilon_3 H & \tilde{P} E_b^T & 0 \\ \varepsilon_1 H & -Y^T E_2^T & \varepsilon_2 B H_b - \varepsilon_2 B_C H_b & \varepsilon_2 B_d H_b - \varepsilon_2 B_D H_b & -\tilde{P} E_b^T & 0 & \sigma\varepsilon_3 H & \sigma\varepsilon_3 H & -\tilde{P} E_b^T & 0 \\ 0 & \tilde{P}^T E_3^T + \tilde{Y}^T E_3^T & 0 & 0 & 0 & \tilde{P} E_b^T & 0 & 0 & 0 & \tilde{P} E_b^T \\ 0 & -Y^T E_3^T & 0 & 0 & 0 & -\tilde{P} E_b^T & 0 & 0 & 0 & -\tilde{P} E_b^T \\ 0 & 0 & 0 & 0 & 0 & 0 & 0 & 0 & 0 & 0 \\ \vdots & \vdots & \vdots & \vdots & \vdots & \vdots & \vdots & \vdots & \vdots & \vdots \\ 0 & 0 & 0 & 0 & 0 & 0 & 0 & 0 & 0 & 0 \end{bmatrix}$$

证明过程类似于定理 11.3.2,故略。

11.3.3 基于观测器的乘性非脆弱 H_∞ 性能

考虑如下非线性不确定中立型系统：

$$\begin{cases} \dot{x}(t) - (J + \Delta J)\dot{x}(t-\tau) = (A + \Delta A)x(t) + (A_d + \Delta A_d)x(t-d(t)) + \\ \qquad (B + \Delta B)u(t) + (B_d + \Delta B_d)u(t-d(t)) + B_1 f(t, x(t), x(t-d(t))) \\ y(t) = Cx(t) + Du(t) \\ z(t) = L_0 x(t) + L_1 x(t-h) + D_1 u(t) + D_2 u(t-h) + D_3 w(t) \\ x(t) = \phi(t), t \in [-h, 0] \end{cases}$$

(11-14)

其中,$w(t)$ 为扰动输入。

下面讨论该系统基于观测器(11-4)的 H_∞ 控制问题。

定理 11.3.4 系统(11-7)在具有加性不确定性的非脆弱控制器(11-5)作用下,如果存在 $n\times n$ 实矩阵 $\tilde{P}>0, \tilde{R}_i>0, \tilde{Q}_i>0$ 与 $\tilde{M}_i$,以及 $m\times n$ 实矩阵 Y, S,标量 $\varepsilon_i>0 (i=1,2,3,4)$,使得以下线性矩阵不等式成立：

$$\begin{bmatrix} \tilde{\Phi} & \varepsilon_4\Gamma_1 & \Gamma_2^T & \tilde{\Gamma}_3^T \\ * & -\varepsilon_4 I & 0 & 0 \\ * & * & -\varepsilon_4 I & 0 \\ * & * & * & -I \end{bmatrix} < 0 \qquad (11\text{-}15)$$

则系统(11-14)不仅渐近稳定,且在零初始条件下具有给定的 H_∞ 扰动抑制水平 γ,其控制器增益矩阵为 $K=Y\tilde{P}^{-1}$,观测器增益矩阵为 $L=S\tilde{P}^{-1}C^{-1}$。

证明 由系统(11-7)的稳定性,我们知道 $w(t)=0$ 时,闭环系统(11-14)渐近稳定。对任意 $w(t)\in L_2[0,\infty)\neq 0$,我们有

$$\dot{V}(t,x_t) + z^T(t)z(t) - \gamma^2 w^T(t)w(t) \leqslant \tilde{\tau}^T(t)\{\tilde{\Psi}+\tilde{\Gamma}_3^T\tilde{\Gamma}_3\}\tilde{\tau}(t)$$

其中

$$\tilde{\tau}(t) = [\begin{matrix} x^T(t) & e^T(t) & x^T(t-d(t)) & e^T(t-d(t)) & x^T(t-h) & e^T(t-h) \end{matrix}$$
$$\begin{matrix} x^T(t-\tau) & e^T(t-\tau) & \dot{x}^T(t) & \dot{e}^T(t) & \dot{x}^T(t-\tau) & \dot{e}^T(t-\tau) & f^T & w^T(t) \end{matrix}]$$

$$\tilde{\Gamma}_3 = [\begin{matrix} L_0\tilde{P}+D_1Y & -D_1Y & L_1\tilde{P}+D_2Y & -D_2Y & 0 & \cdots & 0 & D_3 \end{matrix}]$$

$$\tilde{\Psi} = \begin{bmatrix} \tilde{\Phi} & \varepsilon_4\Gamma_1 & \Gamma_2^T \\ * & -\varepsilon_4 I & 0 \\ * & * & -\varepsilon_4 I \end{bmatrix} < 0, \quad \tilde{\Phi} = \begin{bmatrix} \Phi_{11} & \Phi_{12} & \Phi_2 \\ * & \tilde{\Phi}_{13} & \\ & * & \Phi_3 \end{bmatrix}$$

$$\tilde{\Phi}_{12} = \begin{bmatrix} 0 & 0 & J\tilde{P} & 0 & B_1 & P_1(B_3+\Delta B_3) \\ 0 & 0 & J\tilde{P}-J_C\tilde{P} & J_C\tilde{P} & B_1 & P_2(B_3+\Delta B_3) \\ 0 & 0 & 0 & 0 & 0 & 0 \\ \vdots & \vdots & \vdots & \vdots & \vdots & \vdots \\ 0 & 0 & 0 & 0 & 0 & 0 \end{bmatrix}_{8\times 6}$$

$$\tilde{\Phi}_{13} = \text{diag}\{h\tilde{R}_3+\tilde{Q}_3, h\tilde{R}_4, +\tilde{Q}_4, -\tilde{Q}_3, -\tilde{Q}_4, -\varepsilon I, -\gamma^2 I\}$$

由 Schur 补引理及式(11-15),可知 $\dot{V}(t,x_t)+z^T(t)z(t)-\gamma^2 w^T(t)w(t)\leqslant 0$,两边从 0 到 ∞ 积分,在零初始条件即 $V(x(t),e(t))|_{t=0}=0$,则有

$$\int_0^\infty [z^T(t)z(t)-\gamma^2 w^T(t)w(t)]\mathrm{d}t \leqslant -V(x(t),e(t))|_{t=\infty}+(x(t),e(t))_{t=0} < 0$$

即 $\|z(t)\|_2\leqslant\gamma\|w(t)\|_2$ 成立。

定理 11.3.5 系统(11-7)在具有加性不确定性的非脆弱控制器(11-6)作用下,如果

存在 $n\times n$ 实矩阵 $\tilde{P}>0, \tilde{R}_i>0, \tilde{Q}_i>0$ 与 $\tilde{M}_i$，以及 $m\times n$ 实矩阵 Y,S，标量 $\varepsilon_i>0(i=1,2,3,4)$ 使得以下线性矩阵不等式成立：

$$\begin{bmatrix} \hat{\Phi} & \varepsilon_4\Gamma_1 & \Gamma_2^T & \Gamma_3^T \\ * & -\varepsilon_4 I & 0 & 0 \\ * & * & -\varepsilon_4 I & 0 \\ * & * & * & -I \end{bmatrix} < 0 \qquad (11\text{-}16)$$

则系统(11-14)不仅渐近稳定，且在零初始条件下具有给定的 H_∞ 扰动抑制水平 γ，其控制器增益矩阵为 $K=Y\tilde{P}^{-1}$，观测器增益矩阵为 $L=S\tilde{P}^{-1}C^{-1}$。
其中

$$\hat{\Phi} = \begin{bmatrix} \begin{bmatrix} \Phi_{11} & \tilde{\Phi}_{12} \\ * & \tilde{\Phi}_{13} \end{bmatrix} & \Lambda_2 \\ * & \Phi_3 \end{bmatrix}$$

其中，Λ_2 为定理 11.3.3 中定义矩阵，其余矩阵定义同定理 11.3.4。

11.4 数值算例

考虑非线性不确定中立型系统(11-1)和系统(11-14)，其中

$$A=\begin{bmatrix} 9 & 0.1 \\ 1 & 9 \end{bmatrix}, A_d=\begin{bmatrix} 9 & 0.2 \\ 1 & 9 \end{bmatrix}, B=\begin{bmatrix} 1 & 0 \\ 0.05 & 1 \end{bmatrix}, B_d=\begin{bmatrix} 0.2 & 0.1 \\ 0 & 0.2 \end{bmatrix}$$

$$C=\begin{bmatrix} -5 & 0.2 \\ 0 & 6 \end{bmatrix}, B_1=B_2=\begin{bmatrix} 1 & 0 \\ 0.8 & 1 \end{bmatrix}, D=\begin{bmatrix} 6 & 3 \\ 0 & 2 \end{bmatrix}, J=\begin{bmatrix} -0.3 & 0 \\ 0.01 & -0.3 \end{bmatrix}$$

$$G_1=\begin{bmatrix} 6 & 5 \\ 0 & 1 \end{bmatrix}, G_2=\begin{bmatrix} 2 & 0 \\ 1 & 5 \end{bmatrix}, H=\begin{bmatrix} 0.1 & 0 \\ 0.5 & 0.1 \end{bmatrix}, E_0=\begin{bmatrix} 0.1 & 0.2 \\ 0 & 0.2 \end{bmatrix}$$

$$E_1=\begin{bmatrix} 0.2 & 0.1 \\ 0 & 0.2 \end{bmatrix}, E_2=\begin{bmatrix} 0.5 & 0 \\ 0.6 & 0.5 \end{bmatrix}, E_3=\begin{bmatrix} 0.1 & 0.2 \\ 0 & 0.1 \end{bmatrix}, E_4=\begin{bmatrix} 0.3 & 0.1 \\ 0.2 & 0.1 \end{bmatrix}$$

$$L_0=\begin{bmatrix} 0.2 & 0.1 \\ 0.1 & 0.1 \end{bmatrix}, L_1=\begin{bmatrix} 0.3 & 0.2 \\ 0.2 & 0.1 \end{bmatrix}, D_1=D_2=D_3=\begin{bmatrix} 0.2 & 0 \\ 0 & 0.21 \end{bmatrix}$$

$$H_a=E_a=\begin{bmatrix} 0.1 & 0 \\ 0.1 & 0.1 \end{bmatrix}, H_b=E_b=\begin{bmatrix} 0.21 & 0 \\ 0.1 & 0.21 \end{bmatrix}$$

$$h=2.5, d=0.8, \varepsilon=\varepsilon_i=0.01(i=1,2,3,4)$$

(1) 考虑具有乘性不确定性的控制器增益(11-5),应用定理 11.3.2 可得

$$S = 10^4 \begin{bmatrix} 1.962\ 6 & 0.355\ 1 \\ 0.355\ 1 & 2.588\ 6 \end{bmatrix}, \tilde{P}^{-1} = 10^2 \begin{bmatrix} -4.319\ 9 & -3.007\ 5 \\ -3.007\ 5 & -1.998\ 8 \end{bmatrix}$$

$$C^{-1} = \begin{bmatrix} -0.200\ 0 & 0.006\ 7 \\ 0 & 0.166\ 7 \end{bmatrix}, Y = \begin{bmatrix} 0.032\ 7 & -0.061\ 9 \\ -0.061\ 9 & 0.137\ 1 \end{bmatrix}$$

$$L = S\tilde{P}^{-1}C^{-1} = 10^6 \begin{bmatrix} 1.908\ 4 & -1.165\ 7 \\ 1.863\ 7 & -1.102\ 5 \end{bmatrix}, K = Y\tilde{P}^{-1} = \begin{bmatrix} 4.525\ 6 & 2.557\ 1 \\ -14.486\ 6 & -8.773\ 4 \end{bmatrix}$$

(2) 考虑具有加性不确定性的控制器增益(11-6),应用定理 11.3.3 可得

$$S = 10^4 \begin{bmatrix} 1.985\ 8 & 0.350\ 1 \\ 0.350\ 1 & 2.602\ 4 \end{bmatrix}, \tilde{P}^{-1} = 10^2 \begin{bmatrix} -4.277\ 2 & -2.981\ 9 \\ -2.981\ 9 & -1.980\ 7 \end{bmatrix}$$

$$C^{-1} = \begin{bmatrix} -0.200\ 0 & 0.006\ 7 \\ 0 & 0.166\ 7 \end{bmatrix}, Y = \begin{bmatrix} 0.033\ 3 & -0.066\ 1 \\ -0.066\ 1 & 0.135\ 9 \end{bmatrix}$$

$$L = S\tilde{P}^{-1}C^{-1} = 10^6 \begin{bmatrix} 1.907\ 5 & -1.166\ 1 \\ 1.852\ 7 & -1.095\ 5 \end{bmatrix}, K = Y\tilde{P}^{-1} = \begin{bmatrix} 5.475\ 6 & 3.168\ 3 \\ -12.280\ 6 & -7.226\ 0 \end{bmatrix}$$

11.5 本章小结

针对一类状态、控制输入和输出都含有时滞的非线性不确定中立型系统,利用线性矩阵不等式方法,设计了状态矩阵、控制输入矩阵和原中立型系统均不一致且未知的观测器、非脆弱控制器,得到了闭环系统鲁棒稳定的判定条件,进一步构造出期望的观测器和控制器,给出了闭环系统具有 H_∞ 扰动抑制水平 γ 的时滞相关的充分条件。目前,对非线性中立型时滞系统基于观测器的非脆弱鲁棒 H_∞ 控制的研究还未多见,本章填补了这一领域的空白。

第12章 基于观测器的一类具有输入饱和因子的非线性中立型系统的稳定性分析

12.1 引言

实际的控制系统在设计控制器的时候往往会忽视饱和因子,而现实生活中,由于自身物理因素的限制,很多因子都存在饱和现象。控制输入中的饱和现象可能会导致系统性能下降,甚至导致系统不稳定。因此在控制器的设计中,输入因子的饱和现象不容忽视[152-155]。目前,关于具有输入饱和因子的非线性中立型系统的稳定性分析和观测器设计的研究并不多见。

本章考虑了基于观测器的一类具有输入饱和因子的非线性中立型时滞系统的稳定性问题,通过构造 Lyapunov-Krasovskii 泛函,结合线性矩阵不等式的方法,对饱和因子进行巧妙处理,得到了非线性中立型系统基于观测器的鲁棒稳定的充分条件。最后的数值算例证明所给方法的有效性。

12.2 系统的描述与准备

考虑如下具有输入饱和因子的非线性不确定中立型系统:

$$\begin{cases} \dot{x}(t) = (A+\Delta A)x(t) + (A_h+\Delta A_h)x(t-h) + (G+\Delta G)\dot{x}(t-\tau) + \\ \quad Bf(t,x(t),x(t-h)) + B_1 sat(u(t)) \\ y(t) = Cx(t) + Dsat(u(t)) \\ x(t) = \phi(t), t \in [-\max\{\tau,h\},0] \end{cases} \quad (12\text{-}1)$$

其中,$x(t) \in \mathbf{R}^n$ 为状态向量;$y(t)$ 为测量输出;$\phi(t)$ 为 $[-h,0]$ 上连续可微的初值函数;$sat(u(t)) = (sat(u_1(t)), sat(u_2(t)), \cdots, sat(u_l(t)))$ 是饱和因子;系统矩阵 A, A_h, G, B, C, D 为具有适当维数的实矩阵;$\Delta A, \Delta A_h, \Delta G$ 为具有适当维数的不确定时变矩阵。

假设 12.2.1

$$[\Delta A \quad \Delta A_h \quad \Delta G] = HF(t)[E_1 \quad E_2 \quad E_3] \tag{12-2}$$

其中,$H,E_i(i=1,2,3)$ 为已知矩阵;$F(t)$ 是时变未知函数矩阵且满足 $F^{\mathrm{T}}(t)F(t) \leqslant I$。

假设 12.2.2

$$sat(u_i(t)) = \begin{cases} u_{iN}, & u_i(t) > u_{iN} \\ u_i(t), & -u_{iM} \leqslant u_i(t) \leqslant u_{iN} \\ -u_{iM}, & u_i(t) < -u_{iM} \end{cases} \tag{12-3}$$

其中,$u_{iM},u_{iN} \in \mathbf{R}^+(1 \leqslant i \leqslant l)$,且有界,因此饱和因子

$$sat(u(t)) = (sat(u_1(t)), sat(u_2(t)), \cdots, sat(u_l(t)))$$

可以表示为

$$sat(u(t)) = \alpha(u(t))u(t)$$

其中,$\alpha(u(t)) = \mathrm{diag}\{\alpha_1(u_1(t)),\alpha_2(u_2(t)),\cdots,\alpha_l(u_l(t))\}$,且满足:

$$\alpha_i(u_i(t)) = \begin{cases} u_{iN}u_i^{-1}(t), & u_i(t) > u_{iN} \\ 1, & -u_{iM} \leqslant u_i(t) \leqslant u_{iN} \\ -u_{iM}u_i^{-1}(t), & u_i(t) < -u_{iM} \end{cases}$$

从而,$\alpha^{\mathrm{T}}(u(t))\alpha(u(t)) \leqslant I$。

假设 12.2.3 非线性项 $f(t,x(t),x(t-h))$ 满足:

$$\|f(t,x(t),x(t-h))\| \leqslant \|M_1 x(t)\| + \|M_2 x(t-h)\| \tag{12-4}$$

其中,M_1,M_2 为已知矩阵。

构造如下形式的观测器和状态反馈控制器:

$$\begin{cases} \dot{\xi}(t) = A_C \xi(t) + A_H \xi(t-d(t)) + G_C \dot{\xi}(t-\tau) + L(y(t) - \hat{y}(t)) \\ \hat{y}(t) = C\xi(t) + Dsat(u(t)) \\ u(t) = K(x(t) - \xi(t)) \end{cases} \tag{12-5}$$

其中,$\xi(t),\hat{y}(t)$ 分别为系统状态向量 $x(t)$ 和输出向量 $y(t)$ 的估计;L 为观测器增益;K 为控制器增益。

令状态估计误差 $e(t)=x(t)-\xi(t)$,得到增广闭环系统为

$$\begin{bmatrix} \dot{x}(t) \\ \dot{e}(t) \end{bmatrix} = \begin{bmatrix} A+\Delta A & 0 \\ A-A_C+\Delta A & A_C-LC \end{bmatrix} \begin{bmatrix} x(t) \\ e(t) \end{bmatrix} + \begin{bmatrix} A_h+\Delta A_h & 0 \\ A_h-A_H+\Delta A_h & A_H \end{bmatrix} \begin{bmatrix} x(t-h) \\ e(t-h) \end{bmatrix} +$$

$$\begin{bmatrix} G+\Delta G & 0 \\ G-G_C+\Delta G & G_C \end{bmatrix} \begin{bmatrix} \dot{x}(t-\tau) \\ \dot{e}(t-\tau) \end{bmatrix} + \begin{bmatrix} B \\ B \end{bmatrix} f(t,x(t),x(t-h)) + \begin{bmatrix} B_1 \\ B_1 \end{bmatrix} sat(u(t))$$

(12-6)

12.3 主要结果

定理 12.3.1 如果存在对称正定矩阵 P_i 和适当维数的正定矩阵 $Q_i, S_i(i=1,2), J_j$ ($j=1,2,3,4$),以及标量 $\varepsilon_i(i=1,2,3)$,使得以下线性矩阵不等式成立:

$$\Omega = \begin{bmatrix} \Omega_1 & 0 & \Omega_2 \\ * & \Omega_3 & 0 \\ * & * & \Omega_4 \end{bmatrix} < 0 \tag{12-7}$$

则闭环系统(12-6)渐近稳定。

其中

$$\Omega_1 = \begin{bmatrix} \overline{\Omega}_{11} & (A-A_C+\Delta A)^T P_2 & P_1(A_h+\Delta A_h)+\frac{1}{h}S_1^T & 0 \\ * & \overline{\Omega}_{22} & P_2(A_h-A_H+\Delta A_h) & P_2 A_H+\frac{1}{h}S_2^T \\ * & * & \overline{\Omega}_{33} & 0 \\ * & * & * & -Q_2-\frac{1}{h}S_2^T \end{bmatrix}$$

$$\Omega_2 = \begin{bmatrix} P_1(G+\Delta G) & 0 & P_1 B \\ P_2(G-G_C+\Delta G) & P_2 G_C & P_2 B \\ 0 & 0 & 0 \\ 0 & 0 & 0 \end{bmatrix}$$

$\Omega_3 = \text{diag}\{J_1, J_2, J_3+hS_1, J_4+hS_2\}, \Omega_4 = \text{diag}\{-J_3, -J_4, -\varepsilon_3 I\}$

$\overline{\Omega}_{11} = P_1(A+\Delta A) + (A+\Delta A)^T P_1 + \varepsilon_1 P_1 B_1 B_1^T P_1 + Q_1 + J_1 - \frac{1}{h}S_1 + 2\varepsilon_3 M_1^T M_1$

$\overline{\Omega}_{22} = P_2(A_C-LC) + (A_C-LC)^T P_2 + \varepsilon_1^{-1} K^T K +$
$\varepsilon_2 P_2 B_1 B_1^T P_2 + \varepsilon_2^{-1} K^T K + Q_2 + J_2 - \frac{1}{h}S_2$

$\overline{\Omega}_{33} = 2\varepsilon_3 M_2^T M_2 - Q_1 + \frac{1}{h}S_1$

证明 构造如下形式的 Lyapunov-Krasovskii 泛函：
$$V(x(t),e(t)) = V_1(x(t),e(t)) + V_2(x(t),e(t)) + V_3(x(t),e(t)) + V_4(x(t),e(t))$$

其中

$$V_1(x(t),e(t)) = \begin{bmatrix} x(t) \\ e(t) \end{bmatrix}^T \begin{bmatrix} P_1 & 0 \\ 0 & P_2 \end{bmatrix} \begin{bmatrix} x(t) \\ e(t) \end{bmatrix}$$

$$V_2(x(t),e(t)) = \int_{t-h}^{t} \begin{bmatrix} x(s) \\ e(s) \end{bmatrix}^T \begin{bmatrix} Q_1 & 0 \\ 0 & Q_2 \end{bmatrix} \begin{bmatrix} x(s) \\ e(s) \end{bmatrix} ds$$

$$V_3(x(t),e(t)) = \int_{t-\tau}^{t} \begin{bmatrix} x(s) \\ e(s) \end{bmatrix}^T \begin{bmatrix} J_1 & 0 \\ 0 & J_2 \end{bmatrix} \begin{bmatrix} x(s) \\ e(s) \end{bmatrix} ds + \int_{t-\tau}^{t} \begin{bmatrix} \dot{x}(s) \\ \dot{e}(s) \end{bmatrix}^T \begin{bmatrix} J_3 & 0 \\ 0 & J_4 \end{bmatrix} \begin{bmatrix} \dot{x}(s) \\ \dot{e}(s) \end{bmatrix} ds$$

$$V_4(x(t),e(t)) = \int_{-h}^{0} \int_{t+\theta}^{t} \begin{bmatrix} \dot{x}(s) \\ \dot{e}(s) \end{bmatrix}^T \begin{bmatrix} S_1 & 0 \\ 0 & S_2 \end{bmatrix} \begin{bmatrix} \dot{x}(s) \\ \dot{e}(s) \end{bmatrix} ds d\theta$$

将 $V(x(t),e(t))$ 沿系统(12-6)求导，可得

$$\dot{V}_1(x(t),e(t)) = 2\begin{bmatrix} x(t) \\ e(t) \end{bmatrix}^T \begin{bmatrix} P_1 & 0 \\ 0 & P_2 \end{bmatrix} \begin{bmatrix} \dot{x}(t) \\ \dot{e}(t) \end{bmatrix} =$$

$$2x^T(t)P_1\Pi_1\tau(t) + 2e^T(t)P_2\Pi_2\tau(t) + x^T(t)P_1B_1\alpha(u(t))Ke(t) +$$
$$e^T(t)K^T\alpha^T(u(t))B_1^T P_1 x(t) + e^T(t)P_2B_1\alpha(u(t))Ke(t) + e^T(t)K^T\alpha^T(u(t))B_1^T P_2 e(t)$$

$$\dot{V}_2 = \begin{bmatrix} x(t) \\ e(t) \end{bmatrix}^T \begin{bmatrix} Q_1 & 0 \\ 0 & Q_2 \end{bmatrix} \begin{bmatrix} x(t) \\ e(t) \end{bmatrix} - \begin{bmatrix} x(t-h) \\ e(t-h) \end{bmatrix}^T \begin{bmatrix} Q_1 & 0 \\ 0 & Q_2 \end{bmatrix} \begin{bmatrix} x(t-h) \\ e(t-h) \end{bmatrix}$$

$$\dot{V}_3(x(t),e(t)) = \begin{bmatrix} x(t) \\ e(t) \end{bmatrix}^T \begin{bmatrix} J_1 & 0 \\ 0 & J_2 \end{bmatrix} \begin{bmatrix} x(t) \\ e(t) \end{bmatrix} - \begin{bmatrix} x(t-\tau) \\ e(t-\tau) \end{bmatrix}^T \begin{bmatrix} J_1 & 0 \\ 0 & J_2 \end{bmatrix} \begin{bmatrix} x(t-\tau) \\ e(t-\tau) \end{bmatrix} +$$

$$\begin{bmatrix} \dot{x}(t) \\ \dot{e}(t) \end{bmatrix}^T \begin{bmatrix} J_3 & 0 \\ 0 & J_4 \end{bmatrix} \begin{bmatrix} \dot{x}(t) \\ \dot{e}(t) \end{bmatrix} - \begin{bmatrix} \dot{x}(t-\tau) \\ \dot{e}(t-\tau) \end{bmatrix}^T \begin{bmatrix} J_3 & 0 \\ 0 & J_4 \end{bmatrix} \begin{bmatrix} \dot{x}(t-\tau) \\ \dot{e}(t-\tau) \end{bmatrix}$$

$$\dot{V}_4(x(t),e(t)) = h\begin{bmatrix} \dot{x}(t) \\ \dot{e}(t) \end{bmatrix}^T \begin{bmatrix} S_1 & 0 \\ 0 & S_2 \end{bmatrix} [\dot{x}(t)\dot{e}(t)] - \int_{-h}^{0} \dot{x}^T(t+\theta)S_1\dot{x}(t+\theta)d\theta -$$
$$\int_{-h}^{0} \dot{e}^T(t+\theta)S_2\dot{e}(t+\theta)d\theta$$

由假设 12.2.2，存在标量 $\varepsilon_1, \varepsilon_2$ 使得以下不等式成立：

$$x^T(t)P_1B_1\alpha(u(t))Ke(t) + e^T(t)K^T\alpha^T(u(t))B_1^T P_1 x(t)$$

第12章 基于观测器的一类具有输入饱和因子的非线性中立型系统的稳定性分析

$$\leq \varepsilon_1 x^T(t)P_1B_1B_1^TP_1x(t) + \varepsilon_1^{-1}e^T(t)K^TKe(t)$$

$$e(t)^TP_2B_1\alpha(u(t))Ke(t) + e^T(t)K^T\alpha^T(u(t))B_1^TP_2e(t)$$

$$\leq \varepsilon_2 e^T(t)P_2B_1B_1^TP_2e(t) + \varepsilon_2^{-1}e^T(t)K^TKe(t) \quad (12\text{-}8)$$

由假设 12.2.3,可得

$$\|f(t,x(t),x(t-h))\|^2 \leq 2\|M_1x(t)\|^2 + 2\|M_2x(t-h)\|^2$$

则存在标量 $\varepsilon_3 > 0$,使得下式成立:

定义向量

$$2\varepsilon_3 x^T(t)M_1^TM_1x(t) + 2\varepsilon_3 x^T(t-h)M_2^TM_2x(t-h) - \varepsilon_3 f^T(t)f(t) \geq 0 \quad (12\text{-}9)$$

$$\tau(t) = [x^T(t) \quad e^T(t) \quad x^T(t-h) \quad e^T(t-h) \quad x^T(t-\tau) \quad e^T(t-\tau)$$
$$\dot{x}^T(t) \quad \dot{e}^T(t) \quad \dot{x}^T(t-\tau) \quad \dot{e}^T(t-\tau) \quad f^T]^T$$

$$\Pi_1 = [A + \Delta A \quad 0 \quad A_h + \Delta A_h \quad 0 \quad 0 \quad 0 \quad 0 \quad 0 \quad G + \Delta G \quad 0 \quad B]$$

$$\Pi_2 = [A - A_C + \Delta A \quad A_C - LC \quad A_h - A_H + \Delta A_h \quad A_H \quad 0 \quad 0 \quad 0 \quad 0 \quad G - G_C + \Delta G \quad G_C \quad B]$$

则有

$$\dot{x} = \Pi_1\tau(t) + B_1 sat(u(t)), \dot{e} = \Pi_2\tau(t) + B_1 sat(u(t)) \quad (12\text{-}10)$$

从而由式(12-8)、式(12-9)、式(12-10)可以得到

$$\dot{V}(x(t),e(t)) \leq 2x^T(t)P_1\Pi_1\tau(t) + 2e^T(t)P_2\Pi_2\tau(t) + \varepsilon_1 x^T(t)P_1B_1B_1^TP_1x(t) + \varepsilon_1^{-1}e^T(t)K^TKe(t) +$$

$$\varepsilon_2 e^T(t)P_2B_1B_1^TP_2e(t) + \varepsilon_2^{-1}e^T(t)K^TKe(t) + \begin{bmatrix}x(t)\\e(t)\end{bmatrix}^T \begin{bmatrix}Q_1 & 0\\0 & Q_2\end{bmatrix}\begin{bmatrix}x(t)\\e(t)\end{bmatrix} -$$

$$\begin{bmatrix}x(t-h)\\e(t-h)\end{bmatrix}^T \begin{bmatrix}Q_1 & 0\\0 & Q_2\end{bmatrix}\begin{bmatrix}x(t-h)\\e(t-h)\end{bmatrix} + \begin{bmatrix}x(t)\\e(t)\end{bmatrix}^T \begin{bmatrix}J_1 & 0\\0 & J_2\end{bmatrix}\begin{bmatrix}x(t)\\e(t)\end{bmatrix} -$$

$$\begin{bmatrix}x(t-\tau)\\e(t-\tau)\end{bmatrix}^T \begin{bmatrix}J_1 & 0\\0 & J_2\end{bmatrix}\begin{bmatrix}x(t-\tau)\\e(t-\tau)\end{bmatrix} + \begin{bmatrix}\dot{x}(t)\\\dot{e}(t)\end{bmatrix}^T \begin{bmatrix}S_1 & 0\\0 & S_2\end{bmatrix}\begin{bmatrix}\dot{x}(t)\\\dot{e}(t)\end{bmatrix} -$$

$$\begin{bmatrix}\dot{x}(t-\tau)\\\dot{e}(t-\tau)\end{bmatrix}^T \begin{bmatrix}J_3 & 0\\0 & J_4\end{bmatrix}\begin{bmatrix}\dot{x}(t-\tau)\\\dot{e}(t-\tau)\end{bmatrix} + h\begin{bmatrix}\dot{x}(t)\\\dot{e}(t)\end{bmatrix}^T \begin{bmatrix}S_1 & 0\\0 & S_2\end{bmatrix}\begin{bmatrix}\dot{x}(t)\\\dot{e}(t)\end{bmatrix} +$$

$$\frac{1}{h}\begin{bmatrix}x(t-h)\\x(t)\end{bmatrix}^T \begin{bmatrix}-S_1 & S_1\\S_1^T & -S_1\end{bmatrix}\begin{bmatrix}x(t-h)\\x(t)\end{bmatrix} + \frac{1}{h}\begin{bmatrix}e(t-h)\\e(t)\end{bmatrix}^T \begin{bmatrix}-S_2 & S_2\\S_2^T & -S_2\end{bmatrix}\begin{bmatrix}e(t-h)\\e(t)\end{bmatrix}$$

由式(12-7)可知

$$\dot{V}(x(t),e(t)) \leq \tau^T(t)\Omega\tau(t) < 0$$

从而系统(12-6)渐近稳定。定理得证。

定理 12.3.2　如果存在对称正定矩阵 $\tilde{P}_i$ 和适当维数的正定矩阵 $\tilde{Q}_i, \tilde{S}_i(i=1,2), \tilde{J}_j(j=1,2,3,4)$，以及标量 $\varepsilon_i(i=1,2,3,4)$，使得以下线性矩阵不等式成立：

$$\begin{bmatrix} \Sigma & \bar{\theta}_1 & \varepsilon_4 \bar{\theta}_2 & \bar{\theta}_3^{\mathrm{T}} \\ * & \Sigma_5 & 0 & 0 \\ * & * & -\varepsilon_4 I & 0 \\ * & * & * & -\varepsilon_4 I \end{bmatrix} < 0 \tag{12-11}$$

则系统(12-6)渐近稳定，且控制器增益为 $K = Y\tilde{P}_2^{-1}$，观测器增益为 $L = SP_2 C^{-1}$。

其中

$$\Sigma = \begin{bmatrix} \Sigma_1 & 0 & \Sigma_2 \\ * & \Sigma_3 & 0 \\ * & * & \Sigma_4 \end{bmatrix}$$

$$\Sigma_1 = \begin{bmatrix} \Sigma_{11} & P_1^{-\mathrm{T}} A^{\mathrm{T}} - P_1^{-\mathrm{T}} A_C^{\mathrm{T}} & A_h P_1^{-1} + \frac{1}{h}\tilde{S}_1^{\mathrm{T}} & 0 \\ * & \Sigma_{22} & A_h P_1^{-1} - A_H P_1^{-1} & A_H P_2^{-1} + \frac{1}{h}\tilde{S}_2^{\mathrm{T}} \\ * & * & -\tilde{Q}_1 - \frac{1}{h}\tilde{S}_1^{\mathrm{T}} & 0 \\ * & * & * & -\tilde{Q}_2 - \frac{1}{h}\tilde{S}_2^{\mathrm{T}} \end{bmatrix}$$

$$\Sigma_2 = \begin{bmatrix} GP_1^{-1} & 0 & B \\ GP_1^{-1} - G_C P_1^{-1} & G_C P_2^{-1} & B \\ 0 & 0 & 0 \\ 0 & 0 & 0 \end{bmatrix}$$

$\Sigma_3 = \mathrm{diag}\{\tilde{J}_1, \tilde{J}_2, \tilde{J}_3 + h\tilde{S}_1, \tilde{J}_4 + h\tilde{S}_2\}$，$\Sigma_4 = \mathrm{diag}\{-\tilde{J}_3, -\tilde{J}_4, -\varepsilon_3 I\}$

$$\Sigma_{11} = AP_1^{-1} + P_1^{-\mathrm{T}} A^{\mathrm{T}} + \tilde{Q} + \tilde{J}_1 + \frac{1}{h}\tilde{S}_1$$

$$\Sigma_{22} = A_C P_2^{-1} - LCP_2^{-1} + P_2^{-\mathrm{T}} A_C^{\mathrm{T}} - P_2^{-\mathrm{T}} C^{\mathrm{T}} L^{\mathrm{T}} + \tilde{Q}_2 + \tilde{J}_2 - \frac{1}{h}\tilde{S}_2$$

$$\bar{\theta}_1 = \begin{bmatrix} \varepsilon_1 B_1 & \varepsilon_3 P_1^{-T} M_1^T & 0 & 0 & 0 \\ 0 & 0 & P_2^{-T} K^T & \varepsilon_2 B_1 & 0 \\ 0 & 0 & 0 & 0 & \varepsilon_3 P_1^{-T} M_2^T \\ 0 & 0 & 0 & 0 & 0 \\ \vdots & \vdots & \vdots & \vdots & \vdots \\ 0 & 0 & 0 & 0 & 0 \end{bmatrix}_{11 \times 5}$$

$$\Sigma_5 = \mathrm{diag}\{-\varepsilon_1 I, -I, -(\varepsilon_1^{-1} + \varepsilon_2^{-1})I, -\varepsilon_2 I, -I\}$$

$$\bar{\theta}_2 = [H^T \ H^T \ 0 \ 0 \ 0 \ 0 \ 0 \ 0 \ 0 \ 0 \ 0]^T$$

$$\bar{\theta}_3 = [E_1 P_1^{-1} \ 0 \ E_2 P_1^{-1} \ 0 \ 0 \ 0 \ 0 \ 0 \ E_3 P_1^{-1} \ 0 \ 0]^T$$

证明 式(12-7)可以写成

$$\bar{\Omega} + \theta_1 \overline{\Sigma}_5 \theta_1^T + \theta_2 F(t) \theta_3 + \theta_3^T F^T(t) \theta_2^T < 0 \tag{12-12}$$

其中

$$\bar{\Omega} = \begin{bmatrix} \overline{\overline{\Omega}}_1 & 0 & \overline{\overline{\Omega}}_2 \\ * & \overline{\overline{\Omega}}_3 & 0 \\ * & * & \overline{\overline{\Omega}}_4 \end{bmatrix}$$

$$\overline{\overline{\Omega}}_1 = \begin{bmatrix} \tilde{\Omega}_{11} & A^T P_2 - A_C^T P_2 & P_1 A_h + \dfrac{1}{h} S_1^T & 0 \\ * & \tilde{\Omega}_{22} & P_2 A_h - P_2 A_H & P_2 A_H + \dfrac{1}{h} S_2^T \\ * & * & -Q_1 - \dfrac{1}{h} S_1^T & 0 \\ * & * & * & -Q_2 - \dfrac{1}{h} S_2 \end{bmatrix}$$

$$\overline{\overline{\Omega}}_2 = \begin{bmatrix} P_1 G & 0 & P_1 B \\ P_2 G - P_2 G_C & P_2 G_C & P_2 B \\ 0 & 0 & 0 \\ 0 & 0 & 0 \end{bmatrix}$$

$$\overline{\overline{\Omega}}_3 = \Omega_3 = \mathrm{diag}\{J_1, J_2, J_3 + hS_1, J_4 + hS_2\}, \overline{\overline{\Omega}}_4 = \Omega_4 = \mathrm{diag}\{-J_3, -J_4, -\varepsilon_3 I\}$$

$$\tilde{\Omega}_{11} = P_1 A + A^T P_1 + Q_1 + J_1 - \dfrac{1}{h} S_1, \tilde{\Omega}_{22} = P_2 A_C - P_2 LC + A_C^T P_2 - C^T L^T P_2 + Q_2 + J_2 - \dfrac{1}{h} S_2$$

$$\Sigma_5 = \mathrm{diag}\{-\varepsilon_1^{-1}I, -I, -(\varepsilon_1^{-1}+\varepsilon_2^{-1})I, -\varepsilon_2^{-1}I, -I\}$$

$$\theta_2 = [H^T P_1 \quad H^T P_2 \quad 0 \quad 0 \quad 0 \quad 0 \quad 0 \quad 0 \quad 0 \quad 0 \quad 0]^T$$

$$\theta_3 = [E_1 \quad 0 \quad E_2 \quad 0 \quad 0 \quad 0 \quad 0 \quad 0 \quad E_3 \quad 0 \quad 0]^T$$

$$\theta_1 = \begin{bmatrix} P_1 B_1 & \varepsilon_3 M_1^T & 0 & 0 & 0 \\ 0 & 0 & K^T & P_2 B_1 & 0 \\ 0 & 0 & 0 & 0 & \varepsilon_3 M_2^T \\ 0 & 0 & 0 & 0 & 0 \\ \vdots & \vdots & \vdots & \vdots & \vdots \\ 0 & 0 & 0 & 0 & 0 \end{bmatrix}_{11\times 5}$$

应用 Schur 补引理,存在标量 $\varepsilon_4 > 0$ 使得式(12-12)可以写成

$$\begin{bmatrix} \bar{\Omega} & \theta_1 & \varepsilon_4 \theta_2 & \theta_3^T \\ * & \bar{\Sigma}_5 & 0 & 0 \\ * & * & -\varepsilon_4 I & 0 \\ * & * & * & -\varepsilon_4 I \end{bmatrix} < 0 \quad (12\text{-}13)$$

定义 $\tilde{P}_i = P_i^{-1}, L = SP_2 C^{-1}, K = Y\tilde{P}_2^{-1}, X = \mathrm{diag}\{Y,Y,Y,Y,Y,I,\varepsilon_1 I,I,I,\varepsilon_2 I,I,I,I\}, Y = \mathrm{diag}\{P_1^{-1}, P_2^{-1}\}, \tilde{J}_3 = P_1^{-T} J_3 P_1^{-1}, \tilde{J}_4 = P_2^{-T} J_4 P_2^{-1}, \tilde{Q}_i = P_i^{-T} Q_i P_i^{-1}, \tilde{S}_i = P_i^{-T} S_i P_i^{-1}, \tilde{J}_i = P_i^{-T} J_i P_i^{-1}$ ($i=1,2$),使式(12-13)左乘 X^T 右乘 X,由 Schur 补引理,得式(12-11)。定理得证。

12.4 数值算例

考虑系统(12-2):

$$A = \begin{bmatrix} 0.9 & 0.3 \\ 0.4 & 0.9 \end{bmatrix}, B_1 = \begin{bmatrix} 0.9 & 0.2 \\ 0.1 & 0.9 \end{bmatrix}, B = \begin{bmatrix} 0.1 & 0.3 \\ 0.4 & 0.1 \end{bmatrix},$$

$$B_1 = \begin{bmatrix} 0.1 & 0.3 \\ 0.3 & 0.8 \end{bmatrix}, B_1 = \begin{bmatrix} -0.1 & 0 \\ 0.2 & -0.3 \end{bmatrix}, C = \begin{bmatrix} 0.1 & 0 \\ -0.2 & 0.1 \end{bmatrix}, G = \begin{bmatrix} 0.1 & 0.3 \\ 0.3 & 0.1 \end{bmatrix}$$

$$M_1 = \begin{bmatrix} 0.2 & 0.3 \\ 0.1 & 0.5 \end{bmatrix}, M_2 = \begin{bmatrix} 0.1 & 0.2 \\ 0.2 & 0.3 \end{bmatrix}, H = \begin{bmatrix} -0.5 & 0.3 \\ -0.1 & 0.6 \end{bmatrix}$$

$$E_1 = \begin{bmatrix} 0.1 & -0.2 \\ 0 & 0.3 \end{bmatrix}, E_2 = \begin{bmatrix} 0.1 & 0.2 \\ 0.3 & 0.2 \end{bmatrix}, E_3 = \begin{bmatrix} 0.2 & 0.3 \\ 0 & -0.15 \end{bmatrix}$$

$$h = 0.8, \varepsilon_1 = \varepsilon_2 = \varepsilon_3 = \varepsilon_4 = 0.01$$

应用定理 12.3.2，可以得到

$$Y = \begin{bmatrix} 0.2524 & -0.5370 \\ -1.1051 & 0.7012 \end{bmatrix}, S = \begin{bmatrix} -0.0253 & -0.3682 \\ 0.1322 & 0.3235 \end{bmatrix}, \tilde{P}_2 = \begin{bmatrix} 0.5374 & -0.0823 \\ -1.3256 & -0.1735 \end{bmatrix}$$

$$L = S\tilde{P}_2 C^{-1} = \begin{bmatrix} 6.0642 & 0.6596 \\ -4.9180 & -0.6701 \end{bmatrix}, K = Y\tilde{P}_2 = \begin{bmatrix} 0.8475 & 0.0724 \\ -1.5234 & -0.0307 \end{bmatrix}$$

12.5 本章小结

本章研究了基于观测器的一类具有输入饱和因子的非线性中立型时滞系统的鲁棒稳定性问题，利用 Lyapunov-Krasovskii 稳定性理论和积分不等式方法，对饱和因子进行巧妙的处理，得到了非线性中立型系统基于观测器的鲁棒稳定的充分条件，并构造出期望的观测器和无记忆反馈控制器。最后给出了数值例子，证明所采用方法的有效性。

第 13 章 基于观测器的中立型广义 Markov 跳变系统的无源控制

13.1 引言

耗散性理论在系统稳定性研究中起重要的作用,其含义是存在一个非负的能量函数,使得系统的能量耗损总小于能量的供给率。而无源性则是耗散性的一个重要方面,它将输入输出的乘积作为能量的供给率,体现了系统在有界输入的条件下能量的衰减特性。系统无源可以保持系统内部稳定并且在许多领域得到很好的应用,对于基于观测器的无源控制也有了一些研究成果[156-159]。

本章研究基于观测器的不确定中立型广义 Markov 跳变系统的时滞相关的鲁棒无源控制器的设计问题。构造观测器系统,在保证系统鲁棒随机稳定的前提下,构造 Lyapunov-Krasovskii 泛函并引入自由矩阵,给出闭环系统鲁棒严格无源的条件。然后,以线性矩阵不等式的形式给出系统存在所设计观测器的充分条件。数值实例说明该方法的有效性。

13.2 系统的描述与准备

给定一组概率空间 $(\Omega_\eta, F_\eta, \text{Pr})$,其中 Ω_η 是采样空间,F_η 是事件代数,Pr 是定义在 F_η 上的概率测度,其中 r_t 表示系统的模态,为在有限集合 $M\{1,2,\cdots,N\}$ 中随时间取值的 Markov 随机过程,其跳变转移概率矩阵为 $\Pi = (\pi_{ij})(i,j \in M)$;从时间 t 的模态 i 到时间 $t+\Delta t$ 的模态 j 的状态转移概率为

$$P_{ij} = \text{Pr}(r_{t+\Delta t} = j \mid r_t = i) = \begin{cases} \pi_{ij}\Delta t + o(\Delta t), & \text{if } i \neq j \\ 1 + \pi_{ij}\Delta t + o(\Delta t), & \text{if } i = j \end{cases} \quad (13\text{-}1)$$

其中,$\Delta t \to 0$ 时,$o(\Delta t)/\Delta t \to 0$;$\pi_{ij}$ 表示从模态 i 跳变到模态 j 的转移概率,当 $i \neq j$ 时,$\pi_{ij} \geq 0$,并且有 $\sum_{j=1,j\neq i}^{N} \pi_{ij} = -\pi_{ij}$ 成立。

考虑如下形式的不确定中立型广义 Markov 跳变系统:

$$\begin{cases} E\dot{x}(t) = (A(r_t) + \Delta A(r_t))x(t) + (G(r_t) + \Delta G(r_t))\dot{x}(t-h(t)) \\ \qquad (A_d(r_t) + \Delta A_d(r_t))x(t-d(t)) + (B(r_t) + \Delta B(r_t))u(t) + B_1(r_t)w(t) \\ y(t) = C(r_t)x(t) + C_d(r_t)x(t-d(t)) + D(r_t)u(t) \\ z(t) = C_1(r_t)x(t) + C_2(r_t)x(t-d(t)) + D_1(r_t)u(t) + B_2(r_t)w(t) \\ x(t) = \phi(t), r_t = r_0, t = 0 \end{cases}$$

(13-2)

其中,$x(t) \in \mathbf{R}^n$ 是系统的状态向量;$u(t) \in \mathbf{R}^m$ 是控制输入;$y(t) \in \mathbf{R}^p$ 是测量输出;$z(t) \in \mathbf{R}^q$ 为受控输出;$w(t) \in \mathbf{R}^l$ 为系统扰动输入,且 $w(t) \in I_2[0, +\infty]$;$\phi(t)$ 是 $[-h,0]$ 上连续可微的初值函数;$d(t), h(t)$ 分别是时变状态时滞和中立型时滞,且满足 $0 \le d(t) \le d, \dot{d}(t) \le \tau \le 1, 0 \le h(t) \le h, \dot{h}(t) \le \mu \le 1$, $\mathrm{rank}(E) = r \le n$;$A(r_t), A_d(r_t), G(r_t), B(r_t), B_1(r_t), C(r_t), C_d(r_t), D(r_t), C_1(r_t), C_2(r_t), D_1(r_t), B_2(r_t)$ 分别为已知的与模态 r_t 相关的适当维数的系数矩阵。为方便起见,当 $r_t = i$ 时,分别用 $A_i, \Delta A_i, A_{di}, \Delta A_{di}, G_i, \Delta G_i, B_i, \Delta B_i, B_{1i}, C_i, C_{di}, D_i, C_{1i}, C_{2i}, D_{1i}, B_{2i}$ 代表 $A(r_t), \Delta A(r_t), A_d(r_t), \Delta A_d(r_t), G(r_t), \Delta G(r_t), B(r_t), \Delta B(r_t), B_1(r_t), C(r_t), C_d(r_t), D(r_t), C_1(r_t), C_2(r_t), D_1(r_t), B_2(r_t)$。其中 $\Delta A_i, \Delta A_{di}, \Delta G_i, \Delta B_i$ 为具有适当维数的常数矩阵和时变参数不确定性,具有如下形式:

$$[\Delta A_i \quad \Delta A_{di} \quad \Delta G_i \quad \Delta B_i] = H_i F_i(t)[E_{1i} \quad E_{2i} \quad E_{3i} \quad E_{4i}]$$ (13-3)

其中,$H_i, E_{1i}, E_{2i}, E_{3i}, E_{4i}$ 是已知的具有适当维数的常数矩阵;$F_i(t)$ 是时变的未知矩阵,且 $F_i^{\mathrm{T}}(t)F_i(t) \le I, \forall t, I$ 为适当维数的单位矩阵。

当 $G_i = 0, H_i = 0, E_{3i} = 0, i \in M$ 时,系统(13-2)变为时变时滞广义 Markov 跳变系统。

定义 13.2.1 跳变系统(13-2)中令 $u(t), w(t) = 0$ 时,系统称为鲁棒随机稳定,如果对于所有初始转态 x_0,初始模态 r_0 和允许的不确定性(13-3),有

$$\lim_{T \to \infty} \varepsilon \left\{ \int_0^T \| x(t, x_0, r_0) \|^2 \mid x_0, r_0 \right\} < \infty$$ (13-4)

对于跳变系统(13-2),构造如下形式的状态观测器和反馈控制器:

$$\begin{cases} E\dot{\bar{x}}(t) = A_i \bar{x}(t) + A_{di} \bar{x}(t-d(t)) + G_i \dot{\bar{x}}(t-h(t)) + B_i u(t) + L_i(y(t) - \bar{y}(t)) \\ \bar{y}(t) = C_i \bar{x}(t) + C_{di} \bar{x}(t-d(t)) + D_i u(t) \\ u(t) = \bar{K}_i \bar{x}(t), \bar{K}_i = K_i + \Delta K_i \end{cases}$$ (13-5)

其中,$\bar{x}(t)$ 和 $\bar{y}(t)$ 分别为系统的状态和输出的估计值;L_i 为观测器增益;K_i 为控制器增益;ΔK_i 为增益的扰动。

考虑具有加法不确定性的扰动增益：
$$\Delta K_i = H_u F_u(t) E_u, F_u^{\mathrm{T}}(t) F_u(t) \leqslant I \tag{13-6}$$

具有乘法不确定性的扰动增益：
$$\Delta K_i = H_u F_u(t) E_u K_i, F_u^{\mathrm{T}}(t) F_u(t) \leqslant I \tag{13-7}$$

定义系统的状态估计误差 $e(t) = x(t) - \bar{x}(t)$，则可得到如下的增广系统：

$$\begin{cases} \bar{E}\dot{\hat{x}}(t) = \bar{\bar{A}}_i \hat{x}(t) + \bar{\bar{A}}_{di} \hat{x}(t-d(t)) + \bar{\bar{G}} \dot{x}(t-h(t)) + \bar{B}_{1i} w(t) \\ z(t) = \bar{C}_{1i} \hat{x}(t) + \bar{C}_{2i} \hat{x}(t-d(t)) + B_{2i} w(t) \\ x(t) = \phi(t) \end{cases} \tag{13-8}$$

其中

$$\hat{x}(t) = \begin{bmatrix} x(t) \\ e(t) \end{bmatrix}, \bar{\bar{A}}_i = \begin{bmatrix} A_i + \Delta A_i + (B_i + \Delta B_i)\bar{K}_i & -(B_i + \Delta B_i)\bar{K}_i \\ \Delta A_i + \Delta B_i \bar{K}_i & A_i - \Delta B_i \bar{K}_i - L_i C_i \end{bmatrix}$$

$$\bar{E} = \begin{bmatrix} E & 0 \\ 0 & E \end{bmatrix}, \bar{B}_{1i} = \begin{bmatrix} B_{1i} \\ 0 \end{bmatrix}, \bar{\bar{A}}_{di} = \begin{bmatrix} A_{di} + \Delta A_{di} & 0 \\ \Delta A_{di} & A_{di} - L_i C_{di} \end{bmatrix}$$

$$\bar{\bar{G}} = \begin{bmatrix} G_i + \Delta G_i & 0 \\ \Delta G_i & G_i \end{bmatrix}, \bar{\bar{G}}_{1i} = [C_{1i} + D_{1i}\bar{K}_i \quad -D_{1i}\bar{K}_i], \bar{C}_{2i} = [C_{2i} \quad 0]$$

定义 13.2.2[160]　跳变系统(13-2)称为严格无源的,如果它是内部随机稳定的,且对于给定的标量 $\gamma>0$,使得

$$\xi\left\{\int_0^T w^{\mathrm{T}}(t) z(t) \mathrm{d}t\right\} \geqslant \gamma \xi\left\{\int_0^T w^{\mathrm{T}}(t) w(t) \mathrm{d}t\right\} \tag{13-9}$$

对所有的 $T>0$ 和 $w(t) \in L_2[0,+\infty)$ 都成立。

13.3　主要结果

13.3.1　无源性分析

定理 13.3.1　不确定中立型广义时滞 Markov 跳变系统(13-2)在状态观测器和反馈控制器(13-5)条件下,对给定的标量 $\gamma>0$,若存在对称矩阵 $\bar{P}_i = \mathrm{diag}\{P_i \quad P_{ei}\}$, $Q>0$, $R>0$, $S>0$,可逆矩阵 $\bar{M}_i = \bar{M}_i^{\mathrm{T}}$ 和适当维数的矩阵 $\bar{N}_{qi}(q=1,2,3)$,使得以下的 LMI 成立：

$$\bar{E}^{\mathrm{T}} \bar{P}_i = \bar{P}_i^{\mathrm{T}} \bar{E} \tag{13-10}$$

$$\begin{bmatrix} \Omega & \theta_1 & \varepsilon_2\theta_2^{\mathrm{T}} \\ * & -\varepsilon_2 I & 0 \\ * & * & -\varepsilon_2 I \end{bmatrix} < 0 \tag{13-11}$$

其中

$$\Omega = \begin{bmatrix} \Omega_{11} & \Omega_{12} & \Omega_{13} & \overline{E}^{\mathrm{T}}\overline{N}_{3i}^{\mathrm{T}} & -\overline{C}_{1i}^{\mathrm{T}} & -\overline{N}_{1i} & 0 & E_{14k}^{\mathrm{T}} \\ * & \Omega_{22} & \overline{A}_{di}^{\mathrm{T}}\overline{M}_i^{\mathrm{T}} & -\overline{E}^{\mathrm{T}}\overline{N}_{3i}^{\mathrm{T}} & -\overline{C}_{2i}^{\mathrm{T}} & -\overline{N}_{2i} & 0 & \overline{E}_{2i}^{\mathrm{T}} \\ * & * & \Omega_{33} & \overline{M}_i\overline{G}_i & \overline{M}_i\overline{B}_{1i} & 0 & \varepsilon_1\overline{M}_i\overline{H}_i & 0 \\ * & * & * & \Omega_{44} & 0 & -\overline{N}_{3i} & 0 & \overline{E}_{3i}^{\mathrm{T}} \\ * & * & * & * & \Omega_{55} & 0 & 0 & 0 \\ * & * & * & * & * & \Omega_{66} & 0 & 0 \\ * & * & * & * & * & * & -\varepsilon_1 I & 0 \\ * & * & * & * & * & * & * & -\varepsilon_1 I \end{bmatrix}$$

$$\Omega_{11} = Q + \sum_{j=1}^{N} \pi_{ij}\overline{E}^{\mathrm{T}}\overline{P}_j + \overline{N}_{1i}\overline{E} + \overline{E}^{\mathrm{T}}\overline{N}_{1i}^{\mathrm{T}}, \Omega_{12} = -\overline{N}_{1i}\overline{E} + \overline{E}^{\mathrm{T}}\overline{N}_{2i}^{\mathrm{T}}$$

$$\Omega_{13} = \overline{P}_i + \hat{A}_i^{\mathrm{T}}\overline{M}_i^{\mathrm{T}}, \Omega_{22} = -(1-\tau)Q - \overline{N}_{2i}\overline{E} - \overline{E}^{\mathrm{T}}\overline{N}_{2i}^{\mathrm{T}}$$

$$\Omega_{33} = R + dS - \overline{M}_i^{\mathrm{T}} - \overline{M}_i, \Omega_{44} = -(1-\mu)\overline{E}^{\mathrm{T}}R\overline{E}$$

$$Q = \mathrm{diag}\{Q_1 \quad Q_2\}, \overline{P}_i = \mathrm{diag}\{P_i \quad P_{ei}\}, R = \mathrm{diag}\{r_1 \quad r_2\}$$

$$S = \mathrm{diag}\{S_1 \quad S_2\}, \overline{N}_{qi} = \mathrm{diag}\{N_{qi} \quad N_{ei}\} (q = 1,2,3)$$

$$\Omega_{55} = -B_{2i} - B_{2i}^{\mathrm{T}} + 2\gamma I, \Omega_{66} = -\frac{(1-\tau)}{d}S$$

$$\hat{A}_i = \begin{bmatrix} A_i + B_iK_i & -B_iK_i \\ 0 & A_i - L_iC_i \end{bmatrix}, \overline{A}_{di} = \begin{bmatrix} A_{di} & 0 \\ 0 & A_{di} - L_iC_{di} \end{bmatrix}, \overline{G}_i = \begin{bmatrix} G_i & 0 \\ 0 & G_i \end{bmatrix}$$

$$\overline{H}_i = \begin{bmatrix} H_i \\ H_i \end{bmatrix}, \overline{B}_i = \begin{bmatrix} B_i \\ B_i \end{bmatrix}, E_{14k} = [E_{1i} + E_{4i}K_i \quad -E_{4i}K_i], \overline{C}_{1i} = [C_{1i} + D_{1i}K_i \quad -D_{1i}K_i]$$

$$\theta_1^{\mathrm{T}} = [0 \quad 0 \quad (\overline{B}_i\overline{H}_u)^{\mathrm{T}} \quad 0 \quad (D_{1i}\hat{H}_u)^{\mathrm{T}} \quad 0 \quad 0 \quad (E_{4i}\hat{H}_u)^{\mathrm{T}}]$$

$$\theta_2 = [\overline{E}_u \quad 0 \quad 0 \quad 0 \quad 0 \quad 0 \quad 0 \quad 0], \overline{E}_{2i} = [E_{2i} \quad 0], \overline{E}_{3i} = [E_{3i} \quad 0]$$

$$\overline{H}_u = [H_u \quad 0], \hat{H}_u = [H_u \quad H_u], \overline{E}_u = \mathrm{diag}\{E_u \quad -E_u\}$$

则闭环系统(13-8)是随机稳定且严格无源的。

证明 构造如下形式的 Lyapunov-Krasovskii 泛函：

$$V(t,x(t),i) = V_1(t,x(t),i) + V_2(t,x(t),i) + V_3(t,x(t),i) + V_4(t,x(t),i) \tag{13-12}$$

其中

$$V_1 = \hat{x}^T(t)\bar{E}^T\bar{P}_i\hat{x}(t), \bar{E} = \mathrm{diag}\{E\ E\}, \bar{P}_i = \mathrm{diag}\{P_i\ P_{ei}\}$$

$$V_2 = \int_{t-d(t)}^{t} \hat{x}^T(s)Q\hat{x}(s)\mathrm{d}s, V_3\int_{t-h(t)}^{t}(\bar{E}\dot{\hat{x}}(s))^T R\bar{E}\dot{\hat{x}}(s)\mathrm{d}s$$

$$V_4 = \int_{-d(t)}^{0}\int_{t+\theta}^{t}(\bar{E}\dot{\hat{x}}(s))^T S\bar{E}\dot{\hat{x}}(s)\mathrm{d}s\mathrm{d}\theta$$

从而 $V(x,x(t),i)$ 沿式(13-8)求导得

$$\mathfrak{A}V_1 = 2\hat{x}^T(t)\bar{P}_i\bar{E}\dot{\hat{x}}(t) + \sum_{j=1}^{N}\pi_{ij}\hat{x}^T(t)\bar{E}^T\bar{P}_i\hat{x}(t)$$

$$\mathfrak{A}V_2 = \hat{x}^T(t)Q\hat{x}(t) - (1-\tau)\hat{x}^T(t-d(t))Q\hat{x}(t-d(t))$$

$$\mathfrak{A}V_3 = (\bar{E}\dot{\hat{x}}(t))^T R\bar{E}\dot{\hat{x}}(t) - (1-\mu)\dot{\hat{x}}^T(t-h(t))\bar{E}^T R\bar{E}\dot{\hat{x}}(t-h(t))$$

$$\mathfrak{A}V_4 = (\bar{E}\dot{\hat{x}}(t))^T dS\bar{E}\dot{\hat{x}}(t) - \int_{t-d(t)}^{t}(\bar{E}\dot{\hat{x}}(s))^T S\bar{E}\dot{\hat{x}}(s)\mathrm{d}s$$

由引理 2.2.3 得

$$\mathfrak{A}V_4 \leq (\bar{E}\dot{\hat{x}}(t))^T dS\bar{E}\dot{\hat{x}}(t) - \left(\int_{t-d(t)}^{t}\bar{E}\dot{\hat{x}}(s)\mathrm{d}s\right)^T\left(\frac{1-\tau}{d}\right)S\int_{t-d(t)}^{t}\bar{E}\dot{\hat{x}}(s)\mathrm{d}s$$

$$\mathfrak{A}V(t,x(t),i) \leq 2\hat{x}^T(t)\bar{P}_i\bar{E}\dot{\hat{x}}(t) + \sum_{j=1}^{N}\pi_{ij}\hat{x}^T(t)\bar{E}^T\bar{P}_j\hat{x}(t) + \hat{x}^T(t)Q\hat{x}(t) -$$

$$(1-\tau)\hat{x}^T(t-d(t))Q\hat{x}(t-d(t)) - (1-\mu)\dot{\hat{x}}^T(t-h(t))\bar{E}^T R\bar{E}\dot{\hat{x}}(t-h(t)) +$$

$$(\bar{E}\dot{\hat{x}}(t))^T(R+dS)\bar{E}\dot{\hat{x}}(t) - \left(\int_{t-d(t)}^{t}\bar{E}\dot{\hat{x}}(s)\mathrm{d}s\right)^T\left(\frac{1-\tau}{d}\right)S\int_{t-d(t)}^{t}\bar{E}\dot{\hat{x}}(s)\mathrm{d}s \tag{13-13}$$

根据牛顿-莱布尼兹公式，对任意适当维数的矩阵 $\bar{N}_{qi}(q=1,2,3)$，有

$$2[\hat{x}^T(t)\bar{N}_{1i} + \hat{x}^T(t-d(t))\bar{N}_{2i} + \dot{\hat{x}}^T(t-h(t))\bar{N}_{3i}] \times \left[\bar{E}\hat{x}(t) - \bar{E}\hat{x}(t-d(t)) - \int_{t-d(t)}^{t}\bar{E}\dot{\hat{x}}(s)\mathrm{d}s\right] = 0 \tag{13-14}$$

对任意适当维数的可逆对称矩阵 $\bar{M}_i = \mathrm{diag}\{m_i\ m_{ei}\}$，有

$$2\bar{E}\dot{\hat{x}}(t)]^T\bar{M}_i[-\bar{E}\dot{\hat{x}}(t) + \bar{A}_i\hat{x}(t) + \bar{A}_{di}\hat{x}(t-d(t)) + \bar{G}_i\dot{\hat{x}}(t-h(t)) + \bar{B}_{1i}w(t)] = 0 \tag{13-15}$$

根据定义 13.2.2 结合式(13-13)、式(13-14)和式(13-15)可得

$$-2\varepsilon\left\{\int_0^T w^{\mathrm{T}}(t)z(t)\,\mathrm{d}t\right\} + 2\gamma\varepsilon\left\{\int_0^T w^{\mathrm{T}}(t)w(t)\,\mathrm{d}t\right\}$$

$$= \varepsilon\left\{\int_0^T (-w^{\mathrm{T}}(t)z(t) - z^{\mathrm{T}}(t)w(t) + 2\gamma w^{\mathrm{T}}(t)w(t) - \mathfrak{A}\,V(\hat{x},i))\,\mathrm{d}t\right\} - V(\hat{x},i) + V(\hat{x}_0,r_0)$$

又因为 $V(\hat{x},i) < 0$，可得

$$-2\varepsilon\left\{\int_0^T w^{\mathrm{T}}(t)z(t)\,\mathrm{d}t\right\} + 2\gamma\varepsilon\left\{\int_0^T w^{\mathrm{T}}(t)w(t)\,\mathrm{d}t\right\}$$

$$\leqslant -2\varepsilon\left\{\int_0^T w^{\mathrm{T}}(t)z(t)\,\mathrm{d}t\right\} + 2\gamma\varepsilon\left\{\int_0^T w^{\mathrm{T}}(t)w(t)\,\mathrm{d}t\right\} + V(\hat{x},i)$$

$$= \varepsilon\left\{\int_0^T (-w^{\mathrm{T}}(t)z(t) - z^{\mathrm{T}}(t)w(t) + 2\gamma w^{\mathrm{T}}(t)w(t) - \mathfrak{A}\,V(\hat{x},i))\,\mathrm{d}t\right\}$$

$$= \varepsilon\left\{\int_0^T \eta^{\mathrm{T}}(t)(\overline{\Omega} + \Delta\overline{\Omega})\eta(t)\,\mathrm{d}t\right\} \tag{13-16}$$

其中

$$\eta^{\mathrm{T}}(t) = \begin{bmatrix} \hat{x}^{\mathrm{T}}(t) & \hat{x}^{\mathrm{T}}(t-d(t)) & (\overline{E}\dot{\hat{x}}(t))^{\mathrm{T}} & (\overline{E}\dot{\hat{x}}(t-h(t)))^{\mathrm{T}} & w^{\mathrm{T}}(t) & \left(\int_{t-d(t)}^{t} \overline{E}\dot{\hat{x}}(s)\,\mathrm{d}s\right)^{\mathrm{T}} \end{bmatrix}$$

$$\overline{\Omega} = \begin{bmatrix} \Omega_{11} & \Omega_{12} & \Omega_{13} & \overline{E}^{\mathrm{T}}\overline{N}_{3i}^{\mathrm{T}} & -\overline{C}_{1i}^{\mathrm{T}} & -\overline{N}_{1i} \\ * & \Omega_{22} & \overline{A}_{di}^{\mathrm{T}}\overline{M}_i^{\mathrm{T}} & -\overline{E}^{\mathrm{T}}\overline{N}_{3i}^{\mathrm{T}} & -\overline{C}_{2i}^{\mathrm{T}} & -\overline{N}_{2i} \\ * & * & \Omega_{33} & \overline{M}_i\overline{G}_i & \overline{M}_i\overline{B}_{1i} & 0 \\ * & * & * & \Omega_{44} & 0 & -\overline{N}_{3i} \\ * & * & * & * & \Omega_{55} & 0 \\ * & * & * & * & * & \Omega_{66} \end{bmatrix}$$

$$\Delta\overline{\Omega} = \begin{bmatrix} 0 & 0 & \Delta\overline{A}_i^{\mathrm{T}}\overline{M}_i^{\mathrm{T}} & 0 & 0 & 0 \\ * & 0 & \Delta\overline{A}_{di}^{\mathrm{T}}\overline{M}_i^{\mathrm{T}} & 0 & 0 & 0 \\ * & * & 0 & \Delta\overline{G}_i & 0 & 0 \\ * & * & * & 0 & 0 & 0 \\ * & * & * & * & 0 & 0 \\ * & * & * & * & * & 0 \end{bmatrix}$$

$$\Delta\overline{\Omega}_{13} = \overline{P}_i + \overline{A}_i^{\mathrm{T}}\overline{M}_i^{\mathrm{T}},\ \overline{A}_i = \begin{bmatrix} A_i + B_i\overline{K}_i & -B_i\overline{K}_i \\ 0 & A_i - L_iC_i \end{bmatrix}$$

$$\Delta \bar{A}_i = \begin{bmatrix} \Delta A_i + \Delta B_i \bar{K}_i & -\Delta B_i \bar{K}_i \\ \Delta A_i + \Delta B_i \bar{K}_i & -\Delta B_i \bar{K}_i \end{bmatrix}, \Delta \bar{A}_{di} = \begin{bmatrix} \Delta A_{di} & 0 \\ \Delta A_{di} & 0 \end{bmatrix}, \Delta \bar{G}_i = \begin{bmatrix} \Delta G_i & 0 \\ \Delta G_i & 0 \end{bmatrix}$$

由式(13-11)可知 $\bar{\Omega}+\Delta\bar{\Omega}<0$,得式(13-16)小于零。而 $\bar{\Omega}+\Delta\bar{\Omega}<0$ 可重写为

$$\bar{\Omega} + \Theta_1 F(t) \Theta_2 + \Theta_2^T F^T(t) \Theta_1^T < 0 \qquad (13\text{-}17)$$

由 Suchur 补引理和式(13-17)可得

$$\begin{bmatrix} \bar{\Omega} & \varepsilon_1 \Theta_1 & \Theta_2^T \\ * & -\varepsilon_1 I & 0 \\ * & * & -\varepsilon_1 I \end{bmatrix} < 0 \qquad (13\text{-}18)$$

其中

$$\Theta_1^T = \begin{bmatrix} 0 & 0 & \bar{H}_i^T \bar{M}_i^T & 0 & 0 & 0 \end{bmatrix}, \Theta_2 = \begin{bmatrix} \bar{E}_{14k} & \bar{E}_{2i} & 0 & \bar{E}_{3i} & 0 & 0 \end{bmatrix}$$

$$\bar{E}_{14k} = \begin{bmatrix} E_{1i} + E_{4i} \bar{K}_i & -E_{4i} \bar{K}_i \end{bmatrix}$$

而式(13-18)可重写为

$$\begin{bmatrix} \bar{\Omega} & \varepsilon_1 \Theta_1 & \Theta_2^T \\ * & -\varepsilon_1 I & 0 \\ * & * & -\varepsilon_1 I \end{bmatrix} = \Omega + \theta_1 F_u(t) \theta_2 + \theta_2^T F_u^T(t) \theta_1^T < 0$$

由引理 2.2.3 和 Schur 补引理,可得式(13-11)。如果 $u(t)=0, w(t)=0$,由式(13-11)显然可知 $\mathfrak{A} V(\hat{x}(t), i)<0$,即中立型广义 Markov 跳变系统是鲁棒随机稳定的。由此可知,闭环系统(13-8)是严格无源的。定理得证。

13.3.2 观测器的设计

定理 13.3.2 不确定中立型广义时滞跳变系统(13-2)在状态观测器和反馈控制器(13-6)条件下,对于给定的标量 $\gamma>0$,若存在矩阵 $\hat{P}_i$,对称矩阵 $\bar{P}_i, \bar{X}_i = \text{diag}\{X_i, X_i\}, \bar{Q}>0, \bar{R}>0, \bar{S}>0$ 和适当维数的矩阵 Y_i,使得以下的 LMI 成立:

$$\begin{bmatrix} \Sigma & \bar{\theta}_1 & \varepsilon_2 \bar{\theta}_2^T & \varepsilon_3 \sqrt{\alpha} \bar{\theta}_3^T & \sqrt{\alpha} \bar{\theta}_4^T \\ * & -\varepsilon_2 I & 0 & 0 & 0 \\ * & * & -\varepsilon_2 I & 0 & 0 \\ * & * & * & -\varepsilon_3 I & 0 \\ * & * & * & * & -\varepsilon_3 I \end{bmatrix} < 0 \qquad (13\text{-}19)$$

其中

$$\Sigma = \begin{bmatrix} \Sigma_{11} & \Sigma_{12} & \Sigma_{13} & \hat{N}_{3i} & -\bar{C}_{1i}^T & -\bar{N}_{1i} & 0 & \Sigma_{18}^T \\ * & \Sigma_{22} & \bar{A}_{di}^T \bar{M}_i^T & -\hat{N}_{3i} & -\bar{C}_{2i}^T & -\bar{N}_{2i} & 0 & \bar{X}_i \bar{E}_{2i}^T \\ * & * & \Sigma_{33} & \bar{G}_i & \bar{B}_{1i} & 0 & \varepsilon_1 \bar{H}_i & 0 \\ * & * & * & \Omega_{44} & 0 & -\bar{N}_{3i} & 0 & \bar{E}_{3i}^T \\ * & * & * & * & \Omega_{55} & 0 & 0 & 0 \\ * & * & * & * & * & \Omega_{66} & 0 & 0 \\ * & * & * & * & * & * & -\varepsilon_1 I & 0 \\ * & * & * & * & * & * & * & -\varepsilon_1 I \end{bmatrix}$$

$$\Sigma_{11} = \bar{Q} + \sum_{j=1}^N \pi_{ij} \bar{\bar{P}}_j + \hat{N}_{1i} + \hat{N}_{1i}^T, \Sigma_{12} = -\hat{N}_{1i} + 2\hat{N}_{2i}^T, \Sigma_{13} = \bar{\bar{P}}_i + \hat{A}_{ix}^T$$

$$\Sigma_{22} = -(1-\tau)\bar{Q} - \hat{N}_{2i} + 2\hat{N}_{2i}^T, \Sigma_{33} = \bar{R} + d\bar{S} - \bar{X}_i^T - \bar{X}_i$$

$$\hat{A}_{ix} = \begin{bmatrix} A_i X_i + B_i Y_i & -B_i Y_i \\ 0 & \alpha A_i X_i \end{bmatrix}, \bar{A}_{dix} = \begin{bmatrix} A_{di} X_i & 0 \\ 0 & \alpha A_{di} X_i \end{bmatrix}$$

$$\Sigma_{18} = [E_{1i} X_i + E_{4i} Y_i \quad -E_{4i} Y_i], \hat{C}_{1i} = [C_{1i} X_i + D_{1i} Y_i \quad -D_{1i} Y_i]$$

$$\bar{\theta}_1^T = [0 \quad 0 \quad (\bar{X} \bar{B}_i \bar{H}_u)^T \quad 0 \quad (D_{1i} \hat{H}_u)^T \quad 0 \quad 0 \quad (E_{4i} \hat{H}_u)^T], \bar{C}_{ix} = [0 \quad C_i X_i^T]$$

$$\bar{\theta}_2 = [\bar{E}_u \bar{X}_i \quad 0 \quad 0 \quad 0 \quad 0 \quad 0 \quad 0 \quad 0], \bar{\theta}_3^T = [0 \quad 0 \quad \bar{C}_{ix} \quad 0 \quad 0 \quad 0 \quad 0 \quad 0]$$

$$\bar{\theta}_4 = [\bar{C}_{ix} \quad \bar{C}_{dix} \quad 0 \quad 0 \quad 0 \quad 0 \quad 0 \quad 0], \bar{C}_{dix} = [0 \quad C_{di} X_i^T]$$

则闭环系统(13-8)是严格无源的,并且控制器增益和观测器增益分别为

$$K_i = Y_i X_i^{-1}, L_i = X_i C_i^T$$

证明 取 $M_{ei} = \alpha M_i (\alpha \neq 0), L = M_i^{-1} C_i^T, X_i = M_i^{-1}, \bar{X}_i = \text{diag}\{X_i \quad X_i\}, \hat{X}_i = \text{diag}\{\bar{X}_i \quad \bar{X}_i \quad \bar{X}_i \quad I \quad I \quad I \quad I \quad I\}, \bar{Q} = \bar{X}_i Q \bar{X}_i^T, \bar{R} = \bar{X}_i R \bar{X}_i^T, \bar{S} = \bar{X}_i S \bar{X}_i^T, \hat{P}_i = \bar{X}_i P_i \bar{X}_i^T, \bar{\bar{P}}_i = \bar{X}_i \bar{E}^T P_i \bar{X}_i^T, \hat{N}_{qi} = \bar{X}_i \bar{N}_{qi} \bar{E} \bar{X}_i^T, \bar{N}_{qi} = \bar{X}_i \bar{N}_{qi} (q=1,2), \hat{N}_{3i} = \bar{X}_i \bar{E}^T \bar{X}_{3i}^T$,在式(13-10)两边左右分别乘以 $\bar{X}_i$ 和它的转置,可得 $\bar{P}_i = \bar{P}_i^T$,在式(13-11)两边左右分别乘以 $\text{diag}\{\hat{X}_i \quad I \quad I\}$ 和它的转置,可得

$$\begin{bmatrix} \Sigma & \bar{\theta}_1 & \varepsilon_2 \bar{\theta}_2^T \\ * & -\varepsilon_2 I & 0 \\ * & * & -\varepsilon_2 I \end{bmatrix} - \alpha \bar{\theta}_3^T \bar{\theta}_4 - \alpha \bar{\theta}_4^T \bar{\theta}_3 < 0$$

由 Schur 补引理,得式(13-19)。定理得证。

定理 13.3.3 不确定中立型广义时滞跳变系统(13-2)在状态观测器和反馈控制器(13-7)条件下,对于给定的标量 $\gamma>0$,若存在矩阵 $\hat{P}_i$,对称矩阵 $\bar{P}_i$,$\bar{X}_i=\mathrm{diag}\{X_i,X_i\}$,$\bar{Q}>0$,$\bar{R}>0$,$\bar{S}>0$ 和适当维数的矩阵 Y_i,使得以下的 LMI 成立:

$$\begin{bmatrix} \Sigma & \bar{\theta}_1 & \varepsilon_2\bar{\theta}_2^\mathrm{T} & \varepsilon_3\sqrt{\alpha}\bar{\theta}_3^\mathrm{T} & \sqrt{\alpha}\bar{\theta}_4^\mathrm{T} \\ * & -\varepsilon_2 I & 0 & 0 & 0 \\ * & * & -\varepsilon_2 I & 0 & 0 \\ * & * & * & -\varepsilon_3 I & 0 \\ * & * & * & * & -\varepsilon_3 I \end{bmatrix} < 0 \quad (13\text{-}20)$$

其中,Σ 同式(13-19),$\bar{\theta}_2=[\bar{E}_u\bar{Y}_i\ 0\ 0\ 0\ 0\ 0\ 0\ 0]$,$\bar{Y}_i=[Y_i\ 0]$,则闭环系统(13-8)是严格无源的,并且控制器增益和观测器增益分别为

$$K_i = Y_i X_i^{-1}, L_i = X_i C_i^\mathrm{T}$$

证明过程同定理 13.3.2,故略。

13.4 数值算例

考虑系统(13-2):

模态 1

$$A = \begin{bmatrix} 0.4 & 0.2 \\ -0.3 & 0.1 \end{bmatrix}, A_d = \begin{bmatrix} 0.3 & 0.1 \\ 0.2 & -0.3 \end{bmatrix}, E = \begin{bmatrix} 1 & 0 \\ -0.1 & 0.5 \end{bmatrix}$$

$$G = \begin{bmatrix} 1 & 0 \\ 0 & 1 \end{bmatrix}, B = \begin{bmatrix} 0.1 \\ 0.3 \end{bmatrix}, B_1 = \begin{bmatrix} 0.2 \\ 0.1 \end{bmatrix}, B_2 = 0.3, C = [-0.1\ \ 0.5]$$

$$C_d = [0.3\ \ 0.2], C_1 = [0.1\ \ 0.2], C_2 = [0.3\ \ -0.1], D = 0.3$$

$$D_1 = 0.2, D_2 = 0.1, E_1 = [0.1\ \ 0.3], E_2 = [0.1\ \ 0.2]$$

$$E_3 = [0.2\ \ 0.3], E_4 = 0.2, H = \begin{bmatrix} -1 \\ 0.2 \end{bmatrix}$$

模态 2

$$A = \begin{bmatrix} 0.2 & -0.1 \\ 0 & 0.3 \end{bmatrix}, A_d = \begin{bmatrix} -0.3 & 0 \\ 0.1 & -0.2 \end{bmatrix}, E = \begin{bmatrix} 1 & -0.2 \\ 0 & 0.3 \end{bmatrix}$$

$$G = \begin{bmatrix} 1 & 0 \\ 0 & 1 \end{bmatrix}, B = \begin{bmatrix} 0.2 \\ 0.1 \end{bmatrix}, B_1 = \begin{bmatrix} 0.2 \\ 0.3 \end{bmatrix}, B_2 = 0.2, C = \begin{bmatrix} -0.2 & 0.3 \end{bmatrix}$$

$$C_d = \begin{bmatrix} 0.2 & 0.1 \end{bmatrix}, C_1 = \begin{bmatrix} 0.3 & 0.2 \end{bmatrix}, C_2 = \begin{bmatrix} 0.2 & -0.1 \end{bmatrix}, D = 0.1$$

$$D_1 = 0.3, D_2 = 0.2, E_1 = \begin{bmatrix} 0.3 & 0.4 \end{bmatrix}, E_2 = \begin{bmatrix} 0.4 & 0.2 \end{bmatrix}$$

$$E_3 = \begin{bmatrix} 0.3 & 0.3 \end{bmatrix}, E_4 = 0.2, H = \begin{bmatrix} 0.2 \\ 0.3 \end{bmatrix}$$

转移概率矩阵 $\pi_{ij} = \begin{bmatrix} -2 & 2 \\ 1 & -1 \end{bmatrix}, \alpha = 0.5, d = 1.2, \tau = 0.5, \mu = 0.8, \gamma = 0.7, \varepsilon_1 = 0.01, \varepsilon_2 = 0.01, \varepsilon_3 = 0.01$。

(1) 当控制器增益具有加法不确定性时,取 $H_u = \begin{bmatrix} -0.3 & 0.1 \end{bmatrix}, E_u = \begin{bmatrix} 0.3 & -0.2 \\ 0.1 & -0.3 \end{bmatrix}$, 可得

(模态 1) $X_1 = \begin{bmatrix} 0.0939 & 0.0221 \\ 0.0221 & 0.2610 \end{bmatrix}, Y_1 = \begin{bmatrix} -0.0211 & -0.0604 \end{bmatrix}$

$$K_1 = \begin{bmatrix} -0.1736 & -0.2166 \end{bmatrix}, L_1 = \begin{bmatrix} 0.0016 \\ 0.1283 \end{bmatrix}$$

(模态 2) $X_2 = \begin{bmatrix} 0.0412 & -0.0384 \\ -0.0384 & 0.4401 \end{bmatrix}, Y_2 = \begin{bmatrix} -0.0167 & -0.0592 \end{bmatrix}$

$$K_2 = \begin{bmatrix} -0.5792 & -0.1851 \end{bmatrix}, L_2 = \begin{bmatrix} -0.0198 \\ 0.1397 \end{bmatrix}$$

(2) 当控制器增益具有乘法不确定性时,取 $H_u = 0.1, E_u = 0.2$,可得

(模态 1) $X_1 = \begin{bmatrix} 0.0999 & 0.2105 \\ 0.2105 & 0.5176 \end{bmatrix}, Y_1 = \begin{bmatrix} -0.0750 & -0.1370 \end{bmatrix}$

$$K_1 = \begin{bmatrix} -0.1344 & 0.2818 \end{bmatrix}, L_1 = \begin{bmatrix} 0.0953 \\ 0.2378 \end{bmatrix}$$

(模态 2) $X_2 = \begin{bmatrix} 0.1023 & 0.3895 \\ 0.3895 & 1.6097 \end{bmatrix}, Y_2 = \begin{bmatrix} -0.0161 & -0.0657 \end{bmatrix}$

$$K_2 = \begin{bmatrix} 3.9831 & -1.0046 \end{bmatrix}, L_2 = \begin{bmatrix} 0.0964 \\ 0.4050 \end{bmatrix}$$

13.5　本章小结

本章研究了不确定中立型广义时滞 Markov 跳变系统的时滞相关的鲁棒无源控制问题。在考虑系统中所含的不确定性假设是未知且范数有界的情况下，通过构造适当的 Lyapunov-Krasovskii 泛函，并引入自由矩阵，给出了闭环系统鲁棒严格无源的条件，得到了基于观测器的鲁棒无源控制器，发展了无源控制理论。方法简单，易于用 Matlab 求解。

第14章 带有饱和约束的不确定切换时滞中立型系统的有限时间控制

14.1 引言

随着科学技术的飞速发展和科研的进步,系统的规模越来越大,把系统进行全面的描述也更加复杂,具有时滞和切换双重特征的复杂系统的不断出现,使进一步研究切换中立型时滞系统迫在眉睫[161-162]。在系统的控制研究中,很多因素会对系统的性能造成影响,严重时甚至使系统崩溃,在这些因素中,常见的就是时滞和饱和现象。正如在绪论中所讲,实际上几乎所有的系统都多少会受到时滞和饱和的影响,所以学者们致力于研究时滞或饱和的控制系统,可以使研究更加符合实际情况[152, 163-164]。

由于对不确定切换时滞中立型系统有限时间控制的研究时考虑到输入饱和的结果很少,基于此情况,本章研究了饱和不确定切换中立系统有限时间 H_∞ 控制,通过构造适当的 Lyapunov 函数和线性矩阵不等式,结合凸优化的方法,得到了系统有限时间 H_∞ 有界的充分判据,最后用 Matlab 仿真验证了结果的正确性。

14.2 系统的描述与准备

主要是对如下具有输入饱和不确定时滞切换中立系统进行研究与分析:

$$\begin{cases} \dot{x}(t) - \hat{C}_{\sigma(t)}\dot{x}(t-\tau) = \hat{A}_{\sigma(t)}x(t) + \hat{A}_{d\sigma(t)}x(t-d) + B_{\sigma(t)}sat(u(t)) + B_{\omega\sigma(t)}\omega(t) \\ z(t) = D_{\sigma(t)}x(t) + E_{\omega\sigma(t)}\omega(t) \\ x(t_0+\theta) = \varphi(\theta), \theta \in [-H, 0] \end{cases}$$

(14-1)

其中,$x(t) \in \mathbf{R}^n$ 表示系统的状态向量;$u(t) \in \mathbf{R}^l$ 表示系统的控制输入;$\varphi(\theta)$ 为一连续函数用于确定系统的初始状态;$\omega \in \mathbf{R}^p$ 表示外部干扰且 $\omega \in l_2[0, T]$;$z \in \mathbf{R}^q$ 表示受控输出;$\tau > 0$ 为中立时滞;$d > 0$ 是已知常数的离散时滞;$H = \max\{\tau, d\}$;$\sigma(\cdot):[0, +\infty) \to \{1, 2, \cdots, N\}$

$=\bar{N}$ 表示分段常值切换信号，N 表示子系统的个数。切换时刻序列可表示为 $\Sigma' = \{(t_0, \sigma(t_0)), (t_1, \sigma(t_1)), \cdots, (t_k, \sigma(t_k)), \cdots\}$，$k$ 为正整数，系统运行的初始时刻表示为 t_0，第 k 次切换时刻为 t_k，而且 $\sigma(t) = i$ 表示第 i 个子系统被激活。

对任意的 $i \in \bar{N}$，$\hat{A}_i, \hat{A}_{di}, \hat{C}_i$ 是不确定的合适维数的实值矩阵，假设不确定项是范数有界并且满足下列形式：

$$[\hat{A}_i \quad \hat{A}_{di} \quad \hat{C}_i] = [A_i \quad A_{di} \quad C_i] + L_i \Sigma_i(t)[M_{1i} \quad M_{2i} \quad M_{3i}] \quad (14\text{-}2)$$

其中，$A_i, A_{di}, C_i, L_i, M_{1i}, M_{2i}, M_{3i}$ 为已知的适当维数的实常数矩阵；$\Sigma_i(t)$ 为未知时变实值连续矩阵函数，其元素 Lebesgue 可测，且满足 $\Sigma_i^T(t)\Sigma_i(t) \leq I$，$I$ 为单位矩阵。

$sat(\cdot): \mathbf{R}^n \to \mathbf{R}^m$ 为标准的饱和函数，表示为

$$sat(u(t)) = [sat(u_1(t)), sat(u_2(t)), \cdots, sat(u_l(t))]^T$$

$$sat(u_i(t)) \triangleq \text{sign}(u_i(t)) \min\{1, |u_i(t)|\}$$

本章的写作目的是为系统设计适当的状态反馈控制器，使得饱和切换中立系统是有限时间 H_∞ 控制。在给出结论之前，先介绍下面的假设、定义、引理。

假设 14.2.1 对于给定的时间常数 T_f，外部扰动 $w(t)$ 满足

$$\int_0^{T_f} w^T(t)w(t)\,dt \leq d^2 \quad (14\text{-}3)$$

定义 14.2.1[165] 在切换律 $\sigma(t)$ 下，对于任意的 $T_2 > T_1 > 0$，令 $N_{\sigma(t)}(T_1, T_2)$ 表示 $\sigma(t)$ 在时间间隔 (T_1, T_2) 之间的切换次数，如果给定 $N_0 \geq 0, \tau_a > 0$，有

$$N_{\sigma(t)}(T_1, T_2) \leq N_0 + (T_2 - T_1)/\tau_a$$

则 τ_a 称作切换中立系统的平均驻留时间，非负常数 N_0 叫作振荡界。如一般文献所假设的，本书取 $N_0 = 0$。

定义 14.2.2[166] （有限时间稳定性）当 $u(t) \equiv 0, \omega(t) \equiv 0$ 时，对于给定的常数 T_f，切换信号 $\sigma(t)$，正定矩阵 R，正实数 c_1, c_2，且 $c_2 > c_1 > 0$，如果下面的式子成立

$$\sup_{-H \leq t_0 \leq 0}\{x^T(t_0)Rx(t_0), \dot{x}^T(t_0)R\dot{x}(t_0)\} \leq c_1^2 \Rightarrow X^T(t)Rx(t) < c_2^2 \quad t \in (0, T_f] \quad (14\text{-}4)$$

则切换中立系统是关于 $(c_1^2, c_2^2, T_f, R, \sigma(t))$ 有限时间稳定的。

定义 14.2.3[167] （有限时间有界性）当 $u(t) \equiv 0$ 时，对于给定的时间常数 T_f，切换信号 $\sigma(t)$，正定矩阵 R，正实数 c_1, c_2，且 $c_2 > c_1 > 0$，如果式(14-3)及式(14-4)成立，则系统是关于 $(c_1^2, c_2^2, T_f, d^2, R, \sigma(t))$ 有限时间有界的。

定义 14.2.4[168] （有限时间 H_∞ 性能）在 $u(t) \equiv 0$，对于给定的时间常数 T_f，切换信号

$\sigma(t)$,正定矩阵 R,正实数 c_2,γ,如果系统是有限时间有界的,并且在零初始条件下,下面的关系式成立:

$$\int_0^{T_f} z^\mathrm{T}(s)z(s)\mathrm{d}t \le \gamma^2 \int_0^{T_f} \omega^\mathrm{T}(s)\omega(s)\mathrm{d}s$$

则系统关于 $(0,c_2^2,T_f,d^2,\gamma,R,\sigma(t))$ 具有有限时间 H_∞ 性能。

定义 14.2.5[168]　(有限时间 H_∞ 控制)对于系统,对于给定的时间常数 T_f,切换信号 $\sigma(t)$,正定矩阵 R,正实数 c_2,γ,存在切换控制器 $u(t)=K_{\sigma(t)}x(t),t\in(0,T_f]$,使得下面两个条件满足:

(1) 相应的闭环系统是有限时间有界的;

(2) 在零初始条件下,对于任意能够满足式(14-3)的 $\omega(t)$ 不等式都成立。

则称系统可经状态反馈鲁棒有限时间 H_∞ 镇定,控制器 $u(t)=K_{\sigma(t)}x(t)$ 为系统的鲁棒有限时间 H_∞ 控制器。

令 $P\in\mathbf{R}^{n\times n}$ 表示正定矩阵,$\rho>0$ 是一个标量,记 $\Omega(P,\rho)$ 为如下集合:

$$\Omega(P,\rho)=\{x\in\mathbf{R}^n:x^\mathrm{T}Px\le\rho,\rho>0\}$$

为了符号的简单,有时我们也用 $\Omega(P)$ 表示 $\Omega(P,1)$。

用 F_j 表示矩阵的第 l 行,定义下面的对称多面:

$$L(F)=\{x\in\mathbf{R}^n:|F_lx|\le u_i,l=1,2,\cdots,p\}$$

令 D 表示 $p\times p$ 的对角矩阵集合,它的对角元素是 0 或 1。例如:如果 $m=2$,那么 $D=\left\{\begin{bmatrix}1&0\\0&1\end{bmatrix},\begin{bmatrix}1&0\\0&0\end{bmatrix},\begin{bmatrix}0&0\\0&1\end{bmatrix},\begin{bmatrix}0&0\\0&0\end{bmatrix}\right\}$ 易知,这里有 2^l 个元素在 D 中,假定 D 中元素表示成 $D_l,l=1,2,\cdots,2^p$,显然 $D_l^-=I-D_l\in D$。

引理 14.2.1[155]　给定矩阵 $F,H\in\mathbf{R}^{m\times n}$ 对于 $x\in\mathbf{R}^n$,如果 $x\in L(H)$,则有

$$sat(Fx)\in co\{D_lFx+D_l^-Hx,l=1,2,\cdots,2^p\}$$

其中,$co\{\cdot\}$ 表示一个集合的凸包。因此,相应的 $sat(Fx)$ 表示为

$$sat(Fx)=\sum_{l=1}^{2^p}\eta_l(D_lF+D_l^-H)x$$

其中,η_l 是状态 x 的函数,并且 $\sum_{l=1}^{2^p}\eta_l=1,0\le\eta_l\le1$。

以 $x_0=\varphi\in C^1[-H,0]$ 为初值的状态轨迹为 $\vartheta(t,x_0)$,则该系统的吸引域为 $\Gamma\overset{\Delta}{=}\{\varphi\in C^1[-H,0]:\lim_{t\to\infty}\vartheta(t,x_0)=0\}$。

需要指出,在一般的实际生产中,一个系统的吸引域是很难精确获得的,因此,吸引域的估计 $B_\delta \triangleq \{\varphi \in C^1[-H,0]: \max|\varphi| \leq \delta_1, \max|\dot{\varphi}| \leq \delta_2\}$。

14.3 有限时间 H_∞ 控制与状态控制器的设计

14.3.1 有限时间有界性分析

在这一部分,我们首先对以下切换时滞中立系统的有限时间有界性问题进行分析:

$$\begin{cases} \dot{x}(t) - C_{\sigma(t)}\dot{x}(t-\tau) = A_{\sigma(t)}x(t) + A_{d\sigma(t)}x(t-d) + B_{\omega\sigma(t)}\omega(t) \\ x(t_0 + \theta) = \varphi(\theta), \theta \in [-H, 0] \end{cases} \quad (14-5)$$

定理 14.3.1 考虑系统,令 $\widetilde{P}_i = R^{-\frac{1}{2}} P_i R^{-\frac{1}{2}}, \widetilde{Q}_{1i} = R^{-\frac{1}{2}} Q_{1i} R^{-\frac{1}{2}}, \widetilde{Q}_{2i} = R^{-\frac{1}{2}} Q_{2i} R^{-\frac{1}{2}}$,如果存在正实数 $\alpha, \lambda_1, \lambda_2, \lambda_3, \lambda_4$ 和适当维数的正定矩阵 P_i, Q_{1i}, Q_{2i}, T_f,使得

$$\hat{\Theta}_i = \begin{bmatrix} \hat{\Theta}_{11} & A_{di}\widetilde{Q}_{1i} & C_i\widetilde{Q}_{2i} & B_{\omega i} & \widetilde{P}_i A_i^T & \widetilde{P}_i \\ * & \hat{\Theta}_{22} & 0 & 0 & \widetilde{Q}_{1i} A_{di}^T & 0 \\ * & * & \hat{\Theta}_{33} & 0 & \widetilde{Q}_{2i} C_i^T & 0 \\ * & * & * & -T_i & B_{wi}^T & 0 \\ * & * & * & * & -\widetilde{Q}_{2i} & 0 \\ * & * & * & * & * & -\widetilde{Q}_{1i} \end{bmatrix} \quad (14-6)$$

$$\hat{\Theta}_{11} = A_i \widetilde{P}_i + \widetilde{P}_i A_i^T + \alpha \widetilde{P}_i, \hat{\Theta}_{22} = -e^{-\alpha d}\widetilde{Q}_{1i}, \hat{\Theta}_{33} = -e^{-\alpha \tau}\widetilde{Q}_{2i}$$

$$\lambda_1 R^{-1} < \widetilde{P}_i < R^{-1}, \lambda_2 R^{-1} < \widetilde{Q}_{1i}, \lambda_3 R^{-1} < \widetilde{Q}_{2i}, T_i < \lambda_4 I \quad (14-7)$$

$$\begin{bmatrix} -c_2^2 e^{-\alpha T_f} + \lambda_4 d^2 & c_1 & c_1 & c_1 \\ * & -\lambda_1 & 0 & 0 \\ * & * & -\dfrac{1}{d}e^{-\alpha d}\lambda_2 & 0 \\ * & * & * & -\dfrac{1}{\tau}e^{-\alpha \tau}\lambda_3 \end{bmatrix} \quad (14-8)$$

那么,在满足以下平均驻留时间时:

$$\tau_a > \tau_a^* = \frac{T_f \ln\mu}{\ln(c_2^2 e^{\alpha T_f}) - \ln(\varpi_1 c_1^2 + \lambda_4 d^2)} \tag{14-9}$$

其中,$\varpi_1 = \left(\frac{1}{\lambda_1} + \frac{d e^{\alpha d}}{\lambda_2} + \frac{\tau e^{\alpha \tau}}{\lambda_3}\right)$,则系统是关于$(c_1^2, c_2^2, T_f, d^2, R, \sigma(t))$有限时间有界的,其中$\mu > 1$ 满足

$$\widetilde{P}_j < \mu \widetilde{P}_i, \widetilde{Q}_{1j} < \mu \widetilde{Q}_{1j}, \widetilde{Q}_{2j} < \mu \widetilde{Q}_{2j} \tag{14-10}$$

证明 构造 Lyapunov 函数如下:

$$V_i(t) = V_{1i}(t) + V_{2i}(t) + V_{3i}(t)$$

$$V_{1i}(t) = x^T(t)\widetilde{P}_i^{-1} x(t)$$

$$V_{2i}(t) = \int_{t-d}^{t} x^T(s) e^{\alpha(s-t)} \widetilde{Q}_{1i}^{-1} x(s) \, \mathrm{d}s$$

$$V_{3i}(t) = \int_{t-\tau}^{t} \dot{x}^T(s) e^{\alpha(s-t)} \widetilde{Q}_{2i}^{-1} \dot{x}(s) \, \mathrm{d}s$$

对 $V(x(t))$ 沿系统求导,可得

$$\dot{V}_{1i}(t) = 2 x^T(t) \widetilde{P}_i^{-1} \dot{x}(t)$$
$$= 2 x^T(t) \widetilde{P}_i^{-1} (A_i x(t) + A_{di} x(t-d) + B_{\omega i} \omega(t) + C_i \dot{x}(t-\tau))$$

$$\dot{V}_{2i}(t) \leq -\alpha V_{2i}(t) + x^T(t) \widetilde{Q}_{1i}^{-1} x(t) - e^{-\alpha d} x^T(t-d) \widetilde{Q}_{1i}^{-1} x(t-d)$$

$$\dot{V}_{3i}(t) = -\alpha V_{3i}(t) + \dot{x}^T(t) \widetilde{Q}_{2i}^{-1} \dot{x}(t) - e^{-\alpha \tau} \dot{x}^T(t-\tau) \widetilde{Q}_{2i}^{-1} \dot{x}(t-\tau)$$

因此

$$\dot{V}(x(t)) + \alpha V(x(t)) - \omega^T(t) T_i \omega(t) \leq \Xi^T(t) \Theta_i \Xi(t)$$

其中

$$\Xi^T(t) = [x^T(t) \quad x^T(t-d) \quad \dot{x}^T(t-\tau) \quad \omega^T(t)]$$

$$\Theta_i = \begin{bmatrix} \Theta_{11} & \widetilde{P}_i^{-1} A_{di} & \widetilde{P}_i^{-1} C_i & \widetilde{P}_i^{-1} B_{\omega i} \\ * & \Theta_{22} & 0 & 0 \\ * & * & \Theta_{33} & 0 \\ * & * & * & -T_i \end{bmatrix} + \begin{bmatrix} A_i^T \\ A_{hi}^T \\ C_i^T \\ B_{wi}^T \end{bmatrix} \widetilde{Q}_{2i}^{-1} \begin{bmatrix} A_i^T \\ A_{hi}^T \\ C_i^T \\ B_{wi}^T \end{bmatrix}^T \tag{14-11}$$

$$\Theta_{11} = \widetilde{P}_i^{-1} A_i + A_i^T \widetilde{P}_i^{-1} + \widetilde{Q}_{1i}^{-1} + \alpha \widetilde{P}_i^{-1}, \Theta_{22} = -e^{-\alpha d} \widetilde{Q}_{1i}^{-1}, \Theta_{33} = -e^{-\alpha \tau} \widetilde{Q}_{2i}^{-1}$$

用 $\mathrm{diag}\{\widetilde{P}_i^{-1}, \widetilde{Q}_{1i}^{-1}, \widetilde{Q}_{2i}^{-1}, I, I, I\}$ 分别左乘与右乘 Θ_i 两边,并通过引理 14.2.1 可知

$$\begin{bmatrix} \Theta_{11} & \tilde{P}_i^{-1}A_{di} & \tilde{P}_i^{-1}C_i & \tilde{P}_i^{-1}B_{\omega i} & A_i^{\mathrm{T}} \\ * & \Theta_{22} & 0 & 0 & A_{hi}^{\mathrm{T}} \\ * & * & \Theta_{33} & 0 & C_i^{\mathrm{T}} \\ * & * & * & -T_i & B_{wi}^{\mathrm{T}} \\ * & * & * & * & -\tilde{Q}_{2i} \end{bmatrix} < 0 \qquad (14\text{-}12)$$

我们知道式(14-12)等价于式(14-11),因此有 $\Theta_i < 0$。

因此有

$$\dot{V}(x(t)) + \alpha V(x(t)) - \omega^{\mathrm{T}}(t)T_i\omega(t) < 0 \qquad (14\text{-}13)$$

由式(14-10)与式(14-13)可得,对 $t \in [t_k, t_{k+1})$ 有

$$\begin{aligned} V(t) &< \mathrm{e}^{-\alpha(t-t_k)}V(t_k) + \int_{t_k}^t \mathrm{e}^{-\alpha(t-s)}\omega^{\mathrm{T}}(s)T_i\omega(s)\mathrm{d}s \\ &< \mathrm{e}^{-\alpha(t-t_k)}\mu V(t_{\bar{k}}) + \int_{t_k}^t \mathrm{e}^{-\alpha(t-s)}\omega^{\mathrm{T}}(s)T_i\omega(s)\mathrm{d}s \\ &< \mathrm{e}^{-\alpha(t-t_k)}\mu\left(\mathrm{e}^{-\alpha(t-t_{k-1})}V(t_{k-1}) + \int_{t_{k-1}}^{t_k}\mathrm{e}^{-\alpha(t_k-s)}\omega^{\mathrm{T}}(s)T_i\omega(s)\mathrm{d}s\right) + \int_{t_k}^t\mathrm{e}^{-\alpha(t-s)}\omega^{\mathrm{T}}(s)T_i\omega(s)\mathrm{d}s \\ &= \mathrm{e}^{-\alpha(t-t_{k-1})}\mu V(t_{k-1}) + \mu\int_{t_{k-1}}^{t_k}\mathrm{e}^{-\alpha(t-s)}\omega^{\mathrm{T}}(s)T_i\omega(s)\mathrm{d}s + \int_{t_k}^t\mathrm{e}^{-\alpha(t-s)}\omega^{\mathrm{T}}(s)T_i\omega(s)\mathrm{d}s \\ &< \cdots \\ &< \mathrm{e}^{-\alpha(t-0)}\mu^{N_{\sigma(0,t)}}V(0) + \mu^{N_{\sigma(0,t)}}\int_0^{t_1}\mathrm{e}^{-\alpha(t-s)}\omega^{\mathrm{T}}(s)T_i\omega(s)\mathrm{d}s + \\ &\quad \mu^{N_{\sigma(t_1,t)}}\int_{t_1}^{t_2}\mathrm{e}^{-\alpha(t-s)}\omega^{\mathrm{T}}(s)T_i\omega(s)\mathrm{d}s + \cdots + \mu\int_{t_{k-1}}^{t_k}\mathrm{e}^{-\alpha(t-s)}\omega^{\mathrm{T}}(s)T_i\omega(s)\mathrm{d}s + \\ &\quad \int_{t_k}^t\mathrm{e}^{-\alpha(t-s)}\omega^{\mathrm{T}}(s)T_i\omega(s)\mathrm{d}s \\ &= \mathrm{e}^{-\alpha(t-0)}\mu^{N_{\sigma(0,t)}}V(0) + \int_0^t\mathrm{e}^{-\alpha(t-s)}\mu^{N_{\sigma(s,t)}}\omega^{\mathrm{T}}(s)T_i\omega(s)\mathrm{d}s \\ &< \mathrm{e}^{-\alpha t}\mu^{N_{\sigma(0,t)}}V(0) + \mu^{N_{\alpha(0,t)}}\mathrm{e}^{-\alpha t}\int_0^t\omega^{\mathrm{T}}(s)T_i\omega(s)\mathrm{d}s \\ &< \mathrm{e}^{-\alpha T_f}\mu^{N_{\sigma(0,T_f)}}\left(V(0) + \int_0^{T_f}\omega^{\mathrm{T}}(s)T_i\omega(s)\mathrm{d}s\right) \\ &< \mathrm{e}^{-\alpha T_f}\mu^{N_{\sigma(0,T_f)}}(V(0) + \lambda_{\max}(T_i)d^2) \end{aligned}$$

由定义14.2.1,可知 $N_{\sigma(0,t)} < \dfrac{T_f}{\tau_a}$,又因为 $T_i < \lambda_4 I$,则

$$V(t) < \mathrm{e}^{\left(-\alpha + \frac{\ln\mu}{\tau_a}\right)T_f}(V(0) + \lambda_4 d^2)$$

并且

$$V(t) = V_i(t) \geqslant x^{\mathrm{T}}(t)\widetilde{P}_i^{-1}x(t) = x^{\mathrm{T}}(t)R^{\frac{1}{2}}P_i^{-1}R^{\frac{1}{2}}x(t) \geqslant \frac{1}{\lambda_{\max(P_i)}}x^{\mathrm{T}}(t)Rx(t) \quad (14\text{-}14)$$

由式 $\lambda_1 R^{-1} < \widetilde{P}_i < R^{-1}$, 可以看出 $\lambda_{\max}(P_i) < 1$, 因此有

$$V(t) > V_{1i}(t) > x^{\mathrm{T}}(t)Rx(t)$$

另一方面

$$V(0) = x^{\mathrm{T}}(0)\widetilde{P}_i^{-1}x(0) + \int_{-d}^{0} x^{\mathrm{T}}(s)\mathrm{e}^{\alpha s}\widetilde{Q}_{1i}^{-1}x(s)\mathrm{d}s + \int_{-\tau}^{0} \dot{x}^{\mathrm{T}}(s)\mathrm{e}^{\alpha s}\widetilde{Q}_{2i}^{-1}\dot{x}(s)\mathrm{d}s$$

$$\leqslant \lambda_{\max}(P_i^{-1})x^{\mathrm{T}}(0)Rx(0) + d\mathrm{e}^{\alpha d}\lambda_{\max}(Q_{1i}^{-1})\sup_{-d\leqslant\theta\leqslant0}\{x^{\mathrm{T}}(\theta)Rx(\theta)\} +$$

$$\tau\mathrm{e}^{\alpha\tau}\lambda_{\max}(Q_{2i}^{-1})\sup_{-\tau\leqslant\theta\leqslant0}\{\dot{x}^{\mathrm{T}}(\theta)R\dot{x}(\theta)\}$$

$$\leqslant \left(\frac{1}{\lambda_{\min}(P_i)} + \frac{d\mathrm{e}^{\alpha d}}{\lambda_{\min}(Q_{1i})} + \frac{\tau\mathrm{e}^{\alpha\tau}}{\lambda_{\min}(Q_{2i})}\right)\sup_{-H\leqslant\theta\leqslant0}\{x^{\mathrm{T}}(\theta)Rx(\theta),\dot{x}^{\mathrm{T}}(\theta)R\dot{x}(\theta)\} \quad (14\text{-}15)$$

由式(14-7),可得

$$V(0) \leqslant \left(\frac{1}{\lambda_1} + \frac{d\mathrm{e}^{\alpha d}}{\lambda_2} + \frac{\tau\mathrm{e}^{\alpha\tau}}{\lambda_3}\right)\sup_{-H\leqslant\theta\leqslant0}\{x^{\mathrm{T}}(\theta)Rx(\theta),\dot{x}^{\mathrm{T}}(\theta)R\dot{x}(\theta)\}$$

则下列等式成立

$$x^{\mathrm{T}}(t)Rx(t) < V(t)\mathrm{e}^{\left(-\alpha + \frac{\ln\mu}{\tau_a}\right)T_f}(\varpi_1 c_1^2 + \lambda_4 d^2) \quad (14\text{-}16)$$

其中 $\varpi_1 = \left(\frac{1}{\lambda_1} + \frac{d\mathrm{e}^{\alpha d}}{\lambda_2} + \frac{\tau\mathrm{e}^{\alpha\tau}}{\lambda_3}\right)$

通过运用引理 14.2.1,由式(14-8)可得

$$\varpi c_1^2 + \lambda_4 d^2 < c_2^2 \mathrm{e}^{\alpha T_f}$$

把式(14-9)代入式(14-16),可得

$$x^{\mathrm{T}}(t)Rx(t) < c_2^2$$

根据定义 14.2.3,可知系统是关于 $(c_1^2, c_2^2, T_f, d^2, R, \sigma(t))$ 有限时间有界的。证毕。

14.3.2 有限时间 H_∞ 性能分析

在这一部分,我们将探究如下切换时滞中立系统的有限时间 H_∞ 抗干扰抑制性能:

$$\begin{cases} \dot{x}(t) - C_{\sigma(t)}\dot{x}(t-\tau) = A_{\sigma(t)}x(t) + A_{d\sigma(t)}x(t-d) + B_{\omega\sigma(t)}\omega(t) \\ z(t) = D_{\sigma(t)}x(t) + E_{\omega\sigma(t)}\omega(t) \\ x(t_0 + \theta) = \varphi(\theta), \theta \in [-H, 0] \end{cases} \quad (14\text{-}17)$$

定理 14.3.2 对于系统，令 $\tilde{P}_i = R^{-\frac{1}{2}} P_i R^{-\frac{1}{2}}$，$\tilde{Q}_{1i} = R^{-\frac{1}{2}} Q_{1i} R^{-\frac{1}{2}}$，$\tilde{Q}_{2i} = R^{-\frac{1}{2}} Q_{2i} R^{-\frac{1}{2}}$，如果存在正实数 α, γ, v 和适当维数的正定矩阵 P_i, Q_{1i}, Q_{2i}，使得下式成立：

$$\hat{\Psi}_i = \begin{bmatrix} \hat{\Psi}_{11} & A_{di}\tilde{Q}_{1i} & C_i\tilde{Q}_{2i} & B_{\omega i} + \tilde{P}_i D_i^T E_{\omega i} & \tilde{P}_i A_i^T & \tilde{P}_i & \tilde{P}_i D_i^T \\ * & \hat{\Psi}_{22} & 0 & 0 & \tilde{Q}_{1i} A_{di}^T & 0 & 0 \\ * & * & \hat{\Psi}_{33} & 0 & \tilde{Q}_{2i} C_i^T & 0 & 0 \\ * & * & * & \hat{\Psi}_{44} & B_{wi}^T & 0 & 0 \\ * & * & * & * & -\tilde{Q}_{2i} & 0 & 0 \\ * & * & * & * & * & -\tilde{Q}_{1i} & 0 \\ * & * & * & * & * & * & -I \end{bmatrix} \tag{14-18}$$

$\hat{\Psi}_{11} = A_i \tilde{P}_i + \tilde{P}_i A_i^T + \alpha \tilde{P}_i$, $\hat{\Psi}_{22} = -\mathrm{e}^{-\alpha d}\tilde{Q}_{1i}$, $\hat{\Psi}_{33} = -\mathrm{e}^{-\alpha \tau}\tilde{Q}_{2i}$, $\hat{\Psi}_{44} = -\gamma^2 I + E_{\omega i}^T E_{\omega i}$

$$\tilde{P}_i < R^{-1} \tag{14-19}$$

$$-c_2^2 + \mathrm{e}^{-\alpha T_f}\gamma^2 d^2 < 0 \tag{14-20}$$

那么，当 $\mu > 1$ 并满足式(14-10)，在满足以下平均驻留时间时

$$\tau_a > \tau_a^* = \max\left\{\frac{T_f \ln\mu}{\ln(c_2^2) - \ln(\mathrm{e}^{\alpha T_f}\gamma^2 d^2)}, \frac{\ln\mu}{v\alpha}\right\} \tag{14-21}$$

该系统关于 $(0, c_2^2, T_f, d^2, \gamma, R, \sigma(t))$ 具有有限时间 H_∞ 干扰抑制性能 $\bar{\gamma}$，H_∞ 性能指标为

$$\bar{\gamma}^2 = \mathrm{e}^{(1+v)-\alpha T_f}\gamma^2 \tag{14-22}$$

证明 选择同定理 14.3.1 相似的 Lyapunov 函数，可得

$$\dot{V}(x(t)) + \alpha V(x(t)) + z^T(t)z(t) - \gamma^2 \omega^T(t)\omega(t) \leqslant \Xi^T(t) \Psi_i \Xi(t)$$

其中

$$\Xi^T(t) = \begin{bmatrix} x^T(t) & x^T(t-d) & \dot{x}^T(t-\tau) & \omega^T(t) \end{bmatrix}$$

$$\Psi_i = \begin{bmatrix} \Psi_{11} & \tilde{P}_i^{-1} A_{di} & \tilde{P}_i^{-1} C_i & \tilde{P}_i^{-1} B_{\omega i} + D_i^T E_{\omega i} \\ * & \Psi_{22} & 0 & 0 \\ * & * & \Psi_{33} & 0 \\ * & * & * & -\gamma^2 I + E_{\omega i}^T W_{\omega i} \end{bmatrix} + \begin{bmatrix} A_i^T \\ A_{hi}^T \\ C_i^T \\ B_{wi}^T \end{bmatrix} \tilde{Q}_{2i}^{-1} \begin{bmatrix} A_i^T \\ A_{hi}^T \\ C_i^T \\ B_{wi}^T \end{bmatrix}^T \tag{14-23}$$

$\Psi_{11} = \tilde{P}_i^{-1} A_i + A_i^T \tilde{P}_i^{-1} + \tilde{Q}_{1i}^{-1} + \alpha \tilde{P}_i^{-1} + D_i^T D_i$, $\Psi_{22} = \Theta_{22} = -\mathrm{e}^{-\alpha d}\tilde{Q}_{1i}^{-1}$

$\Psi_{33} = \Theta_{33} = -\mathrm{e}^{-\alpha \tau}\tilde{Q}_{2i}^{-1}$, $\Psi_{44} = -\gamma^2 I + E_{\omega i}^T E_{\omega i}$

用 $\text{diag}\{\tilde{P}_i^{-1}, \tilde{Q}_{1i}^{-1}, \tilde{Q}_{2i}^{-1}, I, I, I, I\}$ 分别左乘与右乘 $\tilde{\Psi}_i$ 两边，并通过引理 14.2.1 可知

$$\begin{bmatrix} \Psi_{11} & \tilde{P}_i^{-1}A_{di} & \tilde{P}_i^{-1}C_i & \tilde{P}_i^{-1}B_{\omega i} + D_i^T E_{\omega i} & A_i^T \\ * & \Psi_{22} & 0 & 0 & A_{hi}^T \\ * & * & \Psi_{33} & 0 & C_i^T \\ * & * & * & \Psi_{44} & B_{\omega i}^T \\ * & * & * & * & -\tilde{Q}_{2i} \end{bmatrix} < 0 \quad (14\text{-}24)$$

我们知道式(14-24)等价于式(14-23)，因此 $\Psi_i < 0$，即

$$\dot{V}(x(t)) + \alpha V(x(t)) + z^T(t)z(t) - \gamma^2 \omega^T(t)\omega(t) < 0 \quad (14\text{-}25)$$

定义

$$\gamma^2 \omega^T(t)\omega(t) - z^T(t)z(t) = \Delta(s)$$

则由式(14-25)可得

$$V(t) < e^{-\alpha t} \mu^{N_{\sigma(0,t)}} V(0) + \int_0^t e^{-\alpha(t-s)} \mu^{N_{\sigma(s,t)}} \Delta(s) \, ds$$

在零初始条件下，有 $V(0) = 0$，因此

$$0 < \int_0^t e^{-\alpha(t-s)} \mu^{N_{\sigma(s,t)}} \Delta(s) \, ds$$

意味着

$$\int_0^t e^{-\alpha(t-s)} \mu^{N_{\sigma(s,t)}} z^T(s) z(s) \, ds < \int_0^t e^{-\alpha(t-s)} \mu^{N_{\sigma(s,t)}} \gamma^2 \omega^T(s) \omega(s) \, ds$$

注意到

$$\int_0^t e^{-\alpha(t-s)} \mu^{N_{\sigma(s,t)}} z^T(s) z(s) \, ds > \int_0^t z^T(s) z(s) \, ds$$

$$\int_0^t e^{-\alpha(t-s)} \mu^{N_{\sigma(s,t)}} \gamma^2 \omega^T(s) \omega(s) \, ds < e^{-\alpha t} \mu^{N_{\sigma(0,t)}} \int_0^t \gamma^2 \omega^T(s) \omega(s) \, ds$$

让 $t = T_f$，可得

$$\int_0^{T_f} z^T(s) z(s) \, ds < e^{-\alpha T_f} \mu^{\frac{T_f}{\tau_a}} \int_0^{T_f} \gamma^2 \omega^T(s) \omega(s) \, ds$$

由于 $\tau_a > \dfrac{\ln \mu}{v\alpha}$，那么

$$\int_0^{T_f} z^T(s) z(s) \, ds < e^{(1+v)-\alpha T_f} \gamma^2 \int_0^{T_f} \omega^T(s) \omega(s) \, ds$$

由式(14-22)可得，下列不等式成立：

$$\int_0^{T_f} z^{\mathrm{T}}(s)z(s)\mathrm{d}s < \bar{\gamma}^2 \int_0^{T_f} \omega^{\mathrm{T}}(s)\omega(s)\mathrm{d}s$$

通过定义 14.2.4 可知，系统具有有限时间 H_∞ 性能 $\bar{\gamma}$。证毕。

14.3.3 鲁棒有限时间 H_∞ 控制

本小节为系统设计状态控制器 $u(t) = K_{\sigma(t)}x(t)$，并将引理 14.2.1 应用到系统中，可得闭环系统为

$$\dot{x}(t) - \hat{C}_i \dot{x}(t-\tau) = \left(\hat{A}_i + \hat{B}_i \sum_{j=1}^{2^p} \alpha_j (D_j K_j + D_j^- H_i)\right) x(t) + \hat{A}_{d\sigma(t)} x(t-d) + B_{\omega\sigma(t)} \omega(t)$$

即

$$\dot{x}(t) - \hat{C}_i \dot{x}(t-\tau) = \sum_{j=1}^{2^p} \alpha_j \bar{A}_j x(t) + \hat{A}_{d\sigma(t)} x(t-d) + B_{\omega\sigma(t)} \omega(t)$$

其中，$\bar{A}_j = \hat{A}_i + \hat{B}_i(D_j K_i + D_j^- H_i)$。

那么，相应的闭环切换中立系统为

$$\begin{cases} \dot{x}(t) - \hat{C}_i \dot{x}(t-\tau) = \sum_{j=1}^{2p} \alpha_j \hat{A}_j x(t) + \hat{A}_{di} x(t-d) + B_{\omega i} \omega(t) \\ z(t) = D_i x(t) + E_{\omega i} \omega(t) \\ x(t_0 + \theta) = \varphi(\theta), \theta \in [-H, 0] \end{cases} \quad (14\text{-}26)$$

定理 14.3.3 对于系统，令 $\tilde{P}_i = R^{-\frac{1}{2}} P_i R^{\frac{1}{2}}$，$\tilde{Q}_{1i} = R^{-\frac{1}{2}} P_{1i} R^{\frac{1}{2}}$，$\tilde{Q}_{2i} = R^{-\frac{1}{2}} Q_{2i} R^{\frac{1}{2}}$，如果存在正实数 $\alpha, \upsilon, \delta_{1i}$ 和适当维数的正定矩阵 P_i, Q_{1i}, Q_{2i} 使得

$$\bar{\Omega}_i = \begin{bmatrix} \bar{\Omega}_{11} & A_{di}\tilde{Q}_{1i} & C_i\tilde{Q}_{2i} & B_{\omega i} + \tilde{P}_i D_i^{\mathrm{T}} E_{\omega i} & \bar{\Omega}_{15} & \tilde{P}_i & \tilde{P}_i D_i^{\mathrm{T}} & \tilde{P}_i M_{1i}^{\mathrm{T}} \\ * & \bar{\Omega}_{22} & 0 & 0 & \tilde{Q}_{1i} A_{di}^{\mathrm{T}} & 0 & 0 & \tilde{Q}_{1i} M_{2i}^{\mathrm{T}} \\ * & * & \bar{\Omega}_{33} & 0 & \tilde{Q}_{2i} C_i^{\mathrm{T}} & 0 & 0 & \tilde{Q}_{2i} M_{3i}^{\mathrm{T}} \\ * & * & * & \bar{\Omega}_{44} & B_{wi}^{\mathrm{T}} & 0 & 0 & 0 \\ * & * & * & * & \bar{\Omega}_{55} & 0 & 0 & 0 \\ * & * & * & * & * & -\tilde{Q}_{1i} & 0 & 0 \\ * & * & * & * & * & * & -I & 0 \\ * & * & * & * & * & * & * & -\delta_{1i} \end{bmatrix} \quad (14\text{-}27)$$

$\bar{\Omega}_{11} = A_i \tilde{P}_i + B_i D_j Y_i + B_i D_j^- G_i + \tilde{P}_i A_i^{\mathrm{T}} + Y_i^{\mathrm{T}} D_j^{\mathrm{T}} B_i^{\mathrm{T}} + G_i^{\mathrm{T}}(B_i D_j^-)^{\mathrm{T}} + \alpha \tilde{P}_i + \delta_{1i} L_i L_i^{\mathrm{T}}$

$$\overline{\Omega}_{15} = \tilde{P}_i A_i^T + Y_i^T D_j^T B_i^T + G_i^T (B_i D_j^-)^T + \delta_{1i} L_i L_i^T, \overline{\Omega}_{22} = -e^{\alpha d}\tilde{Q}_{1i}$$

$$\overline{\Omega}_{33} = -e^{\alpha d}\tilde{Q}_{2i}, \overline{\Omega}_{44} = -\gamma^2 I + E_{\omega i}^T E_{\omega i}, \overline{\Omega}_{55} = -\tilde{Q}_{2i} + \delta_{1i} L_i L_i^T$$

$$\begin{bmatrix} u_{ij} & g_{ij} \\ * & u_{ij}\tilde{P}_i \end{bmatrix} \geqslant 0 \qquad (14\text{-}28)$$

其中，g_{ij} 表示 G_i 的第 j 行，而且 $G_i = H_i \tilde{P}_i$。

$$\tilde{P}_i < R^{-1} \qquad (14\text{-}29)$$

$$-c_2^2 + e^{-\alpha T_f} \gamma^2 d^2 < 0 \qquad (14\text{-}30)$$

那么，当 $\mu > 1$，在控制器 $u(t) = K_{\sigma(t)} x(t)$ 下，$K_i = Y_i \tilde{P}_i^{-1}$，$t \in (0, T_f]$ 并满足以下平均驻留时间时

$$\tau_a > \tau_a^* = \max\left\{\frac{T_f \ln \mu}{\ln(c_2^2) - \ln(e^{\alpha T_f}\gamma^2 d^2)}, \frac{\ln \mu}{\nu \alpha}\right\} \qquad (14\text{-}31)$$

该闭环系统是关于 $(0, c_2^2, T_f, d^2, \gamma, R, \sigma(t))$ 具有 H_∞ 性能 $\bar{\gamma}$ 有限时间有界的，而且，对任意的初始条件属于 $\bigcap_{i=1}^{N} \Omega(\tilde{P}_i^{-1}, 1)$ 并满足 $\varepsilon(\tilde{P}_i^{-1}, 1) \subset L(H_i)$，则吸引域的一个估计值为 $\Gamma_\delta \leqslant 1$，其中

$$\Gamma_\delta = e^{\left(-\alpha + \frac{\ln \mu}{\tau_a}\right) T_f} \left(\frac{1}{\lambda}\delta_1^2 + \frac{d e^{\alpha d}}{\lambda_2}\delta_1^2 + \frac{\tau e^{\alpha \tau}}{\lambda_3}\delta_2^2 + \lambda_4 d^2\right) \qquad (14\text{-}32)$$

证明 用 $\bar{A}_j, \hat{A}_{di}, \hat{C}_i$ 分别代替式中的 A_i, A_{hi}, C_i，并用 Schur 补引理，可得

$$\Omega_i = \begin{bmatrix} \Omega_{11} & \hat{A}_{di}\hat{Q}_{1i} & \hat{C}_i\hat{Q}_{2i} & B_{\omega i} + \tilde{P}_i D_i^T E_{\omega i} & \tilde{P}_i \bar{A}_j^T & \tilde{P}_i & \tilde{P}_i D_i^T \\ * & -e^{-\alpha d}\tilde{Q}_{1i} & 0 & 0 & \tilde{Q}_{1i}\hat{A}_{di}^T & 0 & 0 \\ * & * & -e^{\alpha \tau}\tilde{Q}_{2i} & 0 & \tilde{Q}_{2i}\hat{C}_i^T & 0 & 0 \\ * & * & * & -\gamma^2 I + E_{\omega i}^T E_{\omega i} & B_{w i}^T & 0 & 0 \\ * & * & * & * & -\tilde{Q}_{2i} & 0 & 0 \\ * & * & * & * & * & -\tilde{Q}_{1i} & 0 \\ * & * & * & * & * & * & -I \end{bmatrix} \qquad (14\text{-}33)$$

$$\Omega_{11} = \bar{A}_j \tilde{P}_j + \tilde{P}_j \bar{A}_j^T + \alpha \tilde{P}_j$$

把式(14-2)代入式(14-33)，有

$$\Omega_i = \Omega_{01} + \Omega_{02}$$

其中

$$\Omega_{01} = \begin{bmatrix} \Omega_{011} & A_{di}\widetilde{Q}_{1i} & C_i\widetilde{Q}_{2i} & B_{\omega i}+\widetilde{P}_iD_i^{\mathrm{T}}E_{\omega i} & \Omega_{015} & \widetilde{P}_i & \widetilde{P}_iD_i^{\mathrm{T}} \\ * & -\mathrm{e}^{-\alpha d}\widetilde{Q}_{1i} & 0 & 0 & \widetilde{Q}_{1i}A_{di}^{\mathrm{T}} & 0 & 0 \\ * & * & -\mathrm{e}^{\alpha \tau}\widetilde{Q}_{2i} & 0 & \widetilde{Q}_{2i}C_i^{\mathrm{T}} & 0 & 0 \\ * & * & * & -\gamma^2 I+E_{\omega i}^{\mathrm{T}}E_{\omega i} & B_{wi}^{\mathrm{T}} & 0 & 0 \\ * & * & * & * & -\widetilde{Q}_{2i} & 0 & 0 \\ * & * & * & * & * & -\widetilde{Q}_{1i} & 0 \\ * & * & * & * & * & * & -I \end{bmatrix}$$

$$\Omega_{011} = A_i\widetilde{P}_i + B_i(D_jK_i+D_j^-H_i)\widetilde{P}_i + \widetilde{P}_iA_i^{\mathrm{T}} + \widetilde{P}_i(B_i(D_jK_i+D_j^-H_i))^{\mathrm{T}} + \alpha\widetilde{P}_i$$

$$\Omega_{015} = \widetilde{P}_iA_i^{\mathrm{T}} + \widetilde{P}_i(B_i(D_jK_i+D_j^-H_i))^{\mathrm{T}}$$

$$\Omega_{02} = \begin{bmatrix} L_i \\ 0 \\ 0 \\ 0 \\ L_i \\ 0 \\ 0 \end{bmatrix}\Sigma_i(t)\begin{bmatrix} \widetilde{P}_iM_{1i}^{\mathrm{T}} \\ \widetilde{Q}_{1i}M_{2i}^{\mathrm{T}} \\ \widetilde{Q}_{2i}M_{3i}^{\mathrm{T}} \\ 0 \\ 0 \\ 0 \\ 0 \end{bmatrix} + \begin{bmatrix} L_i \\ 0 \\ 0 \\ 0 \\ L_i \\ 0 \\ 0 \end{bmatrix}\Sigma_i(t)\begin{bmatrix} \widetilde{P}_iM_{1i}^{\mathrm{T}} \\ \widetilde{Q}_{1i}M_{2i}^{\mathrm{T}} \\ \widetilde{Q}_{2i}M_{3i}^{\mathrm{T}} \\ 0 \\ 0 \\ 0 \\ 0 \end{bmatrix}^{\mathrm{T}}$$

利用引理 3.2.1,可得

$$\Omega_{02} \leq \delta_{1i}\begin{bmatrix} L_i \\ 0 \\ 0 \\ 0 \\ L_i \\ 0 \\ 0 \end{bmatrix}\begin{bmatrix} L_i \\ 0 \\ 0 \\ 0 \\ L_i \\ 0 \\ 0 \end{bmatrix}^{\mathrm{T}} + \delta_{1i}^{-1}\begin{bmatrix} \widetilde{P}_iM_{1i}^{\mathrm{T}} \\ \widetilde{Q}_{1i}M_{2i}^{\mathrm{T}} \\ \widetilde{Q}_{2i}M_{3i}^{\mathrm{T}} \\ 0 \\ 0 \\ 0 \\ 0 \end{bmatrix}\begin{bmatrix} \widetilde{P}_iM_{1i}^{\mathrm{T}} \\ \widetilde{Q}_{1i}M_{2i}^{\mathrm{T}} \\ \widetilde{Q}_{2i}M_{3i}^{\mathrm{T}} \\ 0 \\ 0 \\ 0 \\ 0 \end{bmatrix}$$

通过使用引理 2.2.2,并定义 $K_i\widetilde{P}_i=Y_i, H_i\widetilde{P}_i=G_i$,可得 $\Omega_i<0$。

其次,$\varepsilon(\widetilde{P}_i^{-1},1) \subset L(H_i)$ 等价于

$$\begin{bmatrix} u_{ij} & h_{ij}\widetilde{P}_i \\ * & u_i\widetilde{P}_i \end{bmatrix} \geq 0 \Leftrightarrow \begin{bmatrix} u_{ij} & g_{ij} \\ * & u_i\widetilde{P}_i \end{bmatrix} \geq 0$$

其中，g_{ij} 表示 G_i 的第 j 行，h_{ij} 表示 H_i 的第 i 行。

通过式(14-14)与式(14-15)可知

$$x^T(t)\widetilde{P}_i^{-1}x(t) \leq V(x(t))$$
$$\leq e^{\left(-\alpha + \frac{\ln\mu}{\tau_a}\right)T_f}\left(\max_{\theta \in [-H,0]}|\varphi(\theta)|^2(\lambda_{\max}(P_i^{-1}) + de^{\alpha d}\lambda_{\max}(Q_{1i}^{-1})) + \right.$$
$$\left.\max_{\theta \in [-H,0]}|\dot{\varphi}(\theta)|^2\tau e^{\alpha\tau}\lambda_{\max}(Q_{2i}^{-1}) + \lambda_{\max}(T_i)d^2\right)$$
$$= \Gamma(\varphi,\dot{\varphi})$$

由此可以清晰地看出 $\Gamma(\varphi,\dot{\varphi}) \leq 1$ 确保了 $x^T(t)\widetilde{P}_i^{-1}x(t) \leq 1$，式(14-28)意味着约束条件成立 $|h_ix| \leq u_i, l = 1,2,\cdots,p$。那么可以从 $\Gamma(\varphi,\dot{\varphi}) \leq 1$ 中获得吸引域的一个估计值。证毕。

注 14.3.1 为了简化求取吸引域的最大估计值的过程，选择 $\delta_1 = \delta_2$，

$$\begin{cases} \min r \\ \text{s.t. (a) 定理 14.3.3} \\ \qquad (b) \begin{bmatrix} w_1 I & I \\ * & \widetilde{P}_i \end{bmatrix} \geq 0, \begin{bmatrix} w_2 I & I \\ * & \widetilde{Q}_{1i} \end{bmatrix} \geq 0, \begin{bmatrix} w_3 I & I \\ * & \widetilde{Q}_{2i} \end{bmatrix} \geq 0 \end{cases}$$

其中，$r = w_1 + de^{\alpha d}w_2 + \tau e^{\alpha\tau}w_3$，那么，饱和的最大吸引域估计值为 $\delta_{\max} = \frac{1}{\sqrt{\Delta}}$，其中

$$\Delta = e^{\left(-\alpha + \frac{\ln\mu}{\tau_a}\right)T_f}\left(\frac{1}{\lambda_1} + \frac{de^{\alpha d}}{\lambda_2} + \frac{\tau e^{\alpha\tau}}{\lambda_3} + \lambda_4 d^2\right)$$

14.4 数值算例

例 14.4.1 考虑一个由两个子系统组成的不确定切换时滞中立系统，为系统选取下面的参数：

$$A_1 = \begin{bmatrix} 2 & 0 \\ 0 & 2 \end{bmatrix}, A_{d1} = \begin{bmatrix} 0.2 & 1.3 \\ -1.5 & -1 \end{bmatrix}, B_1 = \begin{bmatrix} -1 & -0.1 \\ 0.1 & -0.1 \end{bmatrix}, B_{\omega 1} = \begin{bmatrix} 0.2 & 0.3 \\ -1 & 0.5 \end{bmatrix}$$

$$C_1 = \begin{bmatrix} 0.6 & 0 \\ 1.3 & -0.4 \end{bmatrix}, D_1 = \begin{bmatrix} 0.2 & -0.4 \\ 0.5 & 1.3 \end{bmatrix}, E_1 = \begin{bmatrix} 0.4 & 0.8 \\ 0.5 & -0.2 \end{bmatrix}, \Sigma_1(t) = \begin{bmatrix} 0.9 & 0 \\ 0 & 0.9 \end{bmatrix}$$

$$L_1 = \begin{bmatrix} 1 & 0 \\ 0 & 1 \end{bmatrix}, M_{11} = M_{21} = \begin{bmatrix} 0.2 & 0 \\ 0 & 0.2 \end{bmatrix}, M_{31} = \begin{bmatrix} 0.4 & 0 \\ 0 & 0.4 \end{bmatrix}$$

$$A_1 = \begin{bmatrix} 3 & 0 \\ 0 & 4 \end{bmatrix}, A_{d2} = \begin{bmatrix} 0.5 & 1.4 \\ -1 & 0.2 \end{bmatrix}, B_2 = \begin{bmatrix} 0.3 & 1.7 \\ 2.5 & -0.4 \end{bmatrix}, B_{\omega 2} = \begin{bmatrix} 0.5 & -2.1 \\ 0.2 & 0.1 \end{bmatrix}$$

$$C_2 = \begin{bmatrix} 0.5 & -0.1 \\ 1 & 1.4 \end{bmatrix}, D_2 = \begin{bmatrix} 1.5 & 1.4 \\ 0.6 & 1 \end{bmatrix}, E_2 = \begin{bmatrix} 0.5 & 0.45 \\ -1 & 1 \end{bmatrix}, \Sigma_2(t) = \begin{bmatrix} 0.7 & 0 \\ 0 & 0.7 \end{bmatrix}$$

$$L_2 = \begin{bmatrix} 1 & 0 \\ 0 & 1 \end{bmatrix}, M_{12} = M_{22} = \begin{bmatrix} 0.1 & 0 \\ 0 & 0.1 \end{bmatrix}, M_{32} = \begin{bmatrix} 0.15 & 0 \\ 0 & 0.15 \end{bmatrix}$$

取 $T_f = 10, \tau = 0.2, d = 0.5, d^2 = 0.1, c_2^2 = 4, R = I, \alpha = 0.05$。

那么 $\gamma^2 = 1.6723$,通过求解定理 3.3.1 中的线性矩阵不等式,可得

$$P_1 = \begin{bmatrix} 2.1346 & -0.4320 \\ -1.3785 & 1.5064 \end{bmatrix}, Q_{11} = \begin{bmatrix} 1.4325 & -1.3425 \\ -1.5600 & 2.5323 \end{bmatrix}$$

$$Q_{21} = \begin{bmatrix} 20.4076 \\ 14.4320 \end{bmatrix}, Y_1 = \begin{bmatrix} -30.8440 & -6.4600 \\ 3.4877 & -5.0562 \end{bmatrix}$$

$$P_2 = \begin{bmatrix} 2.4516 & 2.1822 \\ 2.2640 & 3.3428 \end{bmatrix}, Q_{12} = \begin{bmatrix} 13.2404 & -5.4587 \\ -5.4722 & 2.5439 \end{bmatrix}$$

$$Q_{22} = \begin{bmatrix} 23.4695 & 13.8760 \\ 10.4776 & 20.3409 \end{bmatrix}, Y_2 = \begin{bmatrix} 21.5365 & -26.7199 \\ 10.6544 & -6.3875 \end{bmatrix}$$

控制器增益矩阵为

$$K_1 = \begin{bmatrix} -11.1326 & -10.3487 \\ -7.6550 & -3.5443 \end{bmatrix}, K_2 = \begin{bmatrix} 8.7060 & -7.5264 \\ 10.6544 & -6.3875 \end{bmatrix}$$

14.5 本章小结

本章研究了一类带有输入饱和不确定的切换中立系统的有限时间 H_∞ 控制问题,通过建立适当的 Lyapunov 函数和凸优化、线性矩阵不等式的方法,得到了系统有限时间有界的一个充分条件,并用给出数值算例证明结论的有效性。

第 15 章 带有混合时滞不确定切换中立系统的有限时间控制

15.1 引言

本章基于记忆状态反馈控制器,研究切换中立系统的有限时间 H_∞ 控制,同样,通过构造合适的 Lyapunov 函数,运用平均驻留时间的方法,得到混合时滞不确定切换中立系统有限时间 H_∞ 有界的一个新的充分条件。最后,用 Matlab 仿真数值算例,验证了方法是正确的。

15.2 系统的描述与准备

带有混合时滞不确定切换中立系统如下面所描述:

$$\begin{cases} \dot{x}(t) - \hat{C}_{\sigma(t)}\dot{x}(t-\tau(t)) = \hat{A}_{\sigma(t)}x(t) + \hat{A}_{h\sigma(t)}x(t-h(t)) + \hat{B}_{\sigma(t)}u(t) + B_{\omega\sigma(t)}\omega(t) \\ z(t) = \hat{D}_{\sigma(t)}x(t) + \hat{D}_{h\sigma(t)}x(t-h(t)) + E_{\omega\sigma(t)}\omega(t) + E_{\sigma(t)}u(t) \\ x(t_0+\theta) = \varphi(\theta), \theta \in [-H, 0] \end{cases} \quad (15\text{-}1)$$

其中,$x(t) \in \mathbf{R}^n$ 表示系统的状态向量;$u(t) \in \mathbf{R}^l$ 表示系统的控制输入;$\omega(t) \in \mathbf{R}^p$ 表示外部干扰且 $\omega \in l_2[0,T]$,$z(t) \in \mathbf{R}^q$ 表示受控输;$\varphi(\theta)$ 为一连续函数,用于确定系统的初始状态;$\tau(t)$ 和 $h(t)$ 代表中立时变时滞和离散时滞,且满足下面条件:$0 \leq \tau(t) \leq \tau_1$,$0 \leq h(t) \leq h_1$,$\dot{\tau}(t) \leq \mu_1 < 1$ 和 $\dot{h}(t) \leq \mu_2 < 1$,其中 $H = \max\{\tau_1, h_1\}$;$\sigma(\cdot):[0,+\infty) \to \{1,2\cdots,N\} = \overline{N}$ 表示分段常值切换信号,而且 $\sigma(t) = i$ 代表第 i 个子系统被激活而运行,N 表示子系统的个数。

对任意的 $i \in \overline{N}$,$\hat{A}_i, \hat{A}_{hi}, \hat{B}_i, \hat{C}_i, \hat{D}_i, \hat{D}_{hi}$ 表示不确定的合适维数的实值矩阵,假设不确定项是范数有界并且满足下面形式:

$$[\hat{A}_i\ \hat{A}_{hi}\ \hat{B}_i\ \hat{C}_i\ \hat{D}_i\ \hat{D}_{hi}] = [A_i\ A_{hi}\ B_i\ C_i\ D_i\ D_{hi}] + L_i\Sigma_i(t)[M_{1i}\ M_{2i}\ M_{3i}\ M_{4i}\ M_{5i}\ M_{6i}] \quad (15\text{-}2)$$

其中,$A_i, A_{hi}, B_i, C_i, D_i, D_{hi}, L_i, M_{1i}, M_{2i}, M_{3i}, M_{4i}, M_{5i}, M_{6i}$ 为已知的适当维数的实常数矩阵;

$\Sigma_i(t)$为未知时变实值连续矩阵函数,其元素 Lebesgue 可测,且满足$\Sigma_i^T(t)\Sigma_i(t) \leq I$,$I$ 为单位矩阵。

本章的写作目的是在控制器上进行拓展,为系统设计适当的记忆控制器 $u(t) = K_{\sigma(t)}x(t) + K_{h\sigma(t)}x(t-h(t))$,使得混合时滞切换中立系统是有限时间 H_∞ 控制的。

15.3 有限时间控制与记忆控制器的设计

15.3.1 有限时间有界性分析

在这一部分,我们首先考虑以下时变时滞切换中立系统的有限时间有界性问题

$$\begin{cases} \dot{x}(t) - C_{\sigma(t)}\dot{x}(t-\tau(t)) = A_{\sigma(t)}x(t) + A_{h\sigma(t)}x(t-h(t)) + B_{\omega\sigma(t)}\omega(t) \\ x(t_0+\theta) = \varphi(\theta), \theta \in [-H, 0] \end{cases} \quad (15\text{-}3)$$

定理 15.3.1 对于系统(15-3),令 $\tilde{P}_i = R^{-\frac{1}{2}}P_i R^{-\frac{1}{2}}$, $\tilde{Q}_{1i} = R^{-\frac{1}{2}}Q_{1i}R^{-\frac{1}{2}}$, $\tilde{Q}_{2i} = R^{-\frac{1}{2}}Q_{2i}R^{-\frac{1}{2}}$, $\tilde{S}_{1i} = R^{-\frac{1}{2}}S_{1i}R^{-\frac{1}{2}}$, $\tilde{S}_{2i} = R^{-\frac{1}{2}}S_{2i}R^{-\frac{1}{2}}$,如果存在适当维数的正定矩阵 $P_i, Q_{1i}, Q_{2i}, S_{1i}, S_{2i}, T_i$ 和正实数 $\alpha, \lambda_1, \lambda_2, \lambda_3, \lambda_4, \lambda_5, \lambda_6$,使得

$$\bar{\Theta}_i = \begin{bmatrix} \bar{\Theta}_{11} & A_{hi}\tilde{Q}_{1i} & C_i\tilde{Q}_{2i} & B_{\omega i} & 0 & 0 & \tilde{P}_i A_i^T \\ * & \bar{\Theta}_{22} & 0 & 0 & 0 & 0 & \tilde{Q}_{1i}A_{hi}^T \\ * & * & \bar{\Theta}_{33} & 0 & 0 & 0 & \tilde{Q}_{2i}C_i^T \\ * & * & * & -T_i & 0 & 0 & B_{\omega i}^T \\ * & * & * & * & \bar{\Theta}_{55} & 0 & 0 \\ * & * & * & * & * & \bar{\Theta}_{66} & 0 \\ * & * & * & * & * & * & -\tilde{Q}_{2i} \end{bmatrix} < 0 \quad (15\text{-}4)$$

$\bar{\Theta}_{11} = A_i\tilde{P}_i + \tilde{P}_i A_i^T + (2+\alpha+2\tau_1+2h_1)\tilde{P}_i - \tilde{Q}_{1i} - \tau_1\tilde{S}_{1i} - h_1\tilde{S}_{2i}$, $\bar{\Theta}_{22} = -(1-\mu_2)e^{-\alpha h_1}\tilde{Q}_{1i}$

$\bar{\Theta}_{33} = -(1-\mu_1)e^{-\alpha \tau_1}\tilde{Q}_{2i}$, $\bar{\Theta}_{55} = -\frac{1}{h_1}e^{-\alpha h_1}\tilde{S}_{2i}$, $\bar{\Theta}_{66} = -\frac{1}{\tau_1}e^{-\alpha \tau_1}\tilde{S}_{1i}$

$\lambda_1 R^{-1} < \tilde{P}_i < R^{-1}$, $\lambda_2 R^{-1} < \tilde{Q}_{1i}$, $\lambda_3 R^{-1} < \tilde{Q}_{2i}$, $\lambda_4 R^{-1} < \tilde{S}_{1i}$, $\lambda_5 R^{-1} < \tilde{S}_{2i}$

$$T_i < \lambda_6 I \quad (15\text{-}5)$$

$$\begin{bmatrix} -c_2^2 e^{-\alpha T_f}+\lambda_6 d^2 & c_1 & c_1 & c_1 & c_1 & c_1 \\ * & -\lambda_1 & 0 & 0 & 0 & 0 \\ * & * & -\dfrac{\lambda_2}{\tau_1}e^{\alpha\tau_1} & 0 & 0 & 0 \\ * & * & * & -\dfrac{\lambda_3}{\tau_1}e^{\alpha\tau_1} & 0 & 0 \\ * & * & * & * & -\dfrac{\lambda_4}{\tau_1^2}e^{\alpha h_1} & 0 \\ * & * & * & * & * & -\dfrac{\lambda_5}{h_1^2}e^{\alpha h_1} \end{bmatrix}<0 \quad (15\text{-}6)$$

那么,在满足以下平均驻留时间时

$$\tau_a>\tau_a^*=\frac{T_f\ln\mu}{\ln(c_2^2 e^{\alpha T_f})-\ln(\varpi_1 c_1^2+\lambda_6 d^2)} \quad (15\text{-}7)$$

其中

$$\varpi_1=\left(\frac{1}{\lambda_1}+\frac{h_1 e^{-\alpha h_1}}{\lambda_2}+\frac{\tau_1 e^{-\alpha\tau_1}}{\lambda_3}+\frac{\tau_1^2 e^{-\alpha\tau_1}}{\lambda_4}+\frac{h_1^2 e^{-\alpha h_1}}{\lambda_5}\right),$$

则系统是关于$(c_1^2,c_2^2,T_f,d^2,R,\sigma(t))$有限时间有界的,其中$\mu>1$满足

$$\widetilde{P}_j<\mu\widetilde{P}_i,\widetilde{Q}_{1j}<\mu\widetilde{Q}_{1i},\widetilde{Q}_{2j}<\mu\widetilde{Q}_{2i},\widetilde{S}_{1j}<\mu\widetilde{S}_{1i},\widetilde{S}_{2j}<\mu\widetilde{S}_{2i} \quad (15\text{-}8)$$

证明 构造 Lyapunov 函数如下

$$V_i(t)=V_{1i}(t)+V_{2i}(t)+V_{3i}(t)+V_{4i}(t)+V_{5i}(t)$$

其中

$$V_{1i}(t)=x^{\mathrm{T}}(t)\widetilde{P}_i^{-1}x(t)$$

$$V_{2i}(t)=\int_{t-h(t)}^{t}x^{\mathrm{T}}(s)e^{\alpha(s-t)}\widetilde{Q}_{1i}^{-1}x(s)\mathrm{d}s$$

$$V_{3i}(t)=\int_{t-\tau(t)}^{t}\dot{x}^{\mathrm{T}}(s)e^{\alpha(s-t)}\widetilde{Q}_{2i}^{-1}\dot{x}(s)\mathrm{d}s$$

$$V_{4i}(t)=\int_{-\tau_1}^{0}\int_{t+\theta}^{t}x^{\mathrm{T}}(s)e^{\alpha(s-t)}\widetilde{S}_{1i}^{-1}x(s)\mathrm{d}s\mathrm{d}\theta$$

$$V_{5i}(t)=\int_{-h_1}^{0}\int_{t+\theta}^{t}x^{\mathrm{T}}(s)e^{\alpha(s-t)}\widetilde{S}_{2i}^{-1}x(s)\mathrm{d}s\mathrm{d}\theta$$

对$V(x(t))$沿系统求导,易得

$$\dot{V}_{1i}(t)=2x^{\mathrm{T}}(t)\widetilde{P}_i^{-1}\dot{x}(t)$$
$$=2x^{\mathrm{T}}(t)\widetilde{P}_i^{-1}(A_i x(t)+A_{hi}x(t-h(t))+B_{\omega i}\omega(t)+C_i\dot{x}(t-\tau(t)))$$

$$\dot{V}_{2i}(t) \leqslant -\alpha V_{2i}(t) + x^{\mathrm{T}}(t)\widetilde{Q}_{1i}^{-1}x(t) - (1-\mu_2)\mathrm{e}^{-\alpha h_1}x^{\mathrm{T}}(t-h(t))\widetilde{Q}_{1i}^{-1}x(t-h(t))$$

$$\dot{V}_{3i}(t) \leqslant -\alpha V_{3i}(t) + \dot{x}^{\mathrm{T}}(t)\widetilde{Q}_{2i}^{-1}\dot{x}(t) - (1-\mu_1)\mathrm{e}^{-\alpha \tau_1}\dot{x}^{\mathrm{T}}(t-h(t))\widetilde{Q}_{2i}^{-1}\dot{x}(t-\tau(t))$$

$$\dot{V}_{4i}(t) \leqslant -\alpha V_{4i}(t) + \tau_1 x^{\mathrm{T}}(t)\widetilde{S}_{1i}^{-1}x(t) - \int_{t-\tau(t)}^{t} x^{\mathrm{T}}(s)\mathrm{e}^{-\alpha \tau_1}\widetilde{S}_{1i}^{-1}x(s)\mathrm{d}s$$

$$\dot{V}_{5i}(t) \leqslant -\alpha V_{5i}(t) + h_1 x^{\mathrm{T}}(t)\widetilde{S}_{2i}^{-1}x(t) - \int_{t-h(t)}^{t} x^{\mathrm{T}}(s)\mathrm{e}^{-\alpha h_1}\widetilde{S}_{2i}^{-1}x(s)\mathrm{d}s$$

下面利用詹森不等式处理如下不等式：

$$-\int_{t-\tau(t)}^{t} x^{\mathrm{T}}(s)\widetilde{S}_{1i}^{-1}x(s)\mathrm{d}s \leqslant -\frac{1}{\tau_1}\Big(\int_{t-\tau(t)}^{t} x(s)\mathrm{d}s\Big)^{\mathrm{T}}\widetilde{S}_{1i}^{-1}\Big(\int_{t-\tau(t)}^{t} x(s)\mathrm{d}s\Big)$$

$$-\int_{t-h(t)}^{t} x^{\mathrm{T}}(s)\widetilde{S}_{2i}^{-1}x(s)\mathrm{d}s \leqslant -\frac{1}{h_1}\Big(\int_{t-h(t)}^{t} x(s)\mathrm{d}s\Big)^{\mathrm{T}}\widetilde{S}_{2i}^{-1}\Big(\int_{t-h(t)}^{t} x(s)\mathrm{d}s\Big)$$

因此

$$\dot{V}(x(t)) + \alpha V(x(t)) - \omega^{\mathrm{T}}(t)T_i\omega(t) \leqslant \Xi^{\mathrm{T}}(t)\Theta_i\Xi^{\mathrm{T}}(t) \tag{15-9}$$

其中

$$\Xi^{\mathrm{T}}(t) = \begin{bmatrix} x^{\mathrm{T}}(t) & x^{\mathrm{T}}(t-h(t)) & \dot{x}^{\mathrm{T}}(t-\tau(t)) & \omega^{\mathrm{T}}(t) & \int_{t-\tau(t)}^{t}x^{\mathrm{T}}(s)\mathrm{d}s & \int_{t-h(t)}^{t}x^{\mathrm{T}}(s)\mathrm{d}s \end{bmatrix}$$

$$\Theta_i = \begin{bmatrix} \Theta_{11} & \widetilde{P}_i^{-1}A_{hi} & \widetilde{P}_i^{-1}C_i & \widetilde{P}_i^{-1}B_{\omega i} & 0 & 0 \\ * & \Theta_{22} & 0 & 0 & 0 & 0 \\ * & * & \Theta_{33} & 0 & 0 & 0 \\ * & * & * & -T_i & 0 & 0 \\ * & * & * & * & \Theta_{55} & 0 \\ * & * & * & * & * & \Theta_{66} \end{bmatrix} + \begin{bmatrix} A_i^{\mathrm{T}} \\ A_{hi}^{\mathrm{T}} \\ C_i^{\mathrm{T}} \\ B_{wi}^{\mathrm{T}} \\ 0 \\ 0 \end{bmatrix} \widetilde{Q}_{2i}^{-1} \begin{bmatrix} A_i^{\mathrm{T}} \\ A_{hi}^{\mathrm{T}} \\ C_i^{\mathrm{T}} \\ B_{wi}^{\mathrm{T}} \\ 0 \\ 0 \end{bmatrix}^{\mathrm{T}}$$

$$\Theta_{11} = \widetilde{P}_i^{-1}A_i + A_i^{\mathrm{T}}\widetilde{P}_i^{-1} + \widetilde{Q}_{1i}^{-1} + \alpha\widetilde{P}_i^{-1} + \tau_1\widetilde{S}_{1i}^{-1} + h_1\widetilde{S}_{2i}^{-1}, \quad \Theta_{22} = -(1-\mu_2)\mathrm{e}^{-\alpha h_1}\widetilde{Q}_{1i}^{-1}$$

$$\Theta_{33} = -(1-\mu_1)\mathrm{e}^{\alpha\tau_1}\widetilde{Q}_{2i}^{-1}, \quad \Theta_{55} = -\frac{1}{h_1}\mathrm{e}^{-\alpha h_1}\widetilde{S}_{2i}^{-1}, \quad \Theta_{66} = -\frac{1}{\tau_1}\mathrm{e}^{-\alpha\tau_1}\widetilde{S}_{1i}^{-1}$$

对于式(15-4)，通过用 $\mathrm{diag}\{\widetilde{P}_i^{-1}, \widetilde{Q}_{1i}^{-1}, \widetilde{Q}_{1i}^{-1}, I, \widetilde{S}_{2i}^{-1}, \widetilde{S}_{1i}^{-1}, I\}$ 左乘与右乘 Θ_i 两边，并且用到事实 $\widetilde{P}_i\widetilde{S}_{2i}^{-1}\widetilde{P}_i \leqslant 2\widetilde{P}_i - \widetilde{S}_{2i}, \widetilde{P}_i\widetilde{Q}_{2i}^{-1}\widetilde{P}_i \leqslant 2\widetilde{P}_i - \widetilde{Q}_{2i}$，再运用引理 2.2.1，由此推得 $\Theta_i < 0$。由式(15-9)可知

$$\dot{V}(x(t)) + \alpha V(x(t)) - \omega^{\mathrm{T}}(t)T_i\omega(t) < 0 \tag{15-10}$$

由式(15-8)和式(15-10)可知，对 $t \in [t_k, t_{k+1}]$ 有

$$V(t) < \mathrm{e}^{-\alpha(t-t_k)}V(t_k) + \int_{t_k}^{t}\mathrm{e}^{-\alpha(t-s)}\omega^{\mathrm{T}}(s)T_i\omega(s)\mathrm{d}s < \mathrm{e}^{-\alpha(t-t_k)}\mu V(t_k^-) + \int_{t_k}^{t}\mathrm{e}^{-\alpha(t-s)}\omega^{\mathrm{T}}(s)T_i\omega(s)\mathrm{d}s$$

$$< \mathrm{e}^{-\alpha(t-t_k)}\mu\Big[\mathrm{e}^{-\alpha(t_k-t_{k-1})}V(t_{k-1}) + \int_{t_{k-1}}^{t_k}\mathrm{e}^{-\alpha(t_k-s)}\omega^{\mathrm{T}}(s)T_i\omega(s)\mathrm{d}s\Big] + \int_{t_k}^{t}\mathrm{e}^{-\alpha(t-s)}\omega^{\mathrm{T}}(s)T_i\omega(s)\mathrm{d}s$$

$$= e^{-\alpha(t-t_{k-1})}\mu V(t_{k-1}) + \mu \int_{t_{k-1}}^{t_k} e^{-\alpha(t-s)} \omega^T(s) T_i \omega(s) ds + \int_{t_k}^{t} e^{-\alpha(t-s)} \omega^T(s) T_i \omega(s) ds$$

进一步

$$V(t) < e^{-\alpha(t-0)} \mu^{N_\sigma(0,t)} V(0) + \mu^{N_\sigma(0,t)} \int_0^{t_1} e^{-\alpha(t-s)} \omega^T(s) T_i \omega(s) ds +$$

$$\mu^{N_\sigma(t_1,t)} \int_{t_1}^{t_2} e^{-\alpha(t-s)} \omega^T(s) T_i \omega(s) ds + \cdots + \mu \int_{t_{k-1}}^{t_k} e^{-\alpha(t-s)} \omega^T(s) T_i \omega(s) ds +$$

$$\int_{t_k}^{t} e^{-\alpha(t-s)} \omega^T(s) T_i \omega(s) ds$$

$$= e^{-\alpha(t-0)} \mu^{N_\sigma(0,t)} V(0) + \int_0^t e^{-\alpha(t-s)} \mu^{N_\sigma(s,t)} \omega^T(s) T_i \omega(s) ds$$

$$< e^{-\alpha t} \mu^{N_\sigma(0,t)} V(0) + \mu^{N_\sigma(0,t)} e^{-\alpha t} \int_0^t \omega^T(s) T_i \omega(s) ds$$

$$< e^{-\alpha T_f} \mu^{N_\sigma(0,T_f)} \left(V(0) + \int_0^{T_f} \omega^T(s) T_i \omega(s) ds \right)$$

$$< e^{-\alpha T_f} \mu^{N_\sigma(0,T_f)} (V(0) + \lambda_{\max}(T_i) d^2)$$

我们可知 $N_{\sigma(0,t)} < \dfrac{T_f}{\tau_a}$, 又因为 $T_i < \lambda_6 I$, 可得

$$V(t) < e^{\left(-\alpha + \frac{\ln\mu}{\tau_a}\right) T_f} (V(0) + \lambda_6 d^2)$$

故

$$V(t) = V_i(t) \geqslant x^T(t) \widetilde{P}_i^{-1} x(t) = x^T(t) R^{\frac{1}{2}} P_i^{-1} R^{\frac{1}{2}} x(t) \geqslant \frac{1}{\lambda_{\max}(P_i)} x^T(t) R x(t)$$

由式 $\lambda_1 R^{-1} < \widetilde{P}_i < R^{-1}$, 可以看出 $\lambda_{\max}(P_i) < 1$, 因此有

$$V(t) > V_{1i}(t) > x^T(t) R X(t)$$

另一方面

$$V(0) = x^T(0) \widetilde{P}_i^{-1} x(0) + \int_{-h(0)}^{0} x^T(s) e^{\alpha s} \widetilde{Q}_{1i}^{-1} x(s) ds + \int_{-\tau(0)}^{0} \dot{x}^T(s) e^{\alpha s} \widetilde{Q}_{2i}^{-1} \dot{x}(s) ds +$$

$$\int_{-\tau_1}^{0} \int_{\theta}^{0} x^T(s) e^{\alpha s} S_{1i}^{-1} x(s) ds d\theta + \int_{-h_1}^{0} \int_{\theta}^{0} x^T(s) e^{\alpha s} S_{2i}^{-1} x(s) ds d\theta$$

$$\leqslant \lambda_{\max}(P_i^{-1}) x^T(0) R x(0) + h_1 e^{-\alpha h_1} \lambda_{\max}(Q_{1i}^{-1}) \sup_{-h_1 \leqslant \theta \leqslant 0} \{x^T(\theta) R x(\theta)\} +$$

$$\tau_1 e^{-\alpha \tau_1} \lambda_{\max}(Q_{2i}^{-1}) \sup_{-\tau_1 \leqslant \theta \leqslant 0} \{\dot{x}^T(\theta) R \dot{x}(\theta)\} + \tau_1^2 e^{-\alpha \tau_1} \lambda_{\max}(S_{1i}^{-1}) \sup_{-\tau_1 \leqslant \theta \leqslant 0} \{x^T(\theta) R x(\theta)\} +$$

$$h_1^2 e^{-\alpha h_1} \lambda_{\max}(S_{2i}^{-1}) \sup_{-h_1 \leqslant \theta \leqslant 0} \{x^T(\theta) R x(\theta)\}$$

$$\leqslant \left(\frac{1}{\lambda_{\min}(P_i)} + \frac{h_1 e^{-\alpha h_1}}{\lambda_{\min}(Q_{1i})} + \frac{\tau_1 e^{-\alpha \tau_1}}{\lambda_{\min}(Q_{2i})} + \frac{\tau_1^2 e^{-\alpha \tau_1}}{\lambda_{\min}(S_{1i})} + \frac{h_1^2 e^{-\alpha h_1}}{\lambda_{\min}(S_{2i})} \right) \sup_{-H \leqslant \theta \leqslant 0} \{x^T(\theta) R x(\theta), \dot{x}^T(\theta) R \dot{x}(\theta)\}$$

由式(15-5)可得

$$V(0) \leq \left(\frac{1}{\lambda_1}+\frac{h_1 e^{-\alpha h_1}}{\lambda_2}+\frac{\tau_1 e^{-\alpha \tau_1}}{\lambda_3}+\frac{\tau_1^2 e^{-\alpha \tau_1}}{\lambda_4}+\frac{h_1^2 e^{-\alpha h_1}}{\lambda_5}\right) \sup_{-H \leq \theta \leq 0}\{x^T(\theta)Rx(\theta), \dot{x}^T(\theta)R\dot{x}(\theta)\}$$

所以下列不等式成立：

$$x^T(t)Rx(t) < V(t) < e^{\left(-\alpha+\frac{\ln\mu}{\tau_a}\right)T_f}(\varpi_1 c_1^2 + \lambda_6 d^2) \tag{15-11}$$

其中

$$\varpi_1 = \left(\frac{1}{\lambda_1}+\frac{h_1 e^{-\alpha h_1}}{\lambda_2}+\frac{\tau_1 e^{-\alpha \tau_1}}{\lambda_3}+\frac{\tau_1^2 e^{-\alpha \tau_1}}{\lambda_4}+\frac{h_1^2 e^{-\alpha h_1}}{\lambda_5}\right)$$

根据引理2.2.2，式(15-6)等价于

$$\varpi_1 c_1^2 + \lambda_6 d^2 < c_2^2 e^{\alpha T_f}$$

把式(15-7)代入式(15-11)，我们有

$$x^T(t)Rx(t) < c_2^2$$

根据定义14.2.3，可知系统是关于$(c_1^2, c_2^2, T_f, d^2, R, \sigma(t))$有限时间有界的。证毕。

15.3.2 有限时间 H_∞ 性能分析

在这一部分，我们考虑时变时滞切换中立系统的H_∞抗干扰抑制性能问题：

$$\begin{cases} \dot{x}(t) - C_{\sigma(t)}\dot{x}(t-\tau(t)) = A_{\sigma(t)}x(t) + A_{h\sigma(t)}x(t-h(t)) + B_{\omega\sigma(t)}\omega(t) \\ z(t) = D_{\sigma(t)}x(t) + D_{h\sigma(t)}x(t-h(t)) + E_{\omega\sigma(t)}\omega(t) \\ x(t_0+\theta) = \varphi(\theta), \theta \in [-H, 0] \end{cases} \tag{15-12}$$

定理15.3.2 考虑系统，令$\widetilde{P}_i = R^{-\frac{1}{2}}P_i R^{-\frac{1}{2}}, \widetilde{Q}_{1i} = R^{-\frac{1}{2}}Q_{1i}R^{-\frac{1}{2}}, \widetilde{Q}_{2i} = R^{-\frac{1}{2}}Q_{2i}R^{-\frac{1}{2}}, \widetilde{S}_{1i} = R^{-\frac{1}{2}}S_{1i}R^{-\frac{1}{2}},$ $\widetilde{S}_{2i} = R^{-\frac{1}{2}}S_{2i}R^{-\frac{1}{2}},$ 如果存在正实数α, γ, ν和适当维数的正定矩阵$P_i, Q_{1i}, Q_{2i}, S_{1i}, S_{2i}, T_i$使得

$$\Psi'_i = \begin{bmatrix} \Psi'_{11} & A_{hi}\widetilde{Q}_{1i} & C_i\widetilde{Q}_{2i} & B_{\omega i} & 0 & 0 & \widetilde{P}_i A_i^{\mathrm{T}} & \widetilde{P}_i & \widetilde{P}_i & \widetilde{P}_i & \widetilde{P}_i \\ * & \Psi'_{22} & 0 & 0 & 0 & 0 & \widetilde{Q}_{1i}A_{hi}^{\mathrm{T}} & \widetilde{Q}_{1i} & 0 & 0 & 0 \\ * & * & \Psi'_{33} & 0 & 0 & 0 & \widetilde{Q}_{2i}C_i^{\mathrm{T}} & 0 & 0 & 0 & 0 \\ * & * & * & \Psi'_{44} & 0 & 0 & B_{wi}^{\mathrm{T}} & e_{wi}^{\mathrm{T}} & 0 & 0 & 0 \\ * & * & * & * & \Psi'_{55} & 0 & 0 & 0 & 0 & 0 & 0 \\ * & * & * & * & * & \Psi'_{66} & 0 & 0 & 0 & 0 & 0 \\ * & * & * & * & * & * & -\widetilde{Q}_{2i} & 0 & 0 & 0 & 0 \\ * & * & * & * & * & * & * & -I & 0 & 0 & 0 \\ * & * & * & * & * & * & * & * & -\widetilde{Q}_{1i} & 0 & 0 \\ * & * & * & * & * & * & * & * & * & -\dfrac{1}{\tau_1}\widetilde{S}_{1i} & 0 \\ * & * & * & * & * & * & * & * & * & * & -\dfrac{1}{h_1}\widetilde{S}_{2i} \end{bmatrix} < 0$$

$\Psi'_{11} = A_i\widetilde{P}_i + \widetilde{P}_i A_i^{\mathrm{T}} + \alpha \widetilde{P}_i$, $\Psi'_{22} = -(1-\mu_2)\mathrm{e}^{\alpha h_1}\widetilde{Q}_{1i}$, $\Psi'_{33} = -(1-\mu_1)\mathrm{e}^{\alpha\tau_1}\widetilde{Q}_{2i}$

$\Psi'_{44} = -\gamma^2 I$, $\Psi'_{55} = -\dfrac{1}{h_1}\mathrm{e}^{-\alpha h_1}\widetilde{S}_{2i}$, $\Psi'_{66} = -\dfrac{1}{\tau_1}\mathrm{e}^{-\alpha\tau_1}\widetilde{S}_{1i}$

$$\widetilde{P}_i < R^{-1} \tag{15-13}$$

$$-c_2^2 + \mathrm{e}^{T_f}\gamma^2 d^2 < 0 \tag{15-14}$$

那么,当 $\mu > 1$ 并满足式(15-8),在满足以下平均驻留时间时

$$\tau_a > \tau_a^* = \max\left\{\dfrac{T_f \ln\mu}{\ln(c_2^2) - \ln(\mathrm{e}^{\alpha T_f}\gamma^2 d^2)}, \dfrac{\ln\mu}{\nu\alpha}\right\}$$

该系统关于 $(0, c_2^2, T_f, d^2, \gamma, R, \sigma(t))$ 具有有限时间 H_∞ 干扰抑制性能,H_∞ 性能指标为

$$\overline{\gamma}^2 = \mathrm{e}^{(1+\nu)-\alpha T_f}\gamma^2 \tag{15-15}$$

证明 选择同定理 15.3.1 相似的 Lyapunov 函数,可得

$$\dot{V}(x(t)) + \alpha V(x(t)) + z^{\mathrm{T}}(t)z(t) - \gamma^2\omega^{\mathrm{T}}(t)\omega(t) \leqslant \Xi^{\mathrm{T}}(t)\Psi_i\Xi(t) \tag{15-16}$$

其中

$$\Xi^{\mathrm{T}}(t) = \left[x^{\mathrm{T}}(t)\ x^{\mathrm{T}}(t-h(t))\ \dot{x}^{\mathrm{T}}(t-\tau(t))\ \omega^{\mathrm{T}}(t)\int_{t-\tau(t)}^{t}x^{\mathrm{T}}(s)\mathrm{d}s\int_{t-h(t)}^{t}x^{\mathrm{T}}(s)\mathrm{d}s\right]$$

$$\Psi_i = \begin{bmatrix} \Psi_{11} & \Psi_{12} & \tilde{P}_i^{-1}C_i & \Psi_{14} & 0 & 0 \\ * & \Psi_{22} & 0 & D_{hi}^T E_{wi} & 0 & 0 \\ * & * & \Psi_{33} & 0 & 0 & 0 \\ * & * & * & \Psi_{44} & 0 & 0 \\ * & * & * & * & \Psi_{55} & 0 \\ * & * & * & * & * & \Psi_{66} \end{bmatrix} + \begin{bmatrix} A_i^T \\ A_{hi}^T \\ C_i^T \\ B^T v_{wi} \\ 0 \\ 0 \end{bmatrix} \tilde{Q}_{2i}^{-1} \begin{bmatrix} A_i^T \\ A_{hi}^T \\ C_i^T \\ B_{wi}^T \\ 0 \\ 0 \end{bmatrix}^T \quad (15\text{-}17)$$

$\Psi_{11} = \tilde{P}_i^{-1} A_i + A_i^T \tilde{P}_i^{-1} + \tilde{Q}_{1i}^{-1} + \alpha \tilde{P}_i^{-1} + \tau_1 \tilde{S}_{1i}^{-1} + h_1 \tilde{S}_{2i}^{-1} + D_i^T D, \Psi_{12} = \tilde{P}_i^{-1} A_{hi} + D_i^T D_{hi}$

$\Psi_{14} = D_i^T E_{wi} + \tilde{P}_i^{-1} B_{wi}, \Psi_{22} = -(1-\mu_2) e^{-\alpha h_1} \tilde{Q}_{1i}^{-1} + D_{hi}^T D_{hi}, \Psi_{55} = -\dfrac{1}{h_1} e^{-\alpha h_1} \tilde{S}_{2i}^{-1}$

$\Psi_{33} = -(1-\mu_1) e^{-\alpha \tau_1} \tilde{Q}_{2i}^{-1}, \Psi_{44} = -\gamma^2 I + e_{wi}^T E_{wi}, \Psi_{66} = -\dfrac{1}{\tau_1} e^{-\alpha \tau_1} \tilde{S}_{1i}^{-1}$

利用引理 2.2.2，可得

$$\Psi_i = \begin{bmatrix} \Psi_{11} & \Psi_{12} & \tilde{P}_i^{-1}C_i & \Psi_{14} & 0 & 0 & A_i^T \\ * & \Psi_{22} & 0 & \Psi_{24} & 0 & 0 & A_{hi}^T \\ * & * & \Psi_{33} & 0 & 0 & 0 & C_i^T \\ * & * & * & \Psi_{44} & 0 & 0 & B_{wi}^T \\ * & * & * & * & \Psi_{55} & 0 & 0 \\ * & * & * & * & * & \Psi_{66} & 0 \\ * & * & * & * & * & * & -\tilde{Q}_{2i}^{-1} \end{bmatrix}$$

用 $\text{diag}\{\tilde{P}_i, \tilde{Q}_{1i}, \tilde{Q}_{2i}, I, \tilde{S}_{2i}, \tilde{S}_{1i}, I\}$ 分别左乘右乘 Ψ_i 两边，可得

$$\hat{\Psi}_i = \begin{bmatrix} \hat{\Psi}_{11} & \hat{\Psi}_{12} & C_i\tilde{Q}_{2i} & \hat{\Psi}_{14} & 0 & 0 & \tilde{P}_i A_i^T \\ * & \hat{\Psi}_{22} & 0 & \hat{\Psi}_{24} & 0 & 0 & \tilde{Q}_{1i} A_{hi}^T \\ * & * & \hat{\Psi}_{33} & 0 & 0 & 0 & \tilde{Q}_{2i} C_i^T \\ * & * & * & \hat{\Psi}_{44} & 0 & 0 & B_{wi}^T \\ * & * & * & * & \hat{\Psi}_{55} & 0 & 0 \\ * & * & * & * & * & \Psi_{66} & 0 \\ * & * & * & * & * & * & -\tilde{Q}_{2i}^{-1} \end{bmatrix}$$

$\hat{\Psi}_{11} = A_i\tilde{P}_i + \tilde{P}_i A_i^T + \tilde{P}_i \tilde{Q}_{1i}^{-1}\tilde{P}_i + \alpha\tilde{P}_i + \tau_i\tilde{P}_i\tilde{S}_{1i}^{-1}\tilde{P}_i + h_1\tilde{P}_i\tilde{S}_{2i}^{-1}\tilde{P}_i + \tilde{P}_i D_i^T D_i \tilde{P}_i$

$\hat{\Psi}_{12} = A_{hi}\tilde{Q}_{1i} + \tilde{P}_i D_{hi}^T D_i \tilde{Q}_{1i}$, $\hat{\Psi}_{14} = B_{\omega i} + \tilde{P}_i D_i^T E_{\omega i}$, $\hat{\Psi}_{24} = \tilde{Q}_{1i} D_{hi} E_{\omega i}$

$\hat{\Psi}_{22} = -(1-\mu_2)e^{-\alpha h_1}\tilde{Q}_{1i} + \tilde{Q}_{1i} D_{hi}^T D_{hi} \tilde{Q}_{1i}$, $\hat{\Psi}_{33} = -(1-\mu_1)e^{-\alpha\tau_1}\tilde{Q}_{2i}$

$\hat{\Psi}_{44} = -\gamma^2 I + e_{\omega i}^T E_{\omega i}$, $\hat{\Psi}_{55} = -\dfrac{1}{h_1}e^{-\alpha h_1}\tilde{S}_{2i}$, $\hat{\Psi}_{66} = -\dfrac{1}{\tau_1}e^{-\alpha\tau_1}\tilde{S}_{1i}$

再次利用引理 2.2.2,可得

$$\overline{\Psi}_i = \begin{bmatrix} \overline{\Psi}_{11} & A_{hi}\tilde{Q}_{1i} & C_i\tilde{Q}_{2i} & B_{\omega i} & 0 & 0 & \tilde{P}_i A_i^T & \tilde{P}_i \\ * & \overline{\Psi}_{22} & 0 & 0 & 0 & 0 & \tilde{Q}_{1i} A_{hi}^T & \tilde{Q}_{1i} \\ * & * & \hat{\Psi}_{33} & 0 & 0 & 0 & \tilde{Q}_{2i} C_i^T & 0 \\ * & * & * & -\gamma^2 I & 0 & 0 & B_{wi}^T & e_{wi}^T \\ * & * & * & * & \hat{\Psi}_{55} & 0 & 0 & 0 \\ * & * & * & * & * & \Psi_{66} & 0 & 0 \\ * & * & * & * & * & * & -\tilde{Q}_{2i} & 0 \\ * & * & * & * & * & * & * & -I \end{bmatrix} \quad (15\text{-}18)$$

$\overline{\Psi}_{11} = A_i\tilde{P}_i + \tilde{P}_i A_i^T + \tilde{P}_i\tilde{Q}_{1i}^{-1}\tilde{P}_i + \alpha\tilde{P}_i + \tau_i\tilde{P}_i\tilde{S}_{1i}^{-1}\tilde{P}_i + h_1\tilde{P}_i\tilde{S}_{2i}^{-1}\tilde{P}_i$, $\overline{\Psi}_{22} = -(1-\mu_2)e^{-\alpha h_1}\tilde{Q}_{1i}$

因为 $\hat{\Psi}_i < 0$,$\hat{\Psi}_i$ 等价于式(15-18),式(15-18)又等价于式(15-17),由此可推得 $\Psi_i < 0$,我们得

$$\dot{V}(x(t)) + \alpha V(x(t)) + z^T(t)z(t) - \gamma^2 \omega^T(t)\omega(t) < 0 \qquad (15\text{-}19)$$

定义
$$\gamma^2 \omega^T(t)\omega(t) - z^T(t)z(t) = \Delta(s)$$

由式(15-8)和式(15-19)可知
$$V(t) < e^{-\alpha t} \mu^{N_\sigma(0,t)} V(0) + \int_0^t e^{-\alpha(t-s)} \mu^{N_\sigma(s,t)} \Delta(s) ds$$

在初始条件下,我们有 $V(0)=0$,因此有
$$0 < \int_0^t e^{-\alpha(t-s)} \mu^{N_\sigma(s,t)} \Delta(s) ds$$

意味着
$$\int_0^t e^{-\alpha(t-s)} \mu^{N_\sigma(s,t)} z^T(s)z(s) ds < \int_0^t e^{-\alpha(t-s)} \mu^{N_\sigma(s,t)} \gamma^2 \omega^T(s)\omega(s) ds$$

注意到
$$\int_0^t e^{-\alpha(t-s)} \mu^{N_\sigma(s,t)} z^T(s)z(s) ds > \int_0^t z^T(s)z(s) ds$$

$$\int_0^t e^{-\alpha(t-s)} \mu^{N_\sigma(s,t)} \gamma^2 \omega^T(s)\omega(s) ds > e^{-\alpha t} \mu^{N_\sigma(0,t)} \int_0^t \gamma^2 \omega^T(s)\omega(s) ds$$

让 $t=T_f$ 可以得到
$$\int_0^{T_f} z^T(s)z(s) ds < e^{-\alpha T_f} \mu^{\frac{T_f}{\tau_a}} \int_0^{T_f} \gamma^2 \omega^T(s)\omega(s) ds$$

由于 $\tau_a > \dfrac{\ln \mu}{\nu \alpha}$,那么
$$\int_0^{T_f} z^T(s)z(s) ds < e^{(1+\nu)-\alpha T_f} \gamma^2 \int_0^{T_f} \omega^T(s)\omega(s) ds$$

由式(15-15)知,下列不等式成立:
$$\int_0^{T_f} z^T(s)z(s) ds < \bar{\gamma}^2 \int_0^{T_f} \omega^T(s)\omega(s) ds$$

可知系统具有有限时间 H_∞ 干扰抑制性能 $\bar{\gamma}$。证毕。

15.3.3 鲁棒有限时间 H_∞ 控制

对于不确定切换中立时滞系统,下面为其设计记忆状态反馈控制器 $u(t) = K_{\sigma(t)}x(t) + K_{h\sigma(t)}x(t-h(t))$,相应的闭环系统描述为

$$\begin{cases} \dot{x}(t) = (\hat{A}_{\sigma(t)} + \hat{B}_{\sigma(t)}K_{\sigma(t)})x(t) + (\hat{A}_{h\sigma(t)} + \hat{B}_{\sigma(t)}K_{h\sigma(t)})x(t-h(t)) + B_{\omega\sigma(t)}\omega(t) + \hat{C}_{\sigma(t)}\dot{x}(t-\tau(t)) \\ z(t) = (\hat{D}_{\sigma(t)} + E_{\sigma(t)}K_{\sigma(t)})x(t) + (\hat{D}_{h\sigma(t)} + E_{\sigma(t)}K_{h\sigma(t)})x(t-h(t)) + E_{\omega\sigma(t)}\omega(t) \\ x(t_0+\theta) = \varphi(\theta), \theta \in [-H,0] \end{cases}$$

$$(15\text{-}20)$$

第15章 带有混合时滞不确定切换中立系统的有限时间控制

定理 15.3.3 考虑系统(15-20)，令 $\widetilde{P}_i = R^{-\frac{1}{2}} P_i R^{-\frac{1}{2}}$, $\widetilde{Q}_{1i} = R^{-\frac{1}{2}} Q_{1i} R^{-\frac{1}{2}}$, $\widetilde{Q}_{2i} = R^{-\frac{1}{2}} Q_{2i} R^{-\frac{1}{2}}$, $\widetilde{S}_{1i} = R^{-\frac{1}{2}} S_{1i} R^{-\frac{1}{2}}$, $\widetilde{S}_{2i} = R^{-\frac{1}{2}} S_{2i} R^{-\frac{1}{2}}$, 如果存在正实数 $\alpha, \nu, \delta_{1i}, \delta_{2i}, \delta_{3i}$ 和适当维数的正定矩阵 $P_i, Q_{1i}, Q_{2i}, S_{1i}, S_{2i}, T_i$ 使得下列线性矩阵不等式成立：

$$\overline{\Lambda}_i = \begin{bmatrix} \widetilde{\Lambda}_1 & \widetilde{\Lambda}_2 \\ * & \widetilde{\Lambda}_3 \end{bmatrix} \tag{15-21}$$

其中

$$\widetilde{\Lambda}_1 = \begin{bmatrix} \overline{\Lambda}_{11} & \overline{\Lambda}_{12} & C_i \widetilde{Q}_{2i} & B_{\omega i} & 0 & 0 & \overline{\Lambda}_{17} \\ * & \overline{\Lambda}_{22} & 0 & 0 & 0 & 0 & \overline{\Lambda}_{27} \\ * & * & \overline{\Lambda}_{33} & 0 & 0 & 0 & \widetilde{Q}_{2i} C_i^{\mathrm{T}} \\ * & * & * & -\gamma^2 I & 0 & 0 & B_{\omega i}^{\mathrm{T}} \\ * & * & * & * & \overline{\Lambda}_{55} & 0 & 0 \\ * & * & * & * & * & \overline{\Lambda}_{66} & 0 \\ * & * & * & * & * & * & \overline{\Lambda}_{77} \end{bmatrix}$$

$$\widetilde{\Lambda}_2 = \begin{bmatrix} \overline{\Lambda}_{18} & \widetilde{P}_i & \widetilde{P}_i & \widetilde{P}_i & \widetilde{P}_i M_{1i}^{\mathrm{T}} + Y_{1i}^{\mathrm{T}} M_{3i}^{\mathrm{T}} & \widetilde{P}_i M_{5i}^{\mathrm{T}} \\ \overline{\Lambda}_{28} & 0 & 0 & 0 & \widetilde{Q}_{1i} M_{2i}^{\mathrm{T}} + Y_{hi}^{\mathrm{T}} M_{3i}^{\mathrm{T}} & \widetilde{Q}_{1i} M_{6i}^{\mathrm{T}} \\ 0 & 0 & 0 & 0 & \widetilde{Q}_{2i} M_{4i}^{\mathrm{T}} & 0 \\ e_{\omega i}^{\mathrm{T}} & 0 & 0 & 0 & 0 & 0 \\ 0 & 0 & 0 & 0 & 0 & 0 \\ 0 & 0 & 0 & 0 & 0 & 0 \\ 0 & 0 & 0 & 0 & 0 & 0 \end{bmatrix}$$

$$\widetilde{\Lambda}_3 = \begin{bmatrix} \overline{\Lambda}_{88} & 0 & 0 & 0 & 0 & 0 \\ * & -\widetilde{Q}_{1i} & 0 & 0 & 0 & 0 \\ * & * & -\dfrac{1}{\tau_1}\widetilde{S}_{1i} & 0 & 0 & 0 \\ * & * & * & -\dfrac{1}{h_1}\widetilde{S}_{2i} & 0 & 0 \\ * & * & * & * & -\delta_{1i}I & 0 \\ * & * & * & * & * & -\delta_{3i}I \end{bmatrix}$$

$\overline{\Lambda}_{11} = A_i\widetilde{P}_i + B_iY_{1i} + \widetilde{P}_iA_i^T + Y_{1i}^TB_i^T + \alpha\widetilde{P}_i + \delta_{1i}L_i^TL_i^T + \delta_{2i}L_iL_i^T$

$\overline{\Lambda}_{12} = A_{hi}\widetilde{Q}_{1i} + B_iY_{hi}, \overline{\Lambda}_{17} = \widetilde{P}_iA_i^T + Y_{1i}^TB_i^T + \delta_{1i}L_i^TL_i^T + \delta_{2i}L_iL_i^T$

$\overline{\Lambda}_{22} = -(1-\mu_2)e^{-\alpha h_1}\widetilde{Q}_{1i}, \overline{\Lambda}_{27} = \widetilde{Q}_{1i}A_{hi}^T + Y_{hi}^TB_i^T, \overline{\Lambda}_{33} = -(1-\mu_1)e^{-\alpha\tau_1}\widetilde{Q}_{2i},$

$\overline{\Lambda}_{55} = -\dfrac{1}{h_1}e^{-\alpha h_1}\widetilde{S}_{2i}, \overline{\Lambda}_{66} = -\dfrac{1}{\tau_1}e^{-\alpha\tau_1}\widetilde{S}_{1i}$

$\overline{\Lambda}_{77} = -\widetilde{Q}_{2i} + \delta_{1i}L_i^TL_i^T + \delta_{2i}L_iL_i^T, \overline{\Lambda}_{18} = \widetilde{P}_iD_i^T + Y_{1i}^TE_i^T$

$\overline{\Lambda}_{28} = \widetilde{Q}_{1i}D_{hi}^T + Y_{hi}^TE_i^T, \overline{\Lambda}_{88} = \delta_{3i}L_i^TL_i^T - I$

那么，当 $\mu>1$，在记忆状态控制器 $u(t) = K_{\sigma(t)}x(t) + K_{h\sigma(t)}x(t-h(t))$ 下，$K_i = Y_{1i}\widetilde{P}_i^{-1}$，$K_{hi} = Y_{hi}Q_{1i}^{-1}$，$t \in (0, T_f]$ 并满足以下平均驻留时间时

$$\tau_a > \tau_a^* = \max\left\{\dfrac{T_f\ln\mu}{\ln(c_2^2) - \ln(e^{\alpha T_f}\gamma^2d^2)}, \dfrac{\ln\mu}{\nu\alpha}\right\} \tag{15-22}$$

该闭环系统是关于 $(0, c_2^2, T_f, d^2, \overline{\gamma}, R, \sigma(t))$ 具有 H_∞ 性能 $\overline{\gamma}$ 有限时间有界的。

证明 用 $\hat{A}_i + \hat{B}_iK_i, \hat{A}_{hi} + \hat{B}_iK_{hi}, \hat{C}_i, \hat{D}_i + E_iK_i, \hat{D}_{hi} + E_iK_{hi}$ 分别代替定理 15.3.2 中的 $A_i, A_{hi}, C_i, D_i, D_{hi}$，定义 $K_i\widetilde{P}_i = Y_{1i}, K_{hi}\widetilde{Q}_{1i} = Y_{hi}$ 可得

$$\Lambda_i = \begin{bmatrix} \Lambda_{11} & \Lambda_{12} & \Lambda_{13} & B_{\omega i} & 0 & 0 & \Lambda_{17} & \Lambda_{18} & \widetilde{P}_i & \widetilde{P}_i & \widetilde{P}_i \\ * & \Psi'_{22} & 0 & 0 & 0 & 0 & \Lambda_{27} & \Lambda_{28} & 0 & 0 & 0 \\ * & * & \Psi'_{33} & 0 & 0 & 0 & \Lambda_{37} & 0 & 0 & 0 & 0 \\ * & * & * & \Psi'_{44} & 0 & 0 & B_{\omega i}^{\mathrm{T}} & e_{\omega i}^{\mathrm{T}} & 0 & 0 & 0 \\ * & * & * & * & \Psi'_{55} & 0 & 0 & 0 & 0 & 0 & 0 \\ * & * & * & * & * & \Psi'_{66} & 0 & 0 & 0 & 0 & 0 \\ * & * & * & * & * & * & -\widetilde{Q}_{2i} & 0 & 0 & 0 & 0 \\ * & * & * & * & * & * & * & -I & 0 & 0 & 0 \\ * & * & * & * & * & * & * & * & -\widetilde{Q}_{1i} & 0 & 0 \\ * & * & * & * & * & * & * & * & * & -\dfrac{1}{\tau_1}\widetilde{S}_{1i} & 0 \\ * & * & * & * & * & * & * & * & * & * & -\dfrac{1}{h_1}\widetilde{S}_{2i} \end{bmatrix}$$

$\Lambda_{11} = \hat{A}_i \widetilde{P}_i + \hat{B}_i Y_i + \widetilde{P}_i \hat{A}_i^{\mathrm{T}} + Y_i^{\mathrm{T}} \hat{B}_i^{\mathrm{T}} + \alpha \widetilde{P}_i$, $\Lambda_{12} = \hat{A}_{hi} \widetilde{Q}_{1i} + \hat{B}_i Y_{hi}$, $\Lambda_{13} = \hat{C}_i \widetilde{Q}_{2i}$

$\Lambda_{17} = \widetilde{P}_i \hat{A}_i^{\mathrm{T}} + Y_{1i}^{\mathrm{T}} \hat{B}_i^{\mathrm{T}}$, $\Lambda_{18} = \widetilde{P}_i \hat{D}_i^{\mathrm{T}} + Y_{1i}^{\mathrm{T}} e_i^{\mathrm{T}}$, $\Psi'_{22} = -(1-\mu_2) \mathrm{e}^{-\alpha h_1} \widetilde{Q}_{1i}$, $\Lambda_{27} = \widetilde{Q}_{1i} \hat{A}_{1i}^{\mathrm{T}} + Y_{hi}^{\mathrm{T}} \hat{B}_i^{\mathrm{T}}$

$\Lambda_{28} = \widetilde{Q}_{1i} \hat{D}_{hi}^{\mathrm{T}} + Y_{hi}^{\mathrm{T}} e_i^{\mathrm{T}}$, $\Psi'_{33} = -(1-\mu_1) \mathrm{e}^{-\alpha \tau_1} \widetilde{Q}_{2i}$, $\Lambda_{37} = \widetilde{Q}_{2i} \hat{C}_i^{\mathrm{T}}$

$\Psi'_{44} = -\gamma^2 I$, $\Psi'_{55} = -\dfrac{1}{h_1} \mathrm{e}^{-\alpha h_1} \widetilde{S}_{2i}$, $\Psi'_{66} = -\dfrac{1}{\tau_1} \mathrm{e}^{-\alpha \tau_1} \widetilde{S}_{1i}$

由式(15-2)可得

$$\Lambda_i = \Lambda_{1i} + \Lambda_{2i} + \Lambda_{3i}$$

$$\Lambda_{1i} = \begin{bmatrix} \Lambda_{011} & \Lambda_{012} & C_i\widetilde{Q}_{2i} & B_{\omega i} & 0 & 0 & \Lambda_{017} & \Lambda_{018} & \widetilde{P}_i & \widetilde{P}_i & \widetilde{P}_i \\ * & \Psi'_{22} & 0 & 0 & 0 & 0 & \Lambda_{027} & \Lambda_{028} & 0 & 0 & 0 \\ * & * & \Psi'_{33} & 0 & 0 & 0 & \widetilde{Q}_{2i}C_i^{\mathrm{T}} & 0 & 0 & 0 & 0 \\ * & * & * & \Psi'_{44} & 0 & 0 & B_{\omega i}^{\mathrm{T}} & e_{\omega i}^{\mathrm{T}} & 0 & 0 & 0 \\ * & * & * & * & \Psi'_{55} & 0 & 0 & 0 & 0 & 0 & 0 \\ * & * & * & * & * & \Psi'_{66} & 0 & 0 & 0 & 0 & 0 \\ * & * & * & * & * & * & -\widetilde{Q}_{2i} & 0 & 0 & 0 & 0 \\ * & * & * & * & * & * & * & -I & 0 & 0 & 0 \\ * & * & * & * & * & * & * & * & -\widetilde{Q}_{1i} & 0 & 0 \\ * & * & * & * & * & * & * & * & * & -\dfrac{1}{\tau_1}\widetilde{S}_{1i} & 0 \\ * & * & * & * & * & * & * & * & * & * & -\dfrac{1}{h_1}\widetilde{S}_{2i} \end{bmatrix}$$

$$\Lambda_{011} = A_i\widetilde{P}_i + B_iY_i + \widetilde{P}_iA_i^{\mathrm{T}} + Y_i^{\mathrm{T}}B_i^{\mathrm{T}} + \alpha\widetilde{P}_i$$

$$\Lambda_{012} = A_{hi}\widetilde{Q}_{1i} + B_iY_{hi},\ \Lambda_{017} = \widetilde{P}_iA_i^{\mathrm{T}} + Y_{1i}^{\mathrm{T}}B_i^{\mathrm{T}}$$

$$\Lambda_{018} = \widetilde{P}_iD_i^{\mathrm{T}} + Y_{1i}^{\mathrm{T}}e_i^{\mathrm{T}},\ \Lambda_{027} = \widetilde{Q}_{1i}A_{hi}^{\mathrm{T}} + Y_{hi}^{\mathrm{T}}B_i^{\mathrm{T}},\ \Lambda_{028} = \widetilde{Q}_{1i}D_{hi}^{\mathrm{T}} + Y_{hi}^{\mathrm{T}}e_i^{\mathrm{T}}$$

$$\Lambda_{2i} = \begin{bmatrix} L_i \\ 0 \\ 0 \\ 0 \\ 0 \\ 0 \\ 0 \\ L_i \\ 0 \\ 0 \\ 0 \end{bmatrix} \Sigma_i \begin{bmatrix} \widetilde{P}_iM_{1i}^{\mathrm{T}} + Y_{1i}^{\mathrm{T}}M_{3i}^{\mathrm{T}} \\ \widetilde{Q}_{1i}M_{2i}^{\mathrm{T}} + Y_{hi}^{\mathrm{T}}M_{3i}^{\mathrm{T}} \\ \widetilde{Q}_{2i}M_{4i}^{\mathrm{T}} \\ 0 \\ 0 \\ 0 \\ 0 \\ 0 \\ 0 \\ 0 \\ 0 \end{bmatrix}^{\mathrm{T}} + \begin{bmatrix} L_i \\ 0 \\ 0 \\ 0 \\ 0 \\ 0 \\ 0 \\ L_i \\ 0 \\ 0 \\ 0 \end{bmatrix} \Sigma_i \begin{bmatrix} \widetilde{P}_iM_{1i}^{\mathrm{T}} + Y_{1i}^{\mathrm{T}}M_{3i}^{\mathrm{T}} \\ \widetilde{Q}_{1i}M_{2i}^{\mathrm{T}} + Y_{hi}^{\mathrm{T}}M_{3i}^{\mathrm{T}} \\ \widetilde{Q}_{2i}M_{4i}^{\mathrm{T}} \\ 0 \\ 0 \\ 0 \\ 0 \\ 0 \\ 0 \\ 0 \\ 0 \end{bmatrix}^{\mathrm{T}^{\mathrm{T}}}$$

$$\Lambda_{3i} = \begin{bmatrix} 0 \\ 0 \\ 0 \\ 0 \\ 0 \\ 0 \\ 0 \\ L_i \\ 0 \\ 0 \\ 0 \end{bmatrix} \Sigma_i \begin{bmatrix} \tilde{P}_i M_{5i}^{\mathrm{T}} \\ \tilde{Q}_{1i} M_{6i}^{\mathrm{T}} \\ 0 \\ 0 \\ 0 \\ 0 \\ 0 \\ 0 \\ 0 \\ 0 \\ 0 \end{bmatrix}^{\mathrm{T}} + \begin{bmatrix} 0 \\ 0 \\ 0 \\ 0 \\ 0 \\ 0 \\ 0 \\ L_i \\ 0 \\ 0 \\ 0 \end{bmatrix} \Sigma_i \begin{bmatrix} \tilde{P}_i M_{5i}^{\mathrm{T}} \\ \tilde{Q}_{1i} M_{6i}^{\mathrm{T}} \\ 0 \\ 0 \\ 0 \\ 0 \\ 0 \\ 0 \\ 0 \\ 0 \\ 0 \end{bmatrix}^{\mathrm{T}}$$

通过引理 3.2.1，我们可得

$$\Lambda_{2i} \leqslant \delta_{1i} \begin{bmatrix} L_i \\ 0 \\ 0 \\ 0 \\ 0 \\ 0 \\ L_i \\ 0 \\ 0 \\ 0 \end{bmatrix} \begin{bmatrix} L_i \\ 0 \\ 0 \\ 0 \\ 0 \\ 0 \\ L_i \\ 0 \\ 0 \\ 0 \end{bmatrix}^{\mathrm{T}} + \delta_{1i}^{-1} \begin{bmatrix} \tilde{P}_i M_{1i}^{\mathrm{T}} + Y_{1i}^{\mathrm{T}} M_{3i}^{\mathrm{T}} \\ \tilde{Q}_{1i} M_{2i}^{\mathrm{T}} + Y_{hi}^{\mathrm{T}} M_{3i}^{\mathrm{T}} \\ \tilde{Q}_{2i} M_{4i}^{\mathrm{T}} \\ 0 \\ 0 \\ 0 \\ 0 \\ 0 \\ 0 \\ 0 \end{bmatrix} \begin{bmatrix} \tilde{P}_i M_{1i}^{\mathrm{T}} + Y_{1i}^{\mathrm{T}} M_{3i}^{\mathrm{T}} \\ \tilde{Q}_{1i} M_{2i}^{\mathrm{T}} + Y_{hi}^{\mathrm{T}} M_{3i}^{\mathrm{T}} \\ \tilde{Q}_{2i} M_{4i}^{\mathrm{T}} \\ 0 \\ 0 \\ 0 \\ 0 \\ 0 \\ 0 \\ 0 \end{bmatrix}^{\mathrm{T}}$$

$$\Lambda_{3i} \leq \delta_{2i} \begin{bmatrix} 0 \\ 0 \\ 0 \\ 0 \\ 0 \\ 0 \\ L_i \\ 0 \\ 0 \\ 0 \end{bmatrix} \begin{bmatrix} 0 \\ 0 \\ 0 \\ 0 \\ 0 \\ 0 \\ L_i \\ 0 \\ 0 \\ 0 \end{bmatrix}^{\mathrm{T}} + \delta_{2i}^{-1} \begin{bmatrix} \tilde{P}_i M_{5i}^{\mathrm{T}} \\ \tilde{Q}_{1i} M_{6i}^{\mathrm{T}} \\ 0 \\ 0 \\ 0 \\ 0 \\ 0 \\ 0 \\ 0 \\ 0 \end{bmatrix} \begin{bmatrix} \tilde{P}_i M_{5i}^{\mathrm{T}} \\ \tilde{Q}_{1i} M_{6i}^{\mathrm{T}} \\ 0 \\ 0 \\ 0 \\ 0 \\ 0 \\ 0 \\ 0 \\ 0 \end{bmatrix}^{\mathrm{T}}$$

并运用引理 2.2.2,我们可得到 $\Lambda_i<0$。证毕。

15.4 数值算例

例 15.4.1 考虑一个由两个子系统构成的切换中立时滞系统,相关参数如下:

$$A_1 = \begin{bmatrix} 2 & 0 \\ 1 & 1 \end{bmatrix}, A_{h1} = \begin{bmatrix} -1.2 & 0 \\ -1 & -1.3 \end{bmatrix}, B_1 = \begin{bmatrix} 2.1 & 2 \\ 0 & 1.5 \end{bmatrix}, B_{\omega 1} = \begin{bmatrix} 1.2 & -1 \\ 0.5 & 1.5 \end{bmatrix}$$

$$C_1 = \begin{bmatrix} 0.3 & 0 \\ 0.1 & -0.2 \end{bmatrix}, D_1 = \begin{bmatrix} 1.5 & 1.2 \\ 0 & 0.6 \end{bmatrix}, D_{h1} = \begin{bmatrix} 1.2 & 0 \\ 1 & 1 \end{bmatrix}, E_{\omega 1} = \begin{bmatrix} 1.5 & 0.2 \\ -1 & -3 \end{bmatrix}$$

$$E_1 = \begin{bmatrix} 0.8 & 0 \\ 0.1 & 0.2 \end{bmatrix}, L_1 = \begin{bmatrix} 1 & 0 \\ 0 & 1 \end{bmatrix}, M_{11} = M_{21} = M_{31} = M_{61} = \begin{bmatrix} 0.2 & 0 \\ 0 & 0.2 \end{bmatrix}$$

$$M_{41} = M_{51} = \begin{bmatrix} 0.15 & 0 \\ 0 & 0.15 \end{bmatrix}, \Sigma_1(t) = \begin{bmatrix} 0.75 & 0 \\ 0 & 0.75 \end{bmatrix}$$

$$A_2 = \begin{bmatrix} 2 & -1 \\ -2.1 & 3 \end{bmatrix}, A_{h2} = \begin{bmatrix} -1.2 & 0 \\ 0 & -0.2 \end{bmatrix}, B_2 = \begin{bmatrix} 2 & -2 \\ 0.2 & 1.3 \end{bmatrix}, B_{\omega 2} = \begin{bmatrix} -1.3 & 1 \\ -0.2 & 1.5 \end{bmatrix}$$

$$C_2 = \begin{bmatrix} 0.21 & 0 \\ 0.12 & -0.2 \end{bmatrix}, D_2 = \begin{bmatrix} 1.3 & 1 \\ 0 & -2.2 \end{bmatrix}, D_{h2} = \begin{bmatrix} 1.2 & 0 \\ 0 & 1.5 \end{bmatrix}, E_{\omega 2} = \begin{bmatrix} 1 & 2.2 \\ -1 & -2 \end{bmatrix}$$

$$E_2 = \begin{bmatrix} 0.6 & 2 \\ 1 & 0.2 \end{bmatrix}, L_2 = \begin{bmatrix} 1 & 0 \\ 0 & 1 \end{bmatrix}, M_{12} = M_{22} = M_{32} = M_{62} = \begin{bmatrix} 0.15 & 0 \\ 0 & 0.15 \end{bmatrix}$$

$$M_{42}=M_{52}=\begin{bmatrix} 0.12 & 0 \\ 0 & 0.12 \end{bmatrix}, \Sigma_2(t)=\begin{bmatrix} 0.9 & 0 \\ 0 & 0.9 \end{bmatrix}$$

$T_f=10, \tau_1=0.4, h_1=0.6, \mu_1=0.3, \mu_2=0.1, d^2=0.02, c_2^2=3, R=I$。

对于子系统 1，当 $\delta \in [0.427 \quad 1.326]$ 时，定理 15.3.3 有可行解，而且 $\gamma_{\min}^2$ 的范围在 2.64 与 2.75 之间。

对于子系统 2，当 $\alpha \in [0.806 \quad 1.135]$ 时，定理 15.3.3 有可行解，而且 $\gamma_{\min}^2$ 的范围在 2.84 与 2.93 之间。

选取 $\alpha=0.9$，那么 $\gamma_{1\min}^2=2.6993$ 和 $\gamma_{2\min}^2=2.8671$，所以选取 $\gamma^2=2.8671$，通过求解定理 15.3.3 中的线性矩阵不等式，可得

$$P_1=\begin{bmatrix} 2.1425 & -1.3980 \\ -2.0920 & 2.3655 \end{bmatrix}, Q_{11}=\begin{bmatrix} 2.3920 & 4.3921 \\ 1.3249 & 7.3224 \end{bmatrix}, Q_{21}=\begin{bmatrix} 4.1038 & 2.3209 \\ 5.4316 & 7.3460 \end{bmatrix}$$

$$S_{11}=\begin{bmatrix} 5.0218 & 1.3320 \\ 1.2924 & 7.2653 \end{bmatrix}, S_{21}=\begin{bmatrix} 4.2020 & -3.3268 \\ -1.6760 & 5.1421 \end{bmatrix}, Y_{11}=\begin{bmatrix} 11.9133 & -34.0956 \\ 5.9426 & -23.4072 \end{bmatrix}$$

$$Y_{h1}=\begin{bmatrix} 11.5002 & 4.1560 \\ 7.1312 & -8.0674 \end{bmatrix}, P_2=\begin{bmatrix} 5.0653 & 1.3247 \\ 2.3101 & 1.3842 \end{bmatrix}, Q_{12}=\begin{bmatrix} 10.2038 & 8.3219 \\ 1.3282 & 2.1027 \end{bmatrix}$$

$$Q_{22}=\begin{bmatrix} 14.2801 & -8.3267 \\ -5.3029 & 9.1820 \end{bmatrix}, S_{12}=\begin{bmatrix} 3.2180 & 4.2667 \\ 2.4504 & 5.4082 \end{bmatrix}, S_{22}=\begin{bmatrix} 2.2653 & -1.3081 \\ -1.2032 & 1.2736 \end{bmatrix}$$

$$Y_{12}=\begin{bmatrix} 4.3498 & -8.1177 \\ -5.1201 & -8.6562 \end{bmatrix}, Y_{h2}=\begin{bmatrix} 23.5634 & 14.0240 \\ 17.7959 & 19.1026 \end{bmatrix}$$

控制器增益矩阵为

$$K_1=\begin{bmatrix} -20.1296 & -26.3102 \\ -16.2870 & -19.5208 \end{bmatrix}, K_{h1}=\begin{bmatrix} 6.7290 & -3.4686 \\ 5.3784 & -4.3278 \end{bmatrix}$$

$$K_2=\begin{bmatrix} 20.2829 & -25.2756 \\ 3.2672 & -9.3803 \end{bmatrix}, K_{h2}=\begin{bmatrix} 8.3762 & -7.4580 \\ 4.3283 & -3.2896 \end{bmatrix}$$

15.5 本章小结

本章研究了一类时变时滞不确定切换中立系统的有限时间 H_∞ 控制问题，用平均驻留时间的方法，研究有限时间有界性问题和为系统设计鲁棒记忆控制器。设计的记忆状态反馈控制器确保了闭环系统是有限时间有界的，并且还具有 H_∞ 抗干扰抑制水平 γ。最后，用 Matlab 模拟了一些数值算例，更好地验证了本章所示结果。

参 考 文 献

[1] Zhong Q-C. Robust control of time-delay systems[M]. New York: Springer, 2006.

[2] Chiasson J, Loiseau J J. Applications of time delay systems[M]. New York: Springer, 2007.

[3] Gu K, Chen J, Kharitonov V L. Stability of time-delay systems[M]. New York: Springer Science & Business Media, 2003.

[4] Li Z, Bai Y, Huang C, et al. Further results on stabilization for interval time-delay systems via new integral inequality approach[J]. ISA Transactions, 2017, 68: 170-180.

[5] Li Z, Yan H, Zhang H, et al. Improved inequality-based functions approach for stability analysis of time delay system[J]. Automatica, 2019, 108: 108416.

[6] He Y, Wu M, She J-H, et al. Delay-dependent robust stability criteria for uncertain neutral systems with mixed delays[J]. Systems & Control Letters, 2004, 51(1): 57-65.

[7] Fu L, Ma Y. Observer-based H_∞ control for second-order neutral systems with actuator saturation and the application to mechanical system[J]. Computational and Applied Mathematics, 2019, 38(2):85.

[8] Park J H, Kwon O. On new stability criterion for delay-differential systems of neutral type[J]. Applied Mathematics and Computation, 2005, 162(2): 627-637.

[9] Chen W-H, Zheng W-X. Delay-dependent robust stabilization for uncertain neutral systems with distributed delays[J]. Automatica, 2007, 43(1): 95-104.

[10] Liu D, Liu X, Zhong S. Delay-dependent robust stability and control synthesis for uncertain switched neutral systems with mixed delays[J]. Applied Mathematics and Computation, 2008, 202(2): 828-839.

[11] Liu X-G, Wu M, Martin R, et al. Stability analysis for neutral systems with mixed delays[J]. Journal of Computational and Applied Mathematics, 2007, 202(2): 478-497.

[12] 钱伟,孙优贤. 中立型变时滞系统的鲁棒稳定性[J]. 控制理论与应用, 2010, 27(3): 358-362.

[13] Zhang K, Zhang H G, Cai Y, et al. Parallel optimal tracking control schemes for mode-

dependent control of coupled markov jump systems via integral RL method[J]. IEEE Transactions on Automation Science & Engineering, 2020, 17(3): 1332-1342.

[14] Wei Y, Park J-H, Qiu J, et al. Sliding mode control for semi-Markovian jump systems via output feedback[J]. Automatica, 2017, 81: 133-141.

[15] Jiang B, Yonggui K, Karimi H R, et al. Stability and stabilization for singular switching semi-Markovian jump systems with generally uncertain transition rates[J]. IEEE Transactions on Automatic Control, 2018, 63(11): 3919-3926.

[16] Zhang L, Yang T, Colaneri P. Stability and stabilization of semi-Markov jump linear systems with exponentially modulated periodic distributions of sojourn time[J]. IEEE Transactions on Automatic Control, 2017, 62(6): 2870-2885.

[17] Shi P, Boukas E K. H_∞ control for Markovian jumping linear systems with parametric uncertainty[J]. Journal of Optimization Theory and Applications, 1997, 95(1): 75-99.

[18] Shen H, Su L, Wu Z-G, et al. Reliable dissipative control for Markov jump systems using an event-triggered sampling information scheme[J]. Nonlinear Analysis Hybrid Systems, 2017, 25: 41-59.

[19] Zhang J, Raïssi T, Li S. Non-fragile saturation control of nonlinear positive Markov jump systems with time-varying delays[J]. Nonlinear Dynamics, 2019, 97: 1495-1513.

[20] Zhang Y, Ou Y, Wu X, et al. Resilient dissipative dynamic output feedback control for uncertain Markov jump Lur'e systems with time-varying delays[J]. Nonlinear Analysis Hybrid Systems, 2017, 24: 13-27.

[21] Ning Z, Zhang L, Lam J. Stability and stabilization of a class of stochastic switching systems with lower bound of sojourn time[J]. Automatica, 2018, 92: 18-28.

[22] Azbelev N, Maksimov V, Rakhmatullina L. Introduction to the theory of functional differential equations [M]. London: Hindawi Publishing London, 2007.

[23] Skorokhod A V. Asymptotic methods in the theory of stochastic differential equations [M]. New York: American Mathematical Soc., 2009.

[24] Zhang H, Liu Z, Huang G-B, et al. Novel weighting-delay-based stability criteria for recurrent neural networks with time-varying delay[J]. IEEE Transactions on Neural Networks, 2009, 21(1): 91-106.

[25] Huang C, Cao J. Almost sure exponential stability of stochastic cellular neural networks

[26] Wang J, Ma S, Zhang C. Finite-time H_∞ control for T-S fuzzy descriptor semi-Markov jump systems via static output feedback[J]. Fuzzy Sets & Systems, 2018, 365(JUN.15): 60-80.

[27] Yang T, Zhang L, Lam H-K. H_∞ fuzzy control of semi-Markov jump nonlinear systems under σ-error mean square stability[J]. International Journal of Systems Science, 2017, 48(11): 2291-2299.

[28] Han Q-L. On stability of linear neutral systems with mixed time delays: a discretized Lyapunov functional approach[J]. Automatica, 2005, 41(7): 1209-1218.

[29] Cao J, Wang J. Global asymptotic stability of a general class of recurrent neural networks with time-varying delays[J]. IEEE Transactions on Circuits and Systems I: Fundamental Theory and Applications, 2003, 50(1): 34-44.

[30] Ito K. Foundations of stochastic differential equations in infinite dimensional spaces[M]. New York: SIAM, 1984.

[31] Wang Z, Wang Y, Liu Y. Global synchronization for discrete-time stochastic complex networks with randomly occurred nonlinearities and mixed time delays[J]. IEEE Transactions on Neural Networks, 2009, 21(1): 11-25.

[32] Cao Y-Y, Sun Y-X, Cheng C. Delay-dependent robust stabilization of uncertain systems with multiple state delays[J]. IEEE Transactions on Automatic Control, 1998, 43(11): 1608-1612.

[33] Ma Y, Zhang J. New delay-dependent exponential stability for neutral Markovian jump systems with mixed delays and nonlinear perturbations[J]. Optimal Control Applications and Methods, 2017, 38(6): 1111-1119.

[34] 鲁仁全,等. 奇异系统的鲁棒控制理论[M]. 北京:科学出版社,2008.

[35] 张庆灵. 广义大系统的分散控制与鲁棒控制[M]. 西安:西北工业大学出版社,1997.

[36] Wang Y, Zhuang G, Chen F. A dynamic event-triggered H_∞ control for singular Markov jump systems with redundant channels[J]. International Journal of Systems Science, 2020, 51(1): 158-179.

[37] 袁宇浩,张广明. T-S 模糊广义系统研究综述[J]. 自动化学报,2010(7): 3-13.

[38] Cui Y, Shen J, Chen Y. Stability analysis for positive singular systems with distributed delays[J]. Automatica, 2018, 94: 170-177.

[39] Fu L, Ma Y. Synchronisation of singular complex networks with actuator saturation and randomly occurring time-delay[J]. International Journal of Systems Science, 2019, 50(9): 1812-1825.

[40] Fu L, Ma Y, Wang C. Memory sliding mode control for semi-Markov jump system with quantization via singular system strategy[J]. International Journal of Robust and Nonlinear Control, 2019, 29(18): 6555-6571.

[41] Xu S, Lam J. Robust control and filtering of singular systems[J]. Lecture Notes in Control and Information Sciences, 2006.

[42] Zheng M, Zhou Y, Yang S, et al. Sampled-data control for nonlinear singular systems based on a Takagi-Sugeno fuzzy model[J]. Transactions of the Institute of Measurement and Control, 2018, 40(14): 4027-4036.

[43] Zhu B, Zhang J, Zhang Q, et al. Dissipative control for T-S fuzzy descriptor systems with actuator saturation and disturbances[J]. Journal of the Franklin Institute, 2016, 353(18): 4950-4978.

[44] Shen H, Xing M, Wu Z-G, et al. Fault-tolerant control for fuzzy switched singular systems with persistent dwell-time subject to actuator fault[J]. Fuzzy Sets and Systems, 2019.

[45] Chen Y J, Wang W-J, Chang C-L. Guaranteed cost control for an overhead crane with practical constraints: Fuzzy descriptor system approach[J]. Engineering Applications of Artificial Intelligence, 2009, 22(4-5): 639-645.

[46] Fu L, Ma Y. Dissipative control for singular time-delay system with actuator saturation via state feedback and output feedback[J]. International Journal of Systems Science, 2017, 49(3): 639-652.

[47] Chen W-B, Gao F. New results on stability analysis for a kind of neutral singular systems with mixed delays[J]. European Journal of Control, 2020, 53: 59-67.

[48] Zhao Y, Ma Y. Stability of neutral-type descriptor systems with multiple time-varying delays[J]. Advances in Difference Equations, 2012, 1: 1-7.

[49] Ma Y, Ma N, Chen L, et al. Exponential stability for the neutral-type singular neural net-

work with time-varying delays[J]. International Journal of Machine Learning and Cybernetics, 2019, 10(5): 853-858.

[50] Chen W, Gao F, She J, et al. Further results on delay-dependent stability for neutral singular systems via state decomposition method[J]. Chaos, Solitons & Fractals, 2020, 141: 110408.

[51] Chen W, Xu S, Li Z, et al. Exponentially admissibility of neutral singular systems with mixed interval time-varying delays[J]. Journal of the Franklin Institute, 2021, 358(13): 6723-6740.

[52] Long S, Zhong S, Guan H, et al. Exponential stability analysis for a class of neutral singular Markovian jump systems with time-varying delays[J]. Journal of the Franklin Institute, 2019, 356(12): 6015-6040.

[53] Ma Y, Yang P, Zhang Q. Delay-dependent robust absolute stability of uncertain Lurie singular systems with neutral type and time-varying delays[J]. International Journal of Machine Learning and Cybernetics, 2018, 9(12): 2071-2080.

[54] Branicky M S. Multiple Lyapunov functions and other analysis tools for switched and hybrid systems[J]. IEEE Transactions on Automatic Control, 1998, 43(4): 475-482.

[55] Ye H, Michel A N, Hou L. Stability theory for hybrid dynamical systems[J]. IEEE Transactions on Automatic Control, 1998, 43(4): 461-474.

[56] Liberzon D, Morse A S. Basic problems in stability and design of switched systems[J]. IEEE control systems magazine, 1999, 19(5): 59-70.

[57] Shorten R N, Narendra K S. On common quadratic Lyapunov functions for pairs of stable LTI systems whose system matrices are in companion form[J]. IEEE Transactions on Automatic Control, 2003, 48(4): 618-621.

[58] Ooba T, Funahashi Y. On a common quadratic Lyapunov function for widely distant systems[J]. IEEE Transactions on Automatic Control, 1997, 42(12): 1697-1699.

[59] Agrachev A A, Liberzon D. Lie-algebraic stability criteria for switched systems[J]. SIAM Journal on Control and Optimization, 2001, 40(1): 253-269.

[60] Zhai G, Xu X, Lin H, et al. An extension of lie algebraic stability analysis for switched systems with continuous-time and discrete-time subsystems[C]. Proceedings of the 2006 IEEE International Conference on Networking, Sensing and Control, F, 2006.

[61] Cheng D. Stabilization of planar switched systems[J]. Systems & Control Letters, 2004, 51(2): 79-88.

[62] Sun X-M, Fu J, Sun H-F, et al. Stability of linear switched neutral delay systems[C]. Proceedings of the Proceedings of the Chinese Society of Electrical Engineering, F, 2005.

[63] Sen M, Malaina J, Gallego A, et al. Stability of non-neutral and neutral dynamic switched systems subject to internal delays[J]. American Journal of Applied Science, 2005, 2(10): 1481-1490.

[64] Wu L, Wang Z. Guaranteed cost control of switched systems with neutral delay via dynamic output feedback[J]. International Journal of Systems Science, 2009, 40(7): 717-728.

[65] Chen H, Shi P, Lim C C. Stability of neutral stochastic switched time delay systems: An average dwell time approach[J]. International Journal of Robust and Nonlinear Control, 2017, 27(3): 512-532.

[66] Wang Y-E, Sun X-M, Zhao J. Asynchronous H_∞ control of switched delay systems with average dwell time[J]. Journal of the Franklin Institute, 2012, 349(10): 3159-3169.

[67] Li T-F, Zhao J, Dimirovski G M. Stability and L_2-gain analysis for switched neutral systems with mixed time-varying delays[J]. Journal of the Franklin Institute, 2011, 348(9): 2237-2256.

[68] Ren H, Zong G, Hou L, et al. Finite-time resilient decentralized control for interconnected impulsive switched systems with neutral delay[J]. ISA Transactions, 2017, 67: 19-29.

[69] Zheng F, Frank P M. Robust control of uncertain distributed delay systems with application to the stabilization of combustion in rocket motor chambers[J]. Automatica, 2002, 38(3): 487-497.

[70] Fiagbedzi Y A, Pearson A E. A multistage reduction technique for feedback stabilizing distributed time-lag systems[J]. Automatica, 1987, 23(3): 311-326.

[71] Lakshmanan S, Park J H, Jung H i Y, et al. A delay partitioning approach to delay-dependent stability analysis for neutral type neural networks with discrete and distributed delays[J]. Neurocomputing, 2013, 111: 81-89.

[72] Han Q-L. A descriptor system approach to robust stability of uncertain neutral systems

with discrete and distributed delays[J]. Automatica, 2004, 40(10): 1791-1796.

[73] Li X-G, Zhu X-J. Stability analysis of neutral systems with distributed delays[J]. Automatica, 2008, 44(8): 2197-2201.

[74] Ali M S, Arik S, Saravanakumar R. Delay-dependent stability criteria of uncertain Markovian jump neural networks with discrete interval and distributed time-varying delays[J]. Neurocomputing, 2015, 158: 167-173.

[75] Liu P-L. Improved delay-dependent robust stability criteria for recurrent neural networks with time-varying delays[J]. ISA Transactions, 2013, 52(1): 30-35.

[76] Han Q-L. On robust stability of neutral systems with time-varying discrete delay and norm-bounded uncertainty[J]. Automatica, 2004, 40(6): 1087-1092.

[77] Chen Y, Xue A, Lu R, et al. On robustly exponential stability of uncertain neutral systems with time-varying delays and nonlinear perturbations[J]. Nonlinear Analysis: Theory, Methods & Applications, 2008, 68(8): 2464-2470.

[78] Zhu X-L, Yang G-H. Jensen integral inequality approach to stability analysis of continuous-time systems with time-varying delay[J]. IET Control Theory & Applications, 2008, 2(6): 524-534.

[79] Zhu X L, Yang G H. New results of stability analysis for systems with time-varying delay[J]. International Journal of Robust and Nonlinear Control: IFAC-Affiliated Journal, 2010, 20(5): 596-606.

[80] Lakshmikantham V, Simeonov P S. Theory of impulsive differential equations [M]. Singapore: World Scientific, 1989.

[81] Leela S, McRae F A, Sivasundaram S. Controllability of impulsive differential equations [J]. Journal of Mathematical Analysis and Applications, 1993, 177(1): 24-30.

[82] Li C, Chen L, Aihara K. Impulsive control of stochastic systems with applications in chaos control, chaos synchronization, and neural networks[J]. Chaos: An Interdisciplinary Journal of Nonlinear Science, 2008, 18(2): 023132.

[83] Drazin P G, Drazin P D. Nonlinear systems [M]. Cambridge: Cambridge University Press, 1992.

[84] Fu L, Ma Y. H_∞ memory feedback control for uncertain singular Markov jump systems with time-varying delay and input saturation[J]. Computational and Applied Mathemat-

ics, 2018, 37(4): 4686-4709.

[85] Seuret A, Gouaisbaut F. Wirtinger-based integral inequality: Application to time-delay systems[J]. Automatica, 2013, 49(9): 2860-2866.

[86] Zhu Q, Cao J. Stability of Markovian jump neural networks with impulse control and time varying delays [J]. Nonlinear Analysis: Real World Applications, 2012, 13(5): 2259-2270.

[87] Ma Y, Gu N, Zhang Q. Non-fragile robust H_∞ control for uncertain discrete-time singular systems with time-varying delays[J]. Journal of the Franklin Institute, 2014, 351(6): 3163-3181.

[88] Sun J, Yang J, Zeng Z. Predictor-based periodic event-triggered control for nonlinear uncertain systems with input delay[J]. Automatica, 2022, 136: 110055.

[89] Zhang J, Liu D, Ma Y. Finite-time dissipative control of uncertain singular T – S fuzzy time-varying delay systems subject to actuator saturation[J]. Computational and Applied Mathematics, 2020, 39(3): 1-22.

[90] Wei Z, Ma Y. Robust H_∞ observer-based sliding mode control for uncertain Takagi – Sugeno fuzzy descriptor systems with unmeasurable premise variables and time-varying delay[J]. Information Sciences, 2021, 566: 239-261.

[91] Aghayan Z S, Alfi A, Machado J T. Robust stability of uncertain fractional order systems of neutral type with distributed delays and control input saturation[J]. ISA Transactions, 2021, 111: 144-155.

[92] Kwon O, Park J H. Exponential stability of uncertain dynamic systems including state delay[J]. Applied Mathematics Letters, 2006, 19(9): 901-907.

[93] Liu P-L. Exponential stability for linear time-delay systems with delay dependence[J]. Journal of the Franklin Institute, 2003, 340(6-7): 481-488.

[94] Park J-H. A new delay-dependent criterion for neutral systems with multiple delays[J]. Journal of Computational and Applied Mathematics, 2001, 136(1-2): 177-184.

[95] Fridman E. New Lyapunov – Krasovskii functionals for stability of linear retarded and neutral type systems[J]. Systems & Control Letters, 2001, 43(4): 309-319.

[96] Xu S, Lam J, Zou Y. Further results on delay-dependent robust stability conditions of uncertain neutral systems[J]. International Journal of Robust and Nonlinear Control: IFAC-

Affiliated Journal, 2005, 15(5): 233-246.

[97] Nguang S K. Robust stabilization of a class of time-delay nonlinear systems[J]. IEEE Transactions on Automatic Control, 2000, 45(4): 756-762.

[98] Kuperman A, Zhong Q C. Robust control of uncertain nonlinear systems with state delays based on an uncertainty and disturbance estimator[J]. International Journal of Robust and Nonlinear Control, 2011, 21(1): 79-92.

[99] Yang X, Li X, Cao J. Robust finite-time stability of singular nonlinear systems with interval time-varying delay[J]. Journal of the Franklin Institute, 2018, 355(3): 1241-1258.

[100] Seifullaev R E, Fradkov A L. Robust nonlinear sampled-data system analysis based on Fridman's method and S-procedure[J]. International Journal of Robust and Nonlinear Control, 2016, 26(2): 201-217.

[101] Mobayen S, Tchier F. An LMI approach to adaptive robust tracker design for uncertain nonlinear systems with time-delays and input nonlinearities[J]. Nonlinear Dynamics, 2016, 85(3): 1965-1978.

[102] Taghieh A, Shafiei M H. Observer-based robust model predictive control of switched nonlinear systems with time delay and parametric uncertainties[J]. Journal of Vibration and Control, 2021, 27(17-18): 1939-1955.

[103] Zhang J, Shi P, Qiu J. Robust stability criteria for uncertain neutral system with time delay and nonlinear uncertainties[J]. Chaos, Solitons & Fractals, 2008, 38(1): 160-167.

[104] Ali M S. On exponential stability of neutral delay differential system with nonlinear uncertainties[J]. Communications in Nonlinear Science and Numerical Simulation, 2012, 17(6): 2595-2601.

[105] Kwon O, Park J H. Exponential stability for time-delay systems with interval time-varying delays and nonlinear perturbations[J]. Journal of Optimization Theory and Applications, 2008, 139(2): 277-293.

[106] Park J H, Won S. Stability of neutral delay-differential systems with nonlinear perturbations[J]. International Journal of Systems Science, 2000, 31(8): 961-967.

[107] Yue D, Won S. Delay-dependent exponential stability of a class of neutral systems with time delay and time-varying parameter uncertainties: an LMI approach[J]. JSME Inter-

national Journal Series C Mechanical Systems, Machine Elements and Manufacturing, 2003, 46(1): 245-251.

[108] Han Q-L. Robust stability for a class of linear systems with time-varying delay and nonlinear perturbations[J]. Computers & Mathematics with Applications, 2004, 47(8-9): 1201-1209.

[109] Cao Y-Y, Lam J. Computation of robust stability bounds for time-delay systems with nonlinear time-varying perturbations[J]. International Journal of Systems Science, 2000, 31(3): 359-365.

[110] Shen C-C, Zhong S-M. New delay-dependent robust stability criterion for uncertain neutral systems with time-varying delay and nonlinear uncertainties[J]. Chaos, Solitons & Fractals, 2009, 40(5): 2277-2285.

[111] Wu Q, Song Q, Hu B, et al. Robust stability of uncertain fractional order singular systems with neutral and time-varying delays[J]. Neurocomputing, 2020, 401: 145-152.

[112] Shu Z, Lam J. Exponential estimates and stabilization of uncertain singular systems with discrete and distributed delays[J]. International Journal of Control, 2008, 81(6): 865-882.

[113] Bejarano F-J, Zheng G. Observability of singular systems with commensurate time-delays and neutral terms[J]. Automatica, 2017, 85: 462-467.

[114] Li H, Li H-B, Zhong S-M. Stability of neutral type descriptor system with mixed delays [J]. Chaos, Solitons & Fractals, 2007, 33(5): 1796-1800.

[115] Gu K. A further refinement of discretized Lyapunov functional method for the stability of time-delay systems[J]. International Journal of Control, 2001, 74(10): 967-976.

[116] Yin C, Zhong S-M, Chen W-F. On delay-dependent robust stability of a class of uncertain mixed neutral and Lur'e dynamical systems with interval time-varying delays[J]. Journal of the Franklin Institute, 2010, 347(9): 1623-1642.

[117] Cao J, Zhong S, Hu Y. Delay-dependent condition for absolute stability of Lurie control systems with multiple time delays and nonlinearities[J]. Journal of Mathematical Analysis and Applications, 2008, 338(1): 497-504.

[118] Yang C, Zhang Q, Zhou L. Strongly absolute stability of Lur´e descriptor systems: Popov-type criteria[J]. International Journal of Robust and Nonlinear Control: IFAC-Affili-

ated Journal, 2009, 19(7): 786-806.

[119] Qiu F, Cui B, Ji Y. Delay-dividing approach for absolute stability of Lurie control system with mixed delays[J]. Nonlinear Analysis: Real World Applications, 2010, 11(4): 3110-3120.

[120] Yang C, Zhang Q, Sun J, et al. Lur'e Lyapunov function and absolute stability criterion for Lur'e singularly perturbed systems[J]. IEEE Transactions on Automatic Control, 2011, 56(11): 2666-2671.

[121] Zhou P-F, Wang Y-Y, Wang Q-B, et al. Stability and passivity analysis for Lur'e singular systems with Markovian switching[J]. International Journal of Automation and Computing, 2013, 10(1): 79-84.

[122] Tian J, Zhong S, Xiong L. Delay-dependent robust stability criteria for neutral Lurie control syetems[J]. Journal of Mathematical Research & Exposition, 2008, 28(3): 713-719.

[123] Fridman E, Shaked U. H∞ control of linear state-delay descriptor systems: an LMI approach[J]. Linear algebra and its applications, 2002, 351: 271-302.

[124] Fu L, Ma Y. Passive control for singular time-delay system with actuator saturation[J]. Applied Mathematics and Computation, 2016, 289: 181-193.

[125] Krstic M, Deng H. Stabilization of nonlinear uncertain systems [M]. Berlin: Springer, 1998.

[126] Song Q, Chen Y, Zhao Z, et al. Robust stability of fractional-order quaternion-valued neural networks with neutral delays and parameter uncertainties[J]. Neurocomputing, 2021, 420: 70-81.

[127] Lee S, Kwon O, Park J H. A novel delay-dependent criterion for delayed neural networks of neutral type[J]. Physics Letters A, 2010, 374(17-18): 1843-1848.

[128] Arik S. New criteria for stability of neutral-type neural networks with multiple time delays [J]. IEEE Transactions on Neural Networks and Learning Systems, 2019, 31(5): 1504-1513.

[129] Arik S. An analysis of global asymptotic stability of delayed cellular neural networks[J]. IEEE Transactions on Neural Networks, 2002, 13(5): 1239-1242.

[130] Cao J, Wang L. Exponential stability and periodic oscillatory solution in BAM networks

with delays[J]. IEEE Transactions on Neural Networks, 2002, 13(2): 457-463.

[131] Arik S. An analysis of exponential stability of delayed neural networks with time varying delays[J]. Neural Networks, 2004, 17(7): 1027-1031.

[132] Chen W-H, Lu X, Guan Z-H, et al. Delay-dependent exponential stability of neural networks with variable delay: An LMI approach[J]. IEEE Transactions on Circuits and Systems II: Express Briefs, 2006, 53(9): 837-842.

[133] He Y, Wu M, She J-H. Delay-dependent exponential stability of delayed neural networks with time-varying delay[J]. IEEE Transactions on Circuits and Systems II: Express Briefs, 2006, 53(7): 553-557.

[134] He Y, Liu G-P, Rees D, et al. Stability analysis for neural networks with time-varying interval delay[J]. IEEE Transactions on Neural Networks, 2007, 18(6): 1850-1854.

[135] He Y, Liu G, Rees D. New delay-dependent stability criteria for neural networks with time-varying delay[J]. IEEE Transactions on Neural Networks, 2007, 18(1): 310-314.

[136] 孙健, 陈杰. 时滞系统稳定性分析与应用[M]. 北京:科学出版社, 2012.

[137] Zhang Q, Wei X, Xu J. Delay-dependent exponential stability of cellular neural networks with time-varying delays[J]. Chaos, Solitons & Fractals, 2005, 23(4): 1363-1369.

[138] Gau R, Lien C, Hsieh J. Global exponential stability for uncertain cellular neural networks with multiple time-varying delays via LMI approach[J]. Chaos, Solitons & Fractals, 2007, 32(4): 1258-1267.

[139] 王武, 杨富文. 不确定时滞系统的时滞依赖鲁棒非脆弱 H_∞ 控制[J]. 控制理论与应用, 2003, 20(3): 473-476.

[140] 付兴建, 刘小河. 带不确定时滞的中立型系统之鲁棒非脆弱保性能控制[J]. 控制理论与应用, 2008, 25(5): 938-942.

[141] Xu S, Lam J, Wang J, et al. Non-fragile positive real control for uncertain linear neutral delay systems[J]. Systems & Control Letters, 2004, 52(1): 59-74.

[142] Boukas E. Static output feedback control for stochastic hybrid systems: LMI approach[J]. Automatica, 2006, 42(1): 183-188.

[143] Chen W-H, Guan Z-H, Lu X. Delay-dependent output feedback stabilisation of Mark-

ovian jump system with time-delay[J]. IEE Proceedings-Control Theory and Applications, 2004, 151(5): 561-566.

[144] Dong J, Yang G-H. Static output feedback H_∞ control of a class of nonlinear discrete-time systems[J]. Fuzzy Sets and Systems, 2009, 160(19): 2844-2859.

[145] Suplin V, Shaked U. Robust H_∞ output-feedback control of systems with time-delay[J]. Systems & Control Letters, 2008, 57(3): 193-199.

[146] Suplin V, Shaked U. Robust H_∞ output-feedback control of linear discrete-time systems[J]. Systems & Control Letters, 2005, 54(8): 799-808.

[147] Wei X, Zhang H, Guo L. Saturating composite disturbance-observer-based control and H_∞ control for discrete time-delay systems with nonlinearity[J]. International Journal of Control, Automation and Systems, 2009, 7(5): 691-701.

[148] Lien C. Guaranteed cost observer-based controls for a class of uncertain neutral time-delay systems[J]. Journal of Optimization Theory and Applications, 2005, 126(1): 137-156.

[149] Aghayan Z S, Alfi A, Tenreiro Machado J A. Observer-based control approach for fractional-order delay systems of neutral type with saturating actuator[J]. Mathematical Methods in the Applied Sciences, 2021, 44(11): 8554-8564.

[150] Wu L, Wang C, Zeng Q. Observer-based sliding mode control for a class of uncertain nonlinear neutral delay systems[J]. Journal of the Franklin Institute, 2008, 345(3): 233-253.

[151] 董亚丽, 刘金英. 一类非线性系统的控制器和观测器设计[J]. 控制理论与应用, 2011, 28(2): 229-234.

[152] Ma Y, Fu L. Finite-time H_∞ control for discrete-time switched singular time-delay systems subject to actuator saturation via static output feedback[J]. International Journal of Systems Science, 2016, 47(14): 3394-3408.

[153] Ma Y, Fu L. Robust H_∞ control for singular time-delay systems with saturating actuators via static output feedback[J]. Computational and Applied Mathematics, 2017, 37(2): 2260-2276.

[154] Ma Y, Fu L, Cao Y. Robust guaranteed cost H_∞ control for singular systems with multiple time delays subject to input saturation[J]. Journal of Systems and Control Engineer-

ing, 2014, 229(2): 92-105.

[155] Hu T, Lin Z. Control systems with actuator saturation: analysis and design [M]. New York: Springer Science & Business Media, 2001.

[156] Sakthivel R, Joby M, Mathiyalagan K, et al. Mixed H_∞ and passive control for singular Markovian jump systems with time delays[J]. Journal of the Franklin Institute, 2015, 352(10): 4446-4466.

[157] Zhang Y, Shi P, Agarwal R K. Event-based dissipative analysis for discrete time-delay singular stochastic systems[J]. International Journal of Robust and Nonlinear Control, 2018, 28(18): 6106-6121.

[158] Liu Z, Karimi H R, Yu J. Passivity-based robust sliding mode synthesis for uncertain delayed stochastic systems via state observer[J]. Automatica, 2020, 111.

[159] Ma Y, Yang P, Yan Y, et al. Robust observer-based passive control for uncertain singular time-delay systems subject to actuator saturation[J]. ISA Transactions, 2017, 67: 9-18.

[160] Balasubramaniam P, Nagamani G. Passivity analysis of neural networks with Markovian jumping parameters and interval time-varying delays[J]. Nonlinear Analysis: Hybrid Systems, 2010, 4(4): 853-864.

[161] Zhao X-Q, Zhao J. L_2-gain analysis and output feedback control for switched delay systems with actuator saturation[J]. Journal of the Franklin Institute, 2015, 352(7): 2646-2664.

[162] Selvaraj P, Sakthivel R, Kwon O. Finite-time synchronization of stochastic coupled neural networks subject to Markovian switching and input saturation[J]. Neural Networks, 2018, 105: 154-165.

[163] Ma Y, Fu L, Jing Y, et al. Finite-time H_∞ control for a class of discrete-time switched singular time-delay systems subject to actuator saturation[J]. Applied Mathematics and Computation, 2015, 261: 264-283.

[164] Qi W, Gao X. H_∞ observer design for stochastic time-delayed systems with Markovian switching under partly known transition rates and actuator saturation[J]. Applied Mathematics and Computation, 2016, 289: 80-97.

[165] Hespanha J P, Morse A S. Stability of switched systems with average dwell-time[C].

proceedings of the Proceedings of the 38th IEEE conference on decision and control, 1999.

[166] Bai J, Lu R, Xue A, et al. Finite-time stability analysis of discrete-time fuzzy Hopfield neural network[J]. Neurocomputing, 2015, 159: 263-267.

[167] Lin X, Du H, Li S. Finite-time boundedness and L_2-gain analysis for switched delay systems with norm-bounded disturbance[J]. Applied Mathematics and Computation, 2011, 217(12): 5982-5993.

[168] Xiang Z, Sun Y-N, Mahmoud M S. Robust finite-time H_∞ control for a class of uncertain switched neutral systems[J]. Communications in Nonlinear Science and Numerical Simulation, 2012, 17(4): 1766-1778.